Thomas Erikson

Schlechte Chefs und faule Mitarbeiter

Thomas Erikson

Schlechte Chefs und faule Mitarbeiter

Wie du mit Idioten am Arbeitsplatz am besten klarkommst

mvgverlag

Bibliografische Information der Deutschen Nationalbibliothek
Die Deutsche Nationalbibliothek verzeichnet diese Publikation in der Deutschen Nationalbibliografie. Detaillierte bibliografische Daten sind im Internet über http://dnb.d-nb.de abrufbar.

Für Fragen und Anregungen
info@mvg-verlag.de

1. Auflage 2023

Türkenstraße 89
80799 München
Tel.: 089 651285-0
Fax: 089 652096

Die schwedische Originalausgabe erschien 2018 bei FORUM, Stockholm, unter dem Titel ***OMGIVEN AV DÅLIGA CHEFER. VARFÖR BRA LEDARSKAP ÄR SÅ SÄLLSYNT.***

Wichtige Hinweise
Ausschließlich zum Zweck der besseren Lesbarkeit wurde auf eine genderspezifische Schreibweise sowie eine Mehrfachbezeichnung verzichtet. Alle personenbezogenen Bezeichnungen sind somit geschlechtsneutral zu verstehen.

Übersetzung: Marion Zerbst
Redaktion: Anke Schild
Umschlaggestaltung: Karina Braun
Umschlagabbildung: Shutterstock.com/mentalmind
Abbildungen S. 56: Shutterstock.com/Michal Sanca
Layout und Satz: Christiane Schuster | www.kapazunder.de
Druck: CPI
Printed in the EU

ISBN Print 978-3-7474-0541-3
ISBN E-Book (PDF) 978-3-96121-920-9
ISBN E-Book (EPUB, Mobi) 978-3-96121-921-6

Wir produzieren nachhaltig
www.m-vg.de

Weitere Informationen zum Verlag finden Sie unter
www.mvg-verlag.de
Beachten Sie auch unsere weiteren Verlage unter www.m-vg.de

Inhalt

Vorwort

Dieses Buch beruht auf meiner 30-jährigen Erfahrung: zuerst als Vorgesetzter, dann als Trainer für andere Führungskräfte – und schließlich bin ich selbst wieder Vorgesetzter geworden. Vieles von dem, was Sie hier lesen werden, ist meine Interpretation der verschiedenen Theorien und Modelle, die zu dem komplizierten und manchmal schwer verständlichen Prozess namens Mitarbeiterführung entwickelt worden sind.

Wahrscheinlich werden Sie nicht mit allem einverstanden sein, was ich hier schreibe; das wäre ja auch unmöglich. Doch je offener Sie an dieses Buch herangehen, umso leichter wird es Ihnen fallen, die Gedanken, die ich Ihnen hier vermitteln möchte, zu erfassen. Es gibt auch noch viele andere Theorien und Methoden zum Aufbau eines gut funktionierenden Dialogs am Arbeitsplatz, auf die ich hier nicht eingehe. Und zweifellos werden in den kommenden Jahren noch mehr solche Theorien entstehen – kaum etwas wird so heiß diskutiert wie das Thema Führen. In diesem Buch möchte ich mich auf die Methoden konzentrieren, die ich selbst erfolgreich eingesetzt habe. Um dieses Buch für Sie so hilfreich wie möglich zu gestalten, habe ich versucht, mich möglichst konkret auszudrücken. Legen Sie sich bei der Lektüre dieses Buches ruhig ein Notizbüchlein und einen Stift parat! Oder Sie schreiben Ihre Notizen direkt ins Buch hinein.

Alles, was Sie hier lesen werden, beruht auf den Techniken und Tools, die meiner Meinung nach unentbehrlich sind, um die Interaktionen zwischen Mitarbeitern und ihren Vorgesetzten so reibungslos und effizient wie möglich zu gestalten. Meiner Erfahrung nach ist es immer besser, irgendeinen Plan für die Führung seiner Mitarbeiter zu haben, als völlig planlos vorzugehen. In diesem Buch werden Sie *meinen* Plan kennenlernen.

Betrachten Sie das Buch als eine Einführung in das Thema »Führen«. Denn angesichts des begrenzten Seitenumfangs kann ich natürlich nur an der Oberfläche dieses Gebiets kratzen. Aber wenn Sie mehr darüber erfahren möchten, schauen Sie doch einmal in die Literaturempfehlungen am Ende dieses Buches hinein!

Doch nun erst einmal viel Spaß bei der Lektüre dieses Buches!

Thomas Erikson

Einführung

Warum Sie dieses Buch lesen sollten

Machen wir uns nichts vor: Die Welt ist voller schlechter Chefs. Teamleiter, Gruppenleiter, Abteilungsleiter, Unternehmensbereichsleiter, Geschäftsführer, stellvertretende Geschäftsführer, Vorgesetzte von Geschäftsführern – viele dieser Leute sind eine reine Katastrophe. Vielleicht ist Ihr Chef Vorstandsvorsitzender eines Fortune-500-Unternehmens; womöglich leitet er gleichzeitig auch noch eine Sportmannschaft in Ihrer Stadt – und trotzdem taugt er nichts. Auf allen Ebenen und in allen Unternehmen und Organisationen gibt es Chefs, die dort wirklich völlig fehl am Platz sind. Die sich selbst Probleme bereiten, ihren Mitarbeitern Probleme bereiten, inkompetent oder naiv sind. Manche Chefs sind viel zu nett, andere schlichtweg hundsgemein. Manche schaffen es nicht einmal, sich die Namen ihrer Mitarbeiter zu merken; andere drücken sich einfach vor ihrer Verantwortung. Manche Vorgesetzte sind sogar so inkompetent, dass ihre Firma ohne sie eigentlich besser dran wäre.

Das sind die überflüssigen Chefs: diejenigen, die eigentlich niemand braucht. Die ihrem Unternehmen außer Stress und Kopfzerbrechen überhaupt nichts bringen.

Früher – in besseren Zeiten – war die Aufgabe eines Chefs eigentlich ganz einfach: führen und den Leuten sagen, wer was zu tun hat. Wenn ein Vorgesetzter das schaffte, hatte er seine Aufgabe erfüllt. Ein guter Freund von mir zitiert zum Thema Führung oft seinen eigenen Vater: *Werde niemals Chef, sonst machst du am Ende alles selber.*

Warum ist es so schwer, zu definieren, worin die Rolle eines Vorgesetzten besteht? Ist es wirklich so schwierig, Chef zu sein? Oder ist es sogar die einfachste Sache der Welt?

Und die Chefs, die ihre Aufgabe hervorragend erfüllen – welches Erfolgsrezept haben sie entdeckt? Was haben sie ihren Kollegen voraus? Worin besteht der Trick bei der Sache?

Dieses Buch ist in zwei Teile gegliedert. Im ersten Teil (»Umgeben von schlechten Chefs«) beschreibe ich, wie schwierig es ist, seine Arbeit zu erledigen, wenn man einen schlechten Vorgesetzten hat. In diesem Teil werden wir uns Beispiele für schlechte Führung anschauen und überlegen, was Sie als Mitarbeiter dagegen tun können.

Dieser Teil meines Buches ist nicht für Sie bestimmt, wenn Sie bereits Chef sind und wissen, was Sie tun. Doch wenn Sie das Gefühl haben, noch einiges darüber lernen zu können, wie man seine Mitarbeiter am besten führt, bringen diese Überlegungen Ihnen vielleicht doch etwas.

Andernfalls lesen Sie einfach gleich bei Teil 2 meines Buches (»Umgeben von faulen Mitarbeitern«) weiter. Denn es gibt nun mal auch Angestellte, die es wahrscheinlich nie zum »Mitarbeiter des Monats« bringen werden. Jeder Mensch hat andere Stärken und Schwächen. In diesem Teil meines Buches erfahren Sie, wie man seine Mitarbeiter dazu bringt, ihr Potenzial und ihre ganz persönlichen inneren Triebfedern zu entdecken.

Doch alle, die sich immer wieder fragen, warum ihr Chef sich so komisch verhält, sollten einfach hier weiterlesen. Denn in Teil 1 verrate ich Ihnen das Geheimnis, warum manche Chefs ihre Aufgabe gut erfüllen – und andere überhaupt nicht.

Alles Idioten!?

Vor ein paar Jahren habe ich ein Buch mit dem Titel *Alles Idioten!?* geschrieben. Darin geht es darum, dass wir unterschiedliche Kommunikationsstile haben, und um die Frage, warum bestimmte Menschen für uns manchmal so schwer zu verstehen sind. In diesem Buch habe ich das DISG-Modell von William Moulton Marston vorgestellt, das im Lauf der Zeit von anderen Experten zu einem einfachen Vier-Farben-Modell weiterentwickelt worden ist: Rot, Gelb, Grün und Blau. Dieses Modell will Ihnen zeigen, wie Sie Menschen, die anders ticken oder anders kommunizieren als Sie selbst, besser verstehen können. Natürlich beantwortet es nicht alle Fragen zu unserem Verhalten im Alltagsleben; doch es gibt uns einen guten Ausgangspunkt für Diskussionen und die Möglichkeit, etwas zu verändern. Außerdem ist ein Mensch selten nur einfarbig, sondern hat normalerweise Eigenschaften mehrerer verschiedener Farben in seinem Profil.

Hier ein paar Dinge, die Sie über das DISG-Modell wissen sollten:

- Nicht alle Verhaltensweisen eines Menschen lassen sich mithilfe dieses Modells erklären.
- Es gibt noch andere Modelle zur Erklärung menschlichen Verhaltens, aber ich verwende dieses Modell als Ausgangspunkt, weil es einfach zu verstehen ist.
- Hinter den verschiedenen menschlichen Verhaltensmustern steckt noch mehr als nur diese vier Farben.
- Das DISG-Modell beruht auf umfassenden psychologischen Untersuchungen, wird weltweit eingesetzt und wurde in 35 Sprachen übersetzt.

- In verschiedenen früheren Kulturen gab es ähnliche Modelle, zum Beispiel das System der vier Körpersäfte. (Dieses System geht auf Hippokrates zurück, einen antiken Arzt, der vor ungefähr 2500 Jahren gelebt hat.)

- Bei rund 80 Prozent aller Menschen wird das Verhalten in erster Linie durch eine Kombination aus zwei verschiedenen Farben geprägt; bei ungefähr fünf Prozent steht nur eine einzige Farbe im Vordergrund. Das Verhalten der übrigen Menschen wird von drei Farben beherrscht.

- Am häufigsten sind Menschen mit hundertprozentig grünem Verhalten oder Grün in Kombination mit einer anderen Farbe. Am seltensten ist rein rotes Verhalten oder Rot in Kombination mit einer anderen Farbe.

- Manchmal gibt es auch geschlechtsbezogene Unterschiede im Verhalten von Menschen; doch auf die Geschlechterperspektive gehe ich in diesem Buch nicht ein.

- Das DISG-Modell eignet sich nicht zur Analyse von Menschen mit ADHS, Autismus, Borderlinesyndrom oder anderen psychischen Störungen.

- Zu allem, was ich in diesem Buch beschreibe, gibt es Ausnahmen. Das menschliche Verhalten ist sehr komplex: Auch rote Verhaltenstypen können bescheiden sein und manche gelbe können sogar zuhören. Es gibt grüne Typen, die gut mit Konflikten umgehen können, weil sie das im Lauf der Zeit gelernt haben; und viele blaue Verhaltenstypen haben durchaus ein Gespür dafür, ab welchem Punkt sie vielleicht nicht unbedingt noch einmal nachprüfen müssen, ob die Dokumente auch wirklich alle in Ordnung sind.

- Bei allem, worüber ich in diesem Buch spreche, sind persönliches Einsichtsvermögen und gute Selbstwahrnehmung gefragt. Probleme entstehen, wenn diese beiden Fähigkeiten begrenzt sind.

- Meine eigenen Farben sind Rot und Blau mit etwas Gelb. Mit Grün kann ich leider nicht dienen – sorry!

In meinem zuvor erschienenen Buch *Alles Idioten!?* bin ich nicht auf die verschiedenen Rollen eingegangen, die wir am Arbeitsplatz ausfüllen. Nach dem Erscheinen dieses Buches wurde ich immer wieder gefragt, ob es denn nicht möglich wäre, mit diesem System noch einen Schritt weiterzugehen.

Ja, natürlich geht das!

Angenommen, ein erfahrener, ergebnisorientierter Mensch soll zusammen mit einer Person, der nichts wichtiger ist als Ruhe und Sicherheit, ein Problem lösen: Aus dieser Konstellation werden garantiert Probleme entstehen, wenn diese beiden Leute nicht versuchen, sich irgendwo in der Mitte zu treffen. Doch wenn Person Nummer eins nun zufällig der Chef von Person Nummer zwei ist, entsteht *noch* ein Problem, nicht wahr? Oder umgekehrt: Wenn Nummer zwei der Chef von Nummer eins ist? Dann wird die Sache richtig spannend. Wenn das Thema Führung ins Spiel kommt, ist das Schimpfwort »Idiot« oft nicht mehr weit entfernt.

Natürlich ist mir klar, dass Sie Ihren Chef niemals als Idioten bezeichnen würden (zumindest nicht in seinem Beisein); aber Sie wissen, dass Probleme am Arbeitsplatz oft mit inkompetenten Chefs zusammenhängen. Wir müssen uns also über unsere unterschiedlichen persönlichen Eigenschaften klar werden und dabei gleichzeitig berücksichtigen, dass am Arbeitsplatz einer von uns beiden Macht über den anderen hat.

Wenn Ihr Freund oder Ihre Freundin sich als Scheusal entpuppt, können Sie einfach gehen. Doch wenn Ihr Chef unzumutbare Anforderungen an Sie stellt, wird die Sache gleich viel komplizierter; und gleichzeitig ist es dann auch viel wichtiger, mit diesem Vorgesetzten in einen halbwegs funktionierenden Dialog zu treten. Wie das geht, will ich Ihnen in diesem Buch erklären.

Chefsein verpflichtet!

Und doch … Ich persönlich bin der Meinung, dass der Chef stets die größere Verantwortung dafür trägt. Er sollte sich mit dem Problem auseinandersetzen und Lösungen dafür finden.

Manchmal kann auch ein Chef aus irgendeinem Grund gestresst sein. Zum Beispiel, weil er gerade ein Problem mit seinem eigenen Chef hat … Aber er trägt trotzdem die Verantwortung für seine Mitarbeiter. Man kann seinen persönlichen Stress nicht als Vorwand vorschieben oder sich darauf herausreden, dass man nicht genug Zeit hat. Als Chef sind Sie dafür verantwortlich, sich um Ihre Mitarbeiter zu kümmern. Sie sollten zumindest *versuchen*, ihnen das zu geben, was sie brauchen – und zwar am besten, bevor einer von ihnen Sie ausdrücklich darum bittet.

Ich finde auch nicht, dass ein Chef sich hinter irgendwelchen Ausreden verschanzen sollte – zum Beispiel dass er nicht genau weiß, was für Aufgaben er als Vorgesetzter zu erfüllen hat. Dass dazu mehr gehört, als einfach nur am Schreibtisch zu sitzen, sollte jeder wissen.

Während meiner 20-jährigen Tätigkeit als Berater, der sich vor allem mit dem Thema »Führungsprobleme« beschäftigt, habe ich natürlich auch viele Chefs kennengelernt, die die Kunst des Führens sehr gut beherrschen. Manche haben von Natur aus ein Talent dafür; andere haben es auf die harte Tour gelernt. Mitarbeiter bewundern und lieben solche Chefs und würden ihnen zuliebe sicherlich so manches in Kauf nehmen. Das sind die Stars unter den Führungskräften.

Aber ich bin auch sehr, sehr vielen Chefs begegnet, die praktisch nutzlos waren. Manche von ihnen begriffen nicht einmal so richtig, worin die Aufgabe eines Vorgesetzten besteht. Einige dieser Chefs würden vielleicht gerne lernen, ihre Aufgabe besser zu erfüllen, während andere nicht das geringste Interesse daran haben. (Und das macht sie meiner Meinung nach für ihre Führungsrolle noch ungeeigneter.) Manche Chefs sind sogar völlig überflüssig – sie stehen einfach nur im Weg herum, bringen dem Unternehmen aber eigentlich gar nichts.

Warum gibt es eigentlich so viele ineffektive Chefs? Das hat natürlich verschiedene Gründe; aber es gibt doch bestimmte Muster, die diesem Problem zugrunde liegen. Und es ist eine gute Idee, sich mit diesen Mustern zu beschäftigen, damit man irgendwann lernt, sie zu durchschauen.

Verantwortung, aber keine Befugnisse ...

Solche Situationen habe ich als Mitarbeiter selbst schon kennengelernt: Die Erwartungen der Unternehmensleitung waren mehr oder weniger unmöglich zu erfüllen. Wenn irgendetwas schiefging, bekam ich nur Nörgeleien und Kritik zu hören, wurde aber nie gelobt, wenn etwas besonders gut gelaufen war. Ich gehöre nicht zu den Leuten, die Komplimente und Kinokarten erwarten, nur weil sie ihre Sache gut gemacht haben. Aber wenn ich mit meiner Leistung alle Erwartungen übertroffen habe, wäre es schon ganz schön, wenn das irgendjemandem (vorzugsweise meinem Chef) auffallen würde. Manchmal reicht schon ein anerkennendes »Daumen hoch« im Vorbeigehen.

Manchmal waren die Aufgaben, die man mir stellte, geradezu absurd und mehr oder weniger unlösbar. Ab und zu gelang es mir trotzdem, sie zu lösen; doch manchmal habe ich bei meinen Bemühungen, es dem Chef recht zu machen, auch eine Bauchlandung hingelegt.

Sie wissen ja, wie das ist: Man kann nicht alles schaffen; und wenn man es trotzdem versucht, endet das früher oder später in einer Katastrophe.

Es ist frustrierend, immer nur derjenige zu sein, der die Probleme lösen soll, aber kein Mitspracherecht und keinen Einfluss darauf zu haben, wie die Arbeit getan werden soll. Noch frustrierender ist es, wenn einem niemand zuhört, obwohl man durchaus vernünftige Ideen und Vorschläge zu bieten hat. Manchmal hat mein Chef mir zwar zugehört, höflich genickt und gesagt: *Ich verstehe schon, was Sie meinen.* Doch darauf folgte leider nur allzu oft ein *Aber …* Sie wissen schon, was das heißt, nicht wahr? Im Grunde bedeutet es nichts anderes als: *Ich verstehe schon, was Sie meinen … aber es ist mir völlig egal.* Der Chef hatte seine Entscheidung bereits getroffen. Aber warum hat er dann überhaupt nach der Meinung seines Mitarbeiters gefragt?

Oder der Chef hört einem tatsächlich zu und sagt dann: *Machen Sie, was Sie wollen, aber wenn es schiefgeht, tragen Sie die Verantwortung dafür.*

Danke für diesen Vertrauensbeweis!

Ich konnte noch nie den Mund halten. Als junger Mann hielt ich Autoritätspersonen für totale Nervensägen. Dadurch bin ich oft in Schwierigkeiten geraten. Auch in meinem späteren Leben habe ich hin und wieder gewisse Strukturen und Abläufe infrage gestellt.

Die Antworten, die ich auf meine kritischen Anmerkungen bekam, waren oft völlig unlogisch: *Das ist nun mal so.* Oder: *Bei uns wird das eben so gemacht.* Oder meine Lieblingsantwort: *Wir haben das schon immer so gehandhabt* – als wäre das ein Argument!

Ich weiß, was es bedeutet, wenn man nur ein kleiner Angestellter ist und keinerlei Einfluss hat.

Aber natürlich gibt es auch Ausnahmen. Ich hatte auch schon Chefs, die gut zuhören konnten und ein offenes Ohr für die Gedanken und Ideen ihrer Mitarbeiter hatten. Einige von ihnen hatten hinterher sogar so viel Anstand zuzugeben, dass die betreffende Idee eigentlich von ihrem Mitarbeiter stammte!

Wahrscheinlich habe ich mich – genau wie Sie – schon oft gefragt, wie mein Chef tickt und was hinter seinem Verhalten steckt. Denn manchmal kann ich mir beim besten Willen keinen Reim darauf machen. Also: Wie wäre es herauszufinden, welche Gründe Ihr Vorgesetzter für sein komisches Verhalten haben könnte?

Lassen Sie uns in die seltsame Welt des Chefseins eintauchen!

Sind Sie bereit für den Sprung ins kalte Wasser? Na, dann nichts wie los.

Teil 1

Umgeben von schlechten Chefs

Kapitel 1

Katastrophale Vorgesetzte – und was für ein Chaos sie anrichten können

Gute Führung hängt davon ab, dass der Chef und seine Mitarbeiter sich über ihre symbiotische Beziehung im Klaren sind: Beide Parteien müssen erkennen, dass sie aufeinander angewiesen sind. Nur so kann dieses System funktionieren.

Manchmal sieht das Dasein eines Chefs verblüffend einfach aus: Man muss nur an vielen Konferenzen teilnehmen und einen sehr wichtigen Eindruck machen. Viel telefonieren und am Freitagnachmittag Golf spielen. So einen Posten, bei dem der Schein wichtiger ist als das Sein, kann natürlich jeder ausfüllen. Wenn alles gut läuft, erntet der Chef die Lorbeeren; und wenn etwas schiefgeht, hat er immer irgendjemand anderen, dem er die Schuld zuschieben kann.

Okay, das ist vielleicht ein bisschen übertrieben. Chef zu sein bedeutet schon ein bisschen mehr als das. Aber die meisten Menschen, die schon mal einen schlechten Chef hatten, wissen: Man kann dabei auch vieles falsch machen.

Jeder von uns hat schon mal einen inkompetenten Vorgesetzten gehabt und sich gefragt, warum der seine Arbeit nicht besser macht. Manche Chefs führen eigentlich überhaupt nicht. Und da fragt man sich natürlich: Ein Chef, der nicht führt – wozu braucht man den überhaupt?

Es gibt viele Chefs, denen hätte man nicht mal den Schlüssel zu ihrem Büro in die Hand drücken dürfen.

Ich bin mir ziemlich sicher, dass Sie ein paar von diesen Typen wiedererkennen:

- der Chef, der nie etwas sagt, was auch nur den Hauch einer positiven Einstellung erkennen lässt,
- der Chef, der nichts anderes tut, als sich zu beklagen und an allem herumzunörgeln, was Sie tun,
- der Chef, der Ihnen die Schuld an Fehlern zuschiebt, die er selbst gemacht hat,
- der Chef, der die Lorbeeren für Ihre Arbeit einheimst,
- der Chef, der keine Ahnung davon hat, was Sie den ganzen Tag tun,
- der Chef, der immer wieder verspricht, sich bei Ihnen zu melden, es aber nie tut,
- der Choleriker, der plötzlich ohne Grund Wutausbrüche bekommt,
- der Chef, der von Ihnen erwartet, dass Sie seine Gedanken lesen können,
- der Chef, der die Fehler seiner Mitarbeiter im Beisein von Kunden anprangert,
- der Chef, dessen Anweisungen so unklar sind, dass man beim besten Willen nicht versteht, was er will,
- der Schussel, der seine eigenen Unterlagen nicht wiederfindet,

- der Kontrollfreak, der sich in alles einmischt, was Sie tun,
- der Pedant, der alles bis auf drei Stellen nach dem Komma genau kontrolliert,
- der Chef, der nie jemandem die Verantwortung für irgendetwas überlässt,
- der Chef, der darauf besteht, alle Entscheidungen selbst zu treffen,
- der Chef, der immer woanders, aber nie für Sie da ist,
- der Chef, der nie klare Anweisungen gibt, aber hofft, dass Sie trotzdem verstehen, was er meint,
- der Chef, dem es egal ist, wenn manche Mitarbeiter ihre Arbeit nicht richtig machen,
- der Chef, der so große Angst vor Konflikten hat, dass seine Mitarbeiter so gut wie alles dürfen,
- der Despot, der Gehorsam verlangt, nur weil er der Chef ist,
- der Chef, der sich so sehr anstrengt, so zu tun, als würde er zuhören, dass er kein Wort von dem mitbekommt, was Sie sagen.

Viele Chefs haben ihren Führungsstil von ihren eigenen Vorgesetzten übernommen. Sie sind auch von anderen geprägt worden, und oft versuchen sie wirklich, ihr Bestes zu tun. Einigen dieser Chefs kann man tatsächlich dazu gratulieren, dass es ihnen gelungen ist, sich über Wasser zu halten, ohne irgendeinen Plan zu haben – und ohne je irgendein Managementtraining absolviert zu haben.

Die meisten Menschen übernehmen eine Führungsposition natürlich nicht mit der Absicht, schlechte Arbeit zu leisten. Die allermeisten Chefs versuchen wahrscheinlich, ihre Arbeit gut zu machen; und trotzdem läuft bei ihnen manchmal aus unerfindlichen Gründen alles aus dem Ruder.

Ich persönlich habe mich in meinem Führungsstil anfangs von wirklich katastrophalen Chefs beeinflussen lassen. Mit denen möchte ich nicht einmal im selben Raum sein. Weil ich diese Lage so frustrierend fand, analysierte ich das Verhalten dieser Chefs und tat dann genau das Gegenteil – eine ziemlich kluge Strategie, wie ich finde.

Zum Beispiel hatte ich einen Chef, der seine Bürotür immer geschlossen hielt. Das störte mich und meine Kollegen auch. Also nahm ich mir vor, stets für meine Mitarbeiter zu sprechen zu sein, wenn ich irgendwann mal eine Führungsposition und ein eigenes Büro bekommen würde. Und als ich dieses Büro dann endlich hatte, ließ ich die Tür immer weit offen.

Einem anderen früheren Chef von mir unterliefen immer wieder Fehler bei seiner Arbeit. Jeder macht ab und zu mal etwas falsch, aber wie verhält man sich dann? Man akzeptiert, dass man einen Fehler gemacht hat, und geht dann einfach wieder zur Tagesordnung über. Man behauptet nicht, selbst überhaupt keine Schuld an dem Bock zu tragen, den man geschossen hat; und vor allem kritisiert oder tadelt man seine Mitarbeiter nicht dafür. Ein solches Verhalten habe ich bei meinen Vorgesetzten leider mehr als einmal erlebt, und ich habe mir geschworen, so etwas nie zu machen. Wenn ich einen meiner Mitarbeiter schlecht behandelt habe, muss ich mich schlicht und einfach bei ihm entschuldigen. Inzwischen tue ich das, auch wenn ich dabei manchmal ein bisschen die Zähne zusammenbeißen muss. Doch ich denke, nur so kann man ein gutes Vorbild sein – wenn man als Chef auch zu seinen eigenen Fehlern steht.

Aber das Leben eines Vorgesetzten kann trotzdem verwirrend sein. Glauben Sie mir: Ich weiß, wovon ich rede. Und wenn die Symbiose zwischen dem Chef und seinem Team nicht mehr richtig funktioniert, kann daraus für sehr lange Zeit eine sehr toxische Atmosphäre entstehen.

Der Spitzenverkäufer, der sich als Chef selbst im Weg stand

Habe ich dieses Buch geschrieben, um mich selbst zu beweihräuchern? Bilde ich mir ein, die Lösung für alle Probleme zu haben? Bin ich der beste Chef der Welt?

Sicherlich nicht.

Es kommt oft vor, dass Autoren von Managementbüchern mit der Zeit ein bisschen eingebildet werden. Sie wissen schon, wie so etwas läuft, nicht wahr? Der Autor erzählt eine komplizierte Geschichte über irgendein katastrophales Ereignis, das natürlich damit endet, dass er die Situation dank seinen unglaublichen Fähigkeiten und seinem brillanten Talent retten konnte. Doch in Wirklichkeit ist das natürlich nie so einfach.

Meine erste Führungsposition bekleidete ich im Alter von 24 Jahren; damals war ich also zum ersten Mal in meinem Leben Chef. Und da ich ein guter Verkäufer war, wusste ich, wie ich anderen Menschen ein überzeugendes Bild von mir selbst vermitteln konnte. Wenn man jung ist, strotzt man nur so vor Selbstvertrauen, und ich war in dieser Hinsicht keine Ausnahme. Vor dem Vorstellungstermin hatte ich tagelang geübt, wie ich meine Gesprächspartner am besten von meinen Stärken und Kompetenzen überzeugen konnte. Nehmt *mich*, sagte ich. Und das taten sie dann auch. Ich machte einen klugen und begeisterungsfähigen Eindruck, schien eine »gewinnende Art« zu haben – und das gefiel ihnen. *Dieser Typ kann Großes für unser Unternehmen bewirken!*

Sie hätten es besser wissen sollen.

Voller Energie und Selbstvertrauen und mit dem Gefühl, die Welt retten zu können, stürzte ich mich in meine neue Aufgabe. Und ich hatte große Pläne. Niemand konnte mir damals absprechen, dass ich es *gut meinte;* und ich denke, dass mein 13-köpfiges Team auch dieser Meinung war. Sie haben sicher gemerkt, dass ihr neuer Chef ein ganz besonders energiegeladener Typ war.

So weit, so gut.

Und was habe ich mit dieser ganzen Energie gemacht?

Na ja …

Wissen Sie, das ist inzwischen schon 25 Jahre her, aber es fällt mir trotzdem immer noch schwer, darüber zu sprechen. Vor einiger Zeit wäre mir beinahe eine Frau über den Weg gelaufen, die damals zu meinem Team gehörte. Ich sah sie, als ich gerade die Straße überqueren wollte, und versteckte mich instinktiv hinter einer Säule. Ich bin nicht stolz darauf, das zuzugeben; aber ich schämte mich immer noch dafür, dass sie damals so wenig Unterstützung von mir erhalten hatte.

Ich konnte ihr nicht in die Augen sehen, obwohl in der Zwischenzeit ein halbes Leben vergangen war.

Motivation und Selbstvertrauen sind nicht alles

Damals platzte ich fast vor Energie und Tatendrang; aber ich wusste nicht, wie ich mir meine Arbeitstage einteilen sollte. Es gab keine

Struktur, keine Planung; ich hatte keine Ahnung, was Nachverfolgung bedeutet, und irgendwie war mir mit der Zeit offenbar auch mein gesunder Menschenverstand abhandengekommen. Es war alles ein einziges großes Durcheinander. Meistens rannte ich einfach nur ziellos durch die Gegend und versuchte, gegen alle Hindernisse zu kämpfen, die meinem »Fortschritt« im Weg standen. Nach ein paar Jahren in der Branche war ich mit dem Geschäft vertraut, also konnte ich mit einigen Kunden ganz gut umgehen. Perfekt, genau das würde ich von jetzt an tun! Also kümmerte ich mich um einige unserer Kunden. Und das lief auch ganz gut – abgesehen von der Tatsache, dass das nicht meine Aufgabe in diesem Unternehmen war.

Außerdem gab es an meinem neuen Arbeitsplatz viele geheimnisvolle Spielregeln, die ich nicht kannte. Mit diesen ungeschriebenen Gesetzen hätte ich ein ganzes Buch füllen können, wenn ich darüber Bescheid gewusst hätte.

Ich erinnere mich noch an eine der Fragen, mit denen mein Team mich in der ersten Woche konfrontierte: *Wann sollen wir Mittagspause machen?* Ich hatte keine Ahnung, worauf sie hinauswollten. *Esst einfach, wenn ihr Hunger habt!* Aber das funktionierte nicht, weil wir in der Mittagspause nicht einfach alles stehen und liegen lassen konnten. (Mein Arbeitsplatz war die Filiale einer großen Bank. Das war zu einer Zeit, als die Menschen ihre kostbare Zeit tatsächlich noch damit vergeudeten, persönlich dort hinzugehen.) Jetzt im Nachhinein denke ich, dass meine Mitarbeiter das Problem mit der Mittagspause auch ohne meine Hilfe hätten lösen können. Doch genau das antwortete ich ihnen leider auf alle ihre Anliegen: *Finden Sie selbst eine Lösung.*

Das war meine Standardantwort auf Fragen, auf die ich keine Antwort wusste.

Finden Sie selbst eine Lösung.

Ein Kunde steht am Schalter und schreit herum. *Finden Sie eine Lösung.*

Das Geld in der Kasse stimmt nicht. *Finden Sie eine Lösung.*

Ulla hat einen Tag frei und Marja ist krank – wir haben niemanden, der einspringen kann, während wir in der Mittagspause sind. *Finden Sie eine Lösung.*

Eine meiner Mitarbeiterinnen war schließlich so gestresst, dass sie fast jeden Tag Magenschmerzen hatte.

Einmal zeigte sie mir ihren Terminkalender, und da sah ich, dass ihr Zeitplan eine einzige Katastrophe war. Von acht Uhr morgens bis fünf Uhr nachmittags standen die Kunden an ihrem Schalter Schlange. Sogar in der Mittagspause war ihr Kalender voll mit Terminen für Kundengespräche. Sie hatte nicht einmal Zeit, auf die Toilette zu gehen. So konnte es nicht weitergehen. Aber ich weiß noch, dass ich einfach nur auf den hoffnungslos überfüllten Terminkalender dieser Frau starrte und so etwas Ähnliches sagte wie »Ach, du meine Güte!«.

Später wurde mir klar, dass sie mich um Hilfe gebeten hatte, und es gibt mir heute noch einen schmerzhaften Stich, wenn ich mich an meine erste Reaktion erinnere: *Finden Sie eine Lösung.* Ich hatte keine Lösungsvorschläge. Ich hatte keine Ahnung, was getan werden musste. Ich wusste nicht einmal, wie es überhaupt zu dieser Situation gekommen war.

Wir müssen einfach noch mehr arbeiten.

Das ist kein Ratschlag, den jemand hören möchte, der vor lauter Überlastung kaum noch Luft bekommt.

Doch oft wusste ich einfach keine andere Antwort. Und das war Anfang der 1990er-Jahre. Damals waren solche Ermahnungen sehr beliebt: *Sprich nicht über Probleme, sondern suche nach Lösungen.* Auf diese Devise hielt ich große Stücke. Und da ist sicherlich auch etwas dran – manchmal sollte man nicht einfach nur nach den Problemen suchen. Aber man muss als Chef auch wissen, wie man seinen Mitarbeitern diesen Ratschlag verkauft, um nicht großspurig oder arrogant zu wirken!

Und dafür hatte ich leider nur selten ein gutes Gespür.

Manchmal haben meine Mitarbeiter mir auch Lösungen vorgeschlagen und wollten wissen, was ich davon hielt. Aber ich hatte keine Meinung dazu. Ich wusste selbst nicht, worin die beste Vorgehensweise bestand.

Oft murmelte ich dann einfach nur: »Finden Sie eine Lösung.«

Und ich weiß heute noch, wie fassungslos meine Teammitglieder mich dann angestarrt haben.

Mich beschäftigte damals etwas ganz anderes. Ich hatte gerade geheiratet und wir erwarteten unser erstes Kind. Um ehrlich zu sein, war ich mit meinen Gedanken oft gar nicht bei der Arbeit, sondern woanders. Natürlich war mir klar, dass ich Probleme hatte; aber ich war jung und hielt mich für ziemlich schlau. Mit der Zeit bin ich aus diesem Irrtum herausgewachsen.

Schließlich schickten sie mich zu einem Managementkurs. Dort habe ich alles Mögliche darüber erfahren, wie es ist, Chef zu sein. Der Kursleiter hat mich sehr beeindruckt, aber ich weiß nicht mehr, was ich dort eigentlich gelernt habe. Um ganz ehrlich zu sein: Heute kann ich mich kaum noch daran erinnern, worum es in diesem Kurs überhaupt ging.

Ich bin auch nur selten zu meiner eigenen Chefin gegangen, um sie um Hilfe zu bitten. Das wäre eine furchtbare Niederlage gewesen, also habe ich meine Probleme einfach totgeschwiegen. Außerdem war sie nicht sehr oft da; und das war eine hervorragende Ausrede für mich: Ich hatte einfach niemanden, an den ich mich wenden konnte!

Am Ende fiel dieses ganze wackelige Gebäude in sich zusammen wie ein Kartenhaus. Meine Mitarbeiter zettelten zwar nicht direkt eine Revolte gegen mich an; aber sie haben sich über mich beschwert. Sie hatten das Gefühl, dass ich ihre Situation nicht verstand. Als Menschen haben sie mich vielleicht sogar irgendwie gemocht; aber sie waren nicht damit zufrieden, wie ich die Filiale leitete.

Und daraus kann ich ihnen keinen Vorwurf machen. Denn sie hatten recht.

Das letzte Fiasko

So verging ein Tag nach dem anderen und nichts wurde besser. Ganz im Gegenteil: Es war, als würde man immer tiefer in einen stockdunklen Tunnel hineinfahren. Ich konnte nachts nicht mehr schlafen, weil es zum ersten Mal in meinem Berufsleben tatsächlich so aussah, als würde ich an einer Aufgabe scheitern. Ich war auf dem besten Weg zu meinem ersten echten Misserfolg; und darauf war ich überhaupt nicht vorbereitet. Nachdem ich die Bankfiliale knapp ein Jahr lang geleitet hatte, wurde mir klar, dass das Spiel aus war.

Schließlich ging ich zum Chef meiner Chefin und bat ihn, mich von meinem Posten zu entheben. Ich weiß noch, wie fassungslos er mich anstarrte. Ich glaube nicht, dass er so eine Bitte schon einmal gehört hatte.

An meinem letzten Tag in der Filiale bekam ich kein Abschiedsgeschenk von meinen Mitarbeitern. Sie hatten sich nicht dazu aufraffen können oder wollen, Geld dafür zu sammeln; und diese Botschaft habe ich verstanden. Ich bin froh, dass ich das Gespräch über meinen Wechsel, das sie sicherlich geführt haben, nicht mit anhören musste.

Ich weiß noch, dass ich den Mitarbeitern eine Topfpflanze schenkte und sagte, ich hätte viel mehr von ihnen gelernt als sie von mir. Niemand widersprach. Die Leute murmelten nur verlegen irgendetwas vor sich hin, und einer von ihnen sagte leise, dass es zum Schluss doch wenigstens ein bisschen besser geworden sei.

Es war furchtbar.

Was habe ich aus all dem gelernt?

Was ich aus dieser Erfahrung mitnehmen konnte: dass es verdammt schwierig ist, Chef zu sein. Dass es dabei nicht darauf ankommt, eine Menge Energie zu haben. Dass Mitarbeiter noch lange nicht zu Weltmeistern werden, nur weil ich mich im selben Zimmer aufhalte wie sie. Ja, ich weiß, wie das klingt – aber ich muss Sie daran erinnern, dass ich damals erst 24 Jahre alt war und glaubte, die Welt aus den Angeln heben zu können.

Diese Erfahrung hat mich aber auch gelehrt, dass selbst Chefs lernen müssen, um Hilfe zu bitten. Dass es kein Zeichen von Schwäche ist, wenn man einmal nicht weiterweiß.

Vor allem aber habe ich angefangen, etwas sehr Wichtiges zu verstehen: nämlich dass Führen ein Handwerk ist. Es ist ein Job, eine Aufgabe wie viele andere. Diesen Job muss man einfach von der Pike auf lernen, denn damit beeinflusst man andere Menschen. Und genau in diesem Handwerk habe ich mich seitdem vervollkommnet.

Ein Chef hat mehr Einfluss auf die Atmosphäre in einem Unternehmen als andere Kollegen. Der Chef hat mehr Autorität – und damit auch mehr Verantwortung.

Aber das bedeutet nicht, dass ich von meinen Mitarbeitern keine Verantwortung einfordern kann. Sie tragen die Verantwortung für sich selbst; doch *meine* Verantwortung besteht darin, das Ganze am Laufen zu halten. Wenn ich nicht bereit bin, diese Rolle auszufüllen, sollte ich es vielleicht lieber mit einer faszinierenden Karriere im Telemarketing versuchen.

Kapitel 2

Warum Sie bei der Jobsuche in erster Linie auf Ihren Chef und nicht auf Ihren Arbeitgeber achten sollten

Man kann eine Schule oder Universität besuchen und sich für so gut wie alles ausbilden lassen: Es gibt Ausbildungen für Tischler, Krankenpfleger, Wirtschaftswissenschaftler, Klempner, Ingenieure, Zahnärzte, Landwirte, Köche, Friseure und eine Million andere Berufe. Nur leider nicht für Chefs.

Dafür gibt es keinen Kurs auf dem Gymnasium und auch in den Programmen und Lehrgängen der Fachhochschulen und Universitäten lernt man darüber nichts Sinnvolles. Das Thema Führung wird zwar in vielen Berufsausbildungen erwähnt, aber es werden keine wirklich praktischen Fähigkeiten dazu vermittelt. Was man über dieses Thema lernt, geht nicht über reine Theorie hinaus, und selbst diese Informationen werden oft von Leuten weitergegeben, die noch nie in ihrem Leben auch nur einen einzigen Mitarbeiter führen mussten.

Daher ist es ganz normal, dass es viele Berater gibt, die – genau wie ich – versuchen, anderen Menschen die Kompetenzen und Fähigkeiten einer Führungskraft zu vermitteln. Manche Berater können das sehr gut; andere scheinen genauso wenig über Führungsqualitäten zu wissen wie ihre Auftraggeber in den Unternehmen, für die sie arbeiten. Und selbst für einen erfahrenen Führungskräfte-Coach gibt es viele Stolperfallen.

»Des Kaisers neue Kleider« – eine moderne Version

Und nun will ich Ihnen erklären, wie so etwas normalerweise läuft.

Ein Unternehmen ruft ein Projekt ins Leben, um seinen Chefs ein Führungskräfte-Training zu verpassen, und alle Topmanager in der Führungsetage finden das ungeheuer positiv. »Das wird unserem Unternehmen zum großen Durchbruch verhelfen!« Als Nächstes wird ein erfinderischer Unternehmensberater hinzugezogen, der den Entscheidungsträgern der Firma versichert: »Das kriegen wir schon hin!« Er zeigt seinen Auftraggebern viele PowerPoint-Charts und liefert dazu eine äußerst komplizierte Beschreibung dieses Prozesses – Pfeile und Diagramme und Gott weiß was noch alles.

Dann macht der Berater einen Rundgang durch die Firma und befragt Mitarbeiter auf sämtlichen Unternehmensebenen. Stellt kluge Fragen und findet heraus, wie alles funktioniert (oder *nicht* funktioniert). Als Nächstes geht er zu der Person, die den Bericht in Auftrag gegeben hat (im besten Fall, aber leider bei Weitem nicht immer ist der Geschäftsführer an diesem Projekt beteiligt), und erklärt, dass es in dem Unternehmen erhebliche Mängel gibt. Doch zum Glück weiß er, wie die Führungsstruktur funktionieren *sollte*. Und dann stellt er ein ambitioniertes Programm vor, mit dessen Hilfe die gravierendsten Probleme behoben werden sollen.

Gesagt, getan. Es werden Pläne aufgestellt. Der Berater vereinbart ein Pilotprojekt mit der oberen Führungsebene, und die sagt: »Dieser Plan ist wirklich gut. Den werden wir jetzt umsetzen.« Natürlich sind wie immer alle Topmanager des Unternehmens beschäftigt und total im Stress; aber sie haben das Gefühl, dass ihr Führungsproblem in Zukunft leichter zu handhaben sein wird, weil sie ja nun bald einen Berater haben, dem sie die Schuld an der in ihrem Unternehmen herrschenden allgemeinen Inkompetenz in die Schuhe schieben können.

Dann durchlaufen alle Chefs das Führungskräfte-Schulungsprogramm, für das die Unternehmensleitung sich entschieden hat. Das kann weit über ein Jahr dauern. Anschließend wird das Ganze ausgewertet. Der Berater ist natürlich bemüht, seine Schäfchen ins Trockene zu bringen, und macht sich daher bei allen Kursteilnehmern beliebt. Er sorgt dafür, dass er bei der Abschlussbewertung seines Programms von allen mittleren Managern gut beurteilt wird, damit diese der obersten Führungsebene ein positives Feedback geben und sagen, was für einen hervorragenden Berater sie da engagiert haben.

Dann heißt es: *Danke schön, auf Wiedersehen und viel Glück für die Zukunft, wenn Sie diese (höchstwahrscheinlich) ganz hervorragenden Werkzeuge bei Ihrer täglichen Arbeit einsetzen!* Alle Kursteilnehmer versprechen ernsthaft und feierlich, die neu erworbenen Kenntnisse in ihrem Managementalltag nach Kräften zu nutzen.

Doch früher oder später gerät das Unternehmen dann in irgendeine Krise und die Mitarbeiter verlieren völlig den Überblick. Das Unternehmen reagiert instinktiv: Alle machen wieder alles so, wie es schon immer gemacht wurde.

Das Einzige, was man mit all dem erreicht hat, ist, dass ein bisschen Geld und vor allem viel Zeit verschwendet wurde – und nichts kostet mehr Geld als Zeit. Man kann immer irgendwie versuchen, mehr Geld zu verdienen; aber die kostbare Arbeitszeit, die diese Chefs damit verbracht haben, ihrem Trainer zuzuhören, bekommt man nie wieder zurück.

Was ist passiert? Warum ist dieses Projekt so völlig wirkungslos im Sande verlaufen?

Ganz einfach: weil es niemanden gab, der wirklich dafür zuständig war.

Wenn es kein Problem gibt, braucht man auch keine Lösung

Die Unternehmensleitung hat von Anfang an etwas sehr Wichtiges versäumt: sich die Frage zu stellen, warum es überhaupt Chefs in ihrer Firma gibt. Die Frage, mit der sich der Geschäftsführer (anstelle des Wortes »Geschäftsführer« können Sie auch den Titel des obersten Chefs Ihres eigenen Unternehmens einsetzen, wenn Ihnen das lieber ist) auseinandersetzen sollte, lautet: Warum haben wir in unserem Unternehmen überhaupt mittlere Führungskräfte?

Was für einen Beitrag zum Unternehmenserfolg leisten diese Leute eigentlich? Warum steuert der oberste Chef nicht einfach alle seine Mitarbeiter bequem von seinem Schreibtisch aus – gewissermaßen per Fernbedienung?

Das Problem liegt oft darin, dass wir nicht wissen, warum ein Chef seinen Job überhaupt bekommen hat und was für Aufgaben in seinen Zuständigkeitsbereich fallen. Natürlich braucht man jemanden, der dafür verantwortlich ist, wenn etwas schiefläuft. Aber was für Aufgaben hat ein Chef sonst noch?

Wozu sind Chefs eigentlich da? Warum gibt es in einem Unternehmen Vorgesetzte? Verfolgen wir mit dieser Managementstruktur ein bestimmtes Ziel? Wenn wir die Antwort auf diese Frage herausgefunden haben, können wir den Chefs unseres Unternehmens die Fähigkeiten beibringen, die ihnen noch fehlen, um dieses Ziel zu erreichen.

Denken Sie einmal kurz darüber nach: Wenn Sie nicht wissen, wohin Sie gehen wollen – woher sollen Sie dann wissen, was Sie brauchen, um dorthin zu kommen?

Wenn der Chef völlig fehl am Platz ist

Wahrscheinlich haben Sie sich auch schon mal gesagt: *So schwierig kann das doch eigentlich nicht sein! Das könnte ich eigentlich auch selbst machen.* Und vielleicht haben Sie da gar nicht so unrecht. Vielleicht *sollte* es einfach sein, Chef zu sein und zu wissen, was Ihre Mitarbeiter brauchen, um ihre Arbeit erledigen zu können; aber wie oft haben Sie (sofern Sie *nicht* selbst der Chef sind) schon darüber nachgedacht, was es bedeutet, Vorgesetzter zu sein?

Wie sehen sie eigentlich aus – die Anforderungen, die Ihr Chef unter einen Hut zu bringen versucht? Und welche Auswirkungen können diese Anforderungen auf die Ergebnisse haben, die er erzielt? Wie viel wissen Sie über den Alltag eines Chefs?

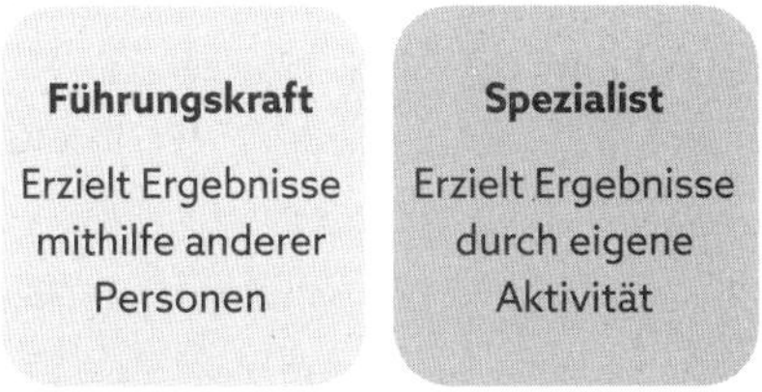

Die meisten Führungsaufgaben bestehen aus mindestens zwei Teilen. Zum einen sollte der Chef eine Führungspersönlichkeit sein und seinen Mitarbeitern das geben, was sie brauchen. Damit meine ich, sie zu informieren und anzuleiten, ihnen zu erklären und zu zeigen, wie die Arbeit erledigt werden sollte. Gleichzeitig sollte er seine Mitarbeiter aber auch unterstützen, coachen und ihnen Mut machen, die Arbeit seines Teams planen, Feedback geben und motivieren, Teamkonferenzen leiten und seinen Mitarbeitern auf vielerlei andere Weise die Arbeit erleichtern.

Zum anderen besteht ein Teil des Jobs als Chef darin, Spezialist oder Fachmann zu sein. Diese Aufgabe füllt den Rest seines Arbeitsalltags aus. Spezialist zu sein bedeutet, dass der Manager selbst Probleme löst, sich um Kunden kümmert und Aktivitäten plant, die nicht zur Führung seiner Mitarbeiter gehören, sondern die Arbeit selbst betreffen.

Führungskräfte sind oft an verschiedenen Projekten beteiligt und wirken bei der Arbeit ihres Teams mit; und bei vielen dieser Aufgaben geht es um Dinge, die sich nicht auf die Fähigkeit ihrer Mitarbeiter auswirken, ihre Arbeit gut zu machen.

Die Schwierigkeit besteht darin, bei der Einteilung seiner Arbeitszeit die richtigen Prioritäten zu setzen. Und viele Manager setzen bei der Gestaltung ihrer Führungsrolle eben einfach die falschen Prioritäten. Sie versuchen, alles selbst zu erledigen; aber das funktioniert nicht. Sie arbeiten eher wie Spezialisten als wie Führungskräfte.

Infolgedessen verzetteln sie sich oft mit Problemen, bei denen es um rein fachliche Aufgaben geht und die Sie (als Mitarbeiter) in vielen Fällen selbst hätten lösen können. Doch statt Sie Ihre Probleme selbst lösen zu lassen, greift der Chef ein. Es gibt keine Garantie dafür, dass das Ergebnis durch diese Einmischung tatsächlich besser wird – aber was können Sie schon tun? Er ist nun mal Ihr Vorgesetzter. Der Chef ist der Chef.

In meiner Karriere als Berater habe ich viele haarsträubende Beispiele von Chefs kennengelernt, die sich zu 99 Prozent ihrer Arbeitszeit wie Spezialisten verhielten: Solche Leute sitzen an ihrem Schreibtisch und vergraben sich bis über beide Ohren in Aufgaben, die nicht das Geringste mit Management und Führung zu tun haben. Und genau deshalb haben sie keine Zeit, jemanden zu führen – obwohl sie vielleicht 50 oder noch mehr Mitarbeiter haben!

Hatten Sie auch schon mal so einen Chef? So ein Vorgesetzter hat für nichts Zeit, sondern ist immer auf dem Sprung. Oft ist es der Chef Ihres Chefs, der solche Anforderungen an Ihren Vorgesetzten stellt: Statt zu fragen, wie es mit der Mitarbeiterführung läuft, erkundigt er sich beispielsweise, was für Ergebnisse Team A bei seiner Arbeit erbracht hat.

Und wie überall im Arbeitsleben gilt auch hier: Manager wollen ihren Vorgesetzten gerne genau das liefern, was von ihnen verlangt wird. Chefs sind schließlich auch nur ganz normale Menschen!

Aber das klingt ja furchtbar – immerhin leben wir inzwischen im 21. Jahrhundert!

Da die Chefetage eines Unternehmens oft mehr an wirtschaftlichen Erfolgen als an ihren Mitarbeitern interessiert ist, räumt das Topmanagement einer effizienten Führung ganz einfach keine Priorität ein. Als Mitarbeiter werden Sie also darüber nachdenken müssen, ob Sie sich Ihre Motivation und Ihr Wissen nicht irgendwo anders holen können. Vielleicht brauchen Sie Ihren Chef dazu ja gar nicht? Vielleicht können Sie die Informationen und die Anleitung, die Sie brauchen, selbst finden? Und wäre es nicht ein ungeheuer befreiendes Gefühl, die Lösung selbst in der Hand zu haben?

Warum Sie dieses Buch lesen sollten

Die Tatsache, dass Sie dieses Buch überhaupt in die Hand genommen haben, deutet darauf hin, dass Sie mehr wissen wollen. Wahrscheinlich vermuten Sie, dass der Weg zu effektivem Management mit so einigen Herausforderungen gepflastert ist, und machen sich ziemlich viele Gedanken über das Verhalten von Menschen. Oder Sie lesen Bücher über Management und Führung, weil Sie vielleicht den Ehrgeiz haben, eines Tages selbst Chef zu werden.

Wie auch immer, auf jeden Fall sollten Sie innerlich offen und aufgeschlossen sein. Denn man braucht schon ein bisschen Fantasie, um andere Menschen zu verstehen. Wenn man immer nur von sich selbst ausgeht und das, was man richtig oder falsch findet, für das Maß aller Dinge hält, wird man seine Mitmenschen auch weiterhin missverstehen.

Und wenn Sie dieses Buch lesen, weil Sie auf der Suche nach *schnellen Lösungen* sind, sollten Sie es am besten gleich wieder ins Regal zurückstellen. Kaufen Sie es nicht – sparen Sie sich Ihr Geld lieber für etwas anderes. Denn wenn es um Menschen geht, gibt es nur selten einfache Lösungen.

»Aber ich bin doch gar kein Chef – warum soll ich überhaupt etwas über Führung lernen?«

Wenn Sie einer von vielen Mitarbeitern eines großen Unternehmens sind und nicht unbedingt eine positive Meinung davon haben, wie dieses Unternehmen geführt wird, kann Ihnen dieser Missstand sehr leicht die Augen für Managementprobleme öffnen, die Ihnen bisher vielleicht noch gar nicht bewusst waren.

Ich habe keineswegs die Absicht, schlechtes Führungsverhalten zu entschuldigen; aber wenn Sie sich darüber klar werden, mit welchen Problemen Führungskräfte zu kämpfen haben, werden Sie vielleicht eher Nachsicht üben, wenn Ihr Chef in seinem täglichen Arbeitsleben Fehler macht. Und vielleicht sind Sie nach der Lektüre dieses Buches ja sogar in der Lage, Ihrem Chef einen klareren Eindruck davon zu vermitteln, was Sie von ihm brauchen. Und genau das ist mein Ziel: Ich möchte Sie in die Lage versetzen, zu Ihrem Chef zu gehen und ihm zu erklären, was Sie benötigen, um Ihre Aufgaben noch besser erfüllen zu können.

Schließlich geht es hier um *Ihre* Fähigkeit, Ihre Arbeit zu erledigen.

Kapitel 3

Führung ist ein Kommunikationsprozess

Mit seinen Mitarbeitern kommunizieren zu können ist die wichtigste Fähigkeit eines Chefs. Die Mitarbeiter erreichen zu können – egal mit was für einer Botschaft. Und manche Chefs – seien wir ehrlich – sind darin nicht besonders gut. Lob, Kritik, Anweisungen oder Unterstützung … wenn die Kommunikation nicht funktioniert, dann funktioniert gar nichts.

Wenn Sie wüssten, wie viele Klischeevorstellungen es zum Thema Management und Chefsein gibt, würden Sie vor Entsetzen vom Stuhl fallen; aber wir wollen uns hier auf das Wesentliche beschränken.

Chef zu sein ist relativ einfach. Es ist eine Funktion, ein Titel. Ein kleiner Platz in der Unternehmenshierarchie, um es ganz einfach auszudrücken. Jemand ist zum Manager befördert worden. Herzlichen Glückwunsch. Diese Rolle bringt bestimmte Befugnisse, Zuständigkeiten und konkrete Aufgaben mit sich. Die betreffende Person darf nun Entscheidungen treffen und ist für das Budget, ja sogar für die Besetzung bestimmter Stellen zuständig. Außerdem trägt sie die Verantwortung dafür, Ziele zu setzen und Ergebnisse zu erreichen.

Es ist eine Rolle, eine Aufgabe, ein Job – aber kein Verhalten.

Eine *Führungspersönlichkeit* zu sein, ist schon sehr viel schwieriger: Es setzt voraus, dass die Person, die diesen Posten angenommen hat, effektiv mit Menschen umgehen kann. Denn Führung ist nichts anderes als ein Kommunikationsprozess. Um ans Ziel zu kommen, muss man wissen, wie man kommuniziert. Wie man

Menschen voranbringt. Wie man Motivation und Engagement erzeugt. Führung hängt nicht so sehr damit zusammen, was man ist, sondern eher damit, was man tut. Man muss so handeln, dass bei den Mitarbeitern Engagement, Glaube und Vertrauen entstehen. All das kann man nicht einfach nur kraft seines Titels erreichen; doch wenn man sich professionell verhält, kann man tatsächlich Wunder bewirken.

Was bin ich denn nun eigentlich – Chef oder Führungspersönlichkeit?

Ein Chef ist das, was Sie sind. Eine Führungspersönlichkeit ist das, was Sie tun.

Oder wie eine Frau mir vor vielen Jahren einmal erklärt hat: »Der Chef ist die Person, der ich folgen *muss*, und die Führungspersönlichkeit ist die Person, der ich folgen *möchte*.« Am besten wäre es, wenn Chef und Führungspersönlichkeit ein und dieselbe Person sind. Manchmal gibt es so etwas tatsächlich.

Also: Wie ist Ihr Vorgesetzter? Ist er einfach nur ein Chef oder erkennen Sie bei ihm auch eindeutige Führungsqualitäten? Kann er gut genug kommunizieren? Und nimmt er seine Aufgabe hundertprozentig ernst?

Ich werde in diesem Buch versuchen, hochtrabende Phrasen auf ein absolutes Minimum zu beschränken. Doch wer wirklich als gute Führungskraft gelten will, muss schon ein gewisser Experte in Sachen Kommunikation sein. Echten Einfluss auf Ihre Mitarbeiter können Sie nur dann ausüben, wenn Sie wissen, wie Sie jeden Einzelnen von ihnen erreichen können.

Und daraus ergibt sich auch schon der nächste Punkt: Wer eine Führungsposition annimmt, muss seine Mitmenschen verstehen. Von der Sekunde an, in der er sein neues Büro betritt, kann er nicht mehr einfach nur von sich selbst ausgehen. Von nun an ist dieser Mensch nicht mehr derjenige, auf den es ankommt.

Die schlechten Chefs, die Sie und ich im Lauf der Jahre immer wieder kennengelernt haben, konnten nicht gut kommunizieren. Sie haben nicht zugehört, sie haben zu viel über sich selbst geredet; manchmal haben sie sich schlecht benommen und manchmal waren sie sogar ausgesprochen despotisch. Und meistens sind sie nur von ihrer eigenen Weltsicht ausgegangen – einer Weltsicht, die lächerlich einseitig war (was auch jedem außer ihnen auf Anhieb klar war).

Um in seiner Führungsrolle respektiert zu werden, muss ein Chef zunächst einmal lernen, wie *Sie* funktionieren. Er muss wissen, wer *Sie* sind und wie er *Sie* erreichen kann – und zwar auf möglichst effiziente, elegante Art und Weise.

Ich gehe bei meiner Beschreibung dieser Kommunikationsstrategie von den Schriften und Theorien des amerikanischen Psychologen William Moulton Marston aus. Es gibt zwar auch noch andere Methoden, aber dieses Modell deckt alles ab, was Sie wissen müssen.

Es gibt sehr viele Faktoren, die sich darauf auswirken, wie ein Mensch »tickt«. In meinem Buch werde ich mich mit zwei dieser Faktoren befassen: den Triebfedern (oder Motivationsfaktoren) einer Person und ihrer Entwicklungsstufe. Schicken Sie mir keine E-Mails, in denen Sie sich darüber beschweren, dass ich das alles viel zu vereinfacht darstelle! Das weiß ich selber. Aber irgendwo müssen wir schließlich anfangen. Und ich habe mich dafür entschieden, an diesem Punkt zu beginnen. Bald werden Sie einen Menschen, über den Sie bisher vielleicht nur ratlos den Kopf schütteln konnten, besser verstehen: Ihren Chef.

Kommunikation ist der Schlüssel zum Erfolg!

Ich weiß nicht, ob Sie mein Buch *Alles Idioten!?* gelesen haben; aber wenn ja, dann bekommen Sie jetzt gleich einen kleinen Auffrischungskurs über die grundlegenden Verhaltensweisen der vier verschiedenen »Farbtypen«. Selbst wenn Sie der Meinung sind, alles über diese »Farbverhaltensweisen« zu wissen (was ich für unwahrscheinlich halte), empfehle ich Ihnen trotzdem, die nächsten Seiten zu lesen. Denn ich werde hier Dinge beschreiben, die in keinem meiner vorigen Bücher enthalten waren. In diesem Buch geht es nämlich um den Dialog zwischen Ihnen und *Ihrem Chef.*

Aufgabenorientiert versus beziehungsorientiert

Wie verschieden können Menschen sein? Dieser Frage wollen wir nun gemeinsam auf den Grund gehen.

Zunächst einmal gibt es aufgabenorientierte und beziehungsorientierte Menschen. Es ist weder richtig noch falsch, das eine oder das andere zu sein; aber jeder dieser beiden Typen richtet sein Augenmerk auf etwas anderes.

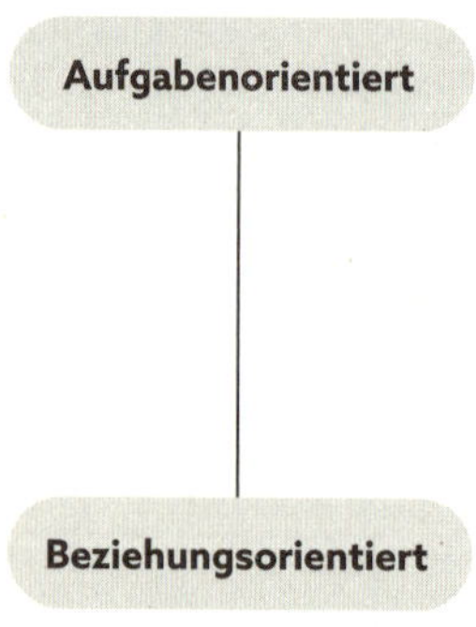

Aufgabenorientierte Menschen: Mehr Interesse an Aufgaben und Problemen als an Beziehungen

Aufgabenorientiert zu sein bedeutet, dass man sich auf das konzentriert, was zu tun ist. Statt viel darüber nachzudenken, aus was für Menschen das Team bestehen sollte, achtet der aufgabenorientierte Chef lieber darauf, was getan werden muss – und dann macht er sich an die Arbeit. Er ist zwar nicht unbedingt desinteressiert an anderen Menschen, aber für ihn steht die Aufgabe im Vordergrund. Natürlich sind Fußball und Urlaub wichtige Themen – aber darüber kann man auch nach getaner Arbeit reden. In der Mittagspause zum Beispiel.

Vorteile aufgabenorientierten Verhaltens

Aufgabenorientierte Personen brauchen nicht viel Unterstützung, um ihre Arbeit zu erledigen. Sie verzetteln sich nicht so leicht mit emotionalen Angelegenheiten und lassen sich nicht so leicht ablenken wie beziehungsorientierte Menschen; daher fällt es ihnen leichter, sich mit Volldampf in die Arbeit zu stürzen.

Nachteile aufgabenorientierten Verhaltens

Es gibt sehr, sehr viele Aufgaben, die man nur in Zusammenarbeit mit anderen Menschen erledigen kann; doch ein aufgabenorientierter Chef versäumt es oft, die Meinungen und Einstellungen seiner Mitarbeiter zu berücksichtigen. Es besteht die Gefahr, dass er einfach mit seiner Arbeit weitermacht, statt sich die Meinung anderer Leute anzuhören. Und da die meisten Menschen eher beziehungsorientiert sind, kann dieses Verhalten zu Konflikten führen: Aufgabenorientierte Menschen werden oft als schroff und unsensibel wahrgenommen.

Beziehungsorientierte Menschen: Mehr Interesse an Beziehungen als an konkreten Aufgaben und Problemen

Beziehungsorientierte Chefs konzentrieren sich mehr auf die Menschen am Arbeitsplatz und auf die Interaktionen zwischen diesen Mitarbeitern als auf die vorliegende Aufgabe. Das bedeutet natürlich nicht, dass sie kein Interesse daran haben, ihre Arbeit zu erledigen; aber Beziehungen spielen für sie eine wichtige Rolle. Um gut in einem Team arbeiten zu können, müssen sie ihre Kollegen kennen, wissen, wer sie sind, und sie zumindest bis zu einem gewissen Grad verstehen. Nur dann können sie ihre Arbeit wirklich gut machen.

Vorteile beziehungsorientierten Verhaltens

Beziehungsorientierten Chefs fällt es sehr viel leichter, sich die Meinungen und Ideen ihrer Mitarbeiter anzuhören. Es bereitet ihnen keine Mühe, über den Tellerrand ihrer eigenen Meinung hinauszuschauen und sich zu überlegen, was andere Leute vielleicht denken könnten. Sie sind auch eher in der Lage, ihre Kollegen von etwas zu überzeugen und verschiedene Ideen zu durchdenken, bevor sie ein Projekt in Angriff nehmen.

Nachteile beziehungsorientierten Verhaltens

Beziehungsorientierte Menschen neigen manchmal dazu, mehr auf Leute zu hören, die sie mögen, und nicht unbedingt auf diejenigen, die wirklich über das Wissen verfügen, das jetzt gebraucht wird. Wenn einer seiner Mitarbeiter keine guten Leistungen erbringt, fühlt sich der beziehungsorientierte Chef sofort unwohl. Denn dann muss er diesem Mitarbeiter negatives Feedback geben; und das tun solche Chefs gar nicht gerne. Sie möchten lieber eine gute Arbeitsatmosphäre in ihrem Team haben und gehen möglichen Konflikten daher nur allzu gern aus dem Weg – auch wenn die Arbeit darunter leidet.

Das ist *eine* Dimension des DISG-Modells. Es ist eigentlich recht einfach, damit zu arbeiten. Bei unserem nächsten Gegensatzpaar wird die Sache schon ein bisschen schwieriger und komplizierter.

Extrovertiertes versus introvertiertes Verhalten

Bei dieser Dimension geht es um introvertiertes und extrovertiertes Verhalten. Und jetzt wird es wirklich interessant; denn in der Beziehung zwischen diesen beiden Verhaltenstypen kann eine ganze Menge schieflaufen.

Extrovertierte Menschen: Eher kontaktfreudig als introspektiv

Extrovertiert zu sein bedeutet, dass man sehr empfänglich für Eindrücke von außen ist. Das wirkt sich auf die Handlungsorientierung solcher Menschen aus: Extrovertierte Leute gehen ziemlich schnell vom Denken zum Handeln über und nehmen sich nicht so viel Zeit zum Nachdenken. Sie sind oft sehr ergebnisorientiert und haben es gern, wenn etwas vorwärtsgeht.

Ihre Energie ist nach außen gerichtet – auf andere Menschen und auf die ganze Welt um sie herum. Unterschiedliche Denkansätze sind etwas Gutes; und solche Leute schöpfen viel Kraft aus der Außenwelt. Das führt dazu, dass sie sich mit vielen Menschen umgeben. Sie beziehen ihre Energie aus der Aktivität und daraus, sich immer wieder etwas Neues einfallen zu lassen. Einen extrovertierten Menschen auf ein Sofa zu setzen, damit er sich ein bisschen »ausruhen« kann, wäre nur Stress für ihn. Alleinsein ist langweilig und zehrt an seinen Kräften. Solche Leute diskutieren gerne mit anderen Menschen und drücken sich lieber mündlich als schriftlich aus. Erlebnisse sind für sie sehr wichtig; wenn sie nichts erleben, fällt es ihnen schwer, engagiert zu bleiben.

Introvertiert ——— **Extrovertiert**

Das ist der Verhaltenstyp, der die offenen Bürolandschaften erfunden hat: Er wollte damit für Dynamik, schnelle Entscheidungen und Kommunikation über Grenzen hinweg sorgen. Solche Leute holen sich ihre Energie aus dem Pulsschlag der Menschen um sich herum. Doch dann sind introvertierte Menschen in diese offenen Bürolandschaften eingezogen!

Vorteile extrovertierten Verhaltens

Extrovertierte Chefs verschwenden ihre Zeit nur selten mit übergenauen Analysen von Daten und Details und schenken den Menschen um sich herum keine allzu große Aufmerksamkeit. Sie haben ein starkes Ego und entscheiden sehr schnell, was für eine Meinung sie zu einer bestimmten Frage oder einem bestimmten Problem haben. Deshalb sind sie die geborenen Entscheidungsträger; und sie gehen auch gerne Risiken ein. Solche Vorgesetzten sind normalerweise unerschrocken, und es fällt ihnen nicht schwer, sich auch innerhalb größerer Gruppen zu behaupten. Da sie empfänglich für Eindrücke von außen sind, bekommen sie auch viele Impulse für neue Ideen.

Nachteile extrovertierten Verhaltens

Manchmal stellt die Schnelligkeit extrovertierter Menschen aber auch ein Problem dar, zum Beispiel bei Entscheidungsprozessen. Denn sie kommen oft sehr rasch zu einer Entscheidung, die aber falsch sein kann. Doch da solche Chefs sehr dynamisch sind, können sie ziemlich gut für ihre Ideen eintreten – auch wenn andere Leute ihnen bereits klargemacht haben, dass diese nicht durchführbar sind. Aufgrund ihres starken Egos machen sie sich manchmal zu breit und vergessen, auf die Meinung anderer Menschen zu hören. Sie neigen dazu, ihre eigenen Ideen für die einzig akzeptablen zu halten.

Introvertierte Menschen: Eher introspektiv als kontaktfreudig

Und dann gibt es auch noch die introvertierten Verhaltenstypen – diejenigen, die in ihrer eigenen inneren Welt leben. Unter der Oberfläche spielt sich bei diesen Menschen sehr viel mehr ab, als man von außen vielleicht wahrnimmt. Sie halten es eher mit der Devise »abwarten und Tee trinken«, denken immer erst zweimal nach, bevor sie etwas tun, und verbringen oft viel Zeit damit, Informationen zu sammeln, wenn eine wichtige Entscheidung ansteht. Der Weg zu einer Entscheidung ist für sie genauso wichtig wie die Entscheidung selbst (wenn nicht sogar noch wichtiger). Introvertierte Menschen schöpfen Energie aus der Möglichkeit, sich zurückziehen und mit ihrem eigenen Innenleben beschäftigen zu können. Sie brauchen diese Einsamkeit; wenn man sie auf die Tanzfläche zerrt oder auf Partys schleppt, damit sie wenigstens ab und zu einmal unter Leute kommen, strengt sie das nur an.

Solche Menschen richten ihre Energie nach innen: auf ihre eigene innere Welt und das, was dort vor sich geht. Daher brauchen sie viel Ruhe, um sich konzentrieren zu können. Sie sind oft sehr umsichtig, und die Ideen, auf die sie kommen, haben nichts mit Inspiration, sondern mit Nachdenken zu tun: Sie haben sich hingesetzt und nachgedacht und schließlich ist ihnen etwas eingefallen. Und introvertierte Menschen denken tatsächlich sehr gerne; sie brauchen das. Das geschriebene Wort ist für introvertierte Menschen mehr wert als das gesprochene – nicht nur, wenn sie Informationen aufnehmen, sondern auch, wenn sie welche weitergeben. Sie werden sich also nicht unbedingt an einer Diskussion beteiligen, Ihnen jedoch anschließend eine E-Mail mit ihren Gedanken dazu schicken.

Und genau solche Menschen haben ein Problem mit offenen Bürolandschaften. Die endlosen Unterbrechungen und die manchmal ziemlich laute Umgebung führen dazu, dass sie jeden Gedanken immer wieder »neu starten« müssen. Unter solchen Bedingungen können sie nicht klar denken. Einer wissenschaftlichen Untersuchung zufolge ist die Arbeit in einer offenen Bürolandschaft für einen wirklich introvertierten Menschen so, als würde er in leicht betrunkenem Zustand arbeiten. In so einem Umfeld können diese Leute sich einfach nicht richtig konzentrieren.

Vorteile introvertierten Verhaltens

Introvertierte Chefs machen sich über alles Mögliche Gedanken. Sie arbeiten gerne gründlich; daher sind ihre Antworten auf Fragen oft gut durchdacht. Sie haben kein Problem damit, erst einmal abzuwarten und andere Leute ungehindert ihre Arbeit machen zu lassen. Im Gegenteil: Sie werden oft als sehr bescheiden wahrgenommen und stellen nur selten eine Forderung, ohne einen guten Grund dafür zu haben.

Nachteile introvertierten Verhaltens

Offensichtlich warten introvertierte Chefs manchmal zu lange ab. Oft sitzen sie in einer Besprechung still da, ohne ihre Meinung zu dem Thema zu sagen. Vor allem extrovertierte Mitarbeiter interpretieren dieses Schweigen oft so, als hätte der Chef ihnen zugestimmt. Das kann ein großer Fehler sein. Schweigen ist bei solchen Verhaltenstypen nicht gleichbedeutend mit Zustimmung! Es kann ebenso gut bedeuten, dass dem Chef nicht wohl dabei ist, seine Meinung zu äußern. Oder dass er die Sache ganz einfach noch nicht bis zu Ende durchdacht hat.

In der nachfolgenden Abbildung zeige ich Ihnen die Grundzüge von Marstons Modell. Wie Sie sehen, gibt es da vier sehr große Unterschiede.

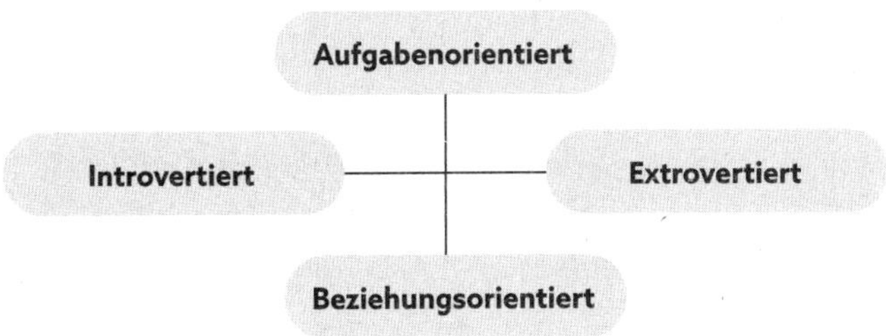

Aber wie sieht es mit den Farben aus – wo kommen die ins Spiel?

Aus den beiden Dimensionen aufgabenorientiert/beziehungsorientiert und introvertiert/extrovertiert ergeben sich vier verschiedene Grundverhaltensmuster. Um diese vier Muster zu veranschaulichen, verwenden wir das Farbmodell des Psychologen Max Lüscher. Daher kommt die Einteilung in rote, gelbe, grüne und blaue Verhaltenstypen.

Rot ist die Farbe des Feuers, Gelb ist die Farbe der Luft, Grün steht für die Erde und Blau für das Meer.

Schön und gut, aber was bedeutet das?

Ganz einfach:

Rote Verhaltenstypen – aufgabenorientiert und extrovertiert – haben einen starken Drang zur Bewältigung von Problemen und Herausforderungen. Je härter die Anforderungen, umso eher laufen diese Leute zur Hochform auf. Wenn etwas zu reibungslos läuft, werden sie fast schon misstrauisch. Wo ist der Haken bei der Sache? Warum ist das so einfach? Eigentlich sollte es schwierig sein. Man sollte sich dafür anstrengen müssen. Vielleicht sollte es sogar ein bisschen wehtun. Schmerz macht uns hart. Kurz gesagt: Rote Typen mögen Tempo und Action und gehen alles mit Schwung an!

Während bei der Farbe Rot das *Tun* im Mittelpunkt steht, geht es **gelben Verhaltenstypen – beziehungsorientiert und extrovertiert** – um das *Interagieren*. Das sind Menschen, die immer alle anderen davon überzeugen müssen, genau so zu denken und zu fühlen wie sie. Sie können den Raum nicht verlassen, bevor nicht alle der gleichen Meinung sind. Und sie sehen selbst dann die Sonne, wenn es regnet! Aber auch die Gelben haben es gern, wenn alles möglichst schnell vorwärtsgeht.

Grüne Verhaltenstypen – beziehungsorientiert und introvertiert – sind durch den Wunsch nach Stabilität gekennzeichnet. Viel Grün in einem Farbprofil bedeutet, dass man wenig Interesse daran hat, etwas zu verändern. Selbst wenn eine Veränderung absolut notwendig ist, betrachten solche Menschen sie immer noch mit Misstrauen. Das sind die Leute, die sagen: *Früher war alles besser. Der Spatz in der Hand ist besser als die Taube auf dem Dach.* Und: *Die Kirschen in Nachbars Garten schmecken auch nicht besser als die eigenen.* Neue Ideen werden mit einem *Danke, aber es funktioniert doch alles gut so, wie es ist* abgeschmettert.

Blaue Verhaltenstypen – aufgabenorientiert und introvertiert – schätzen Regeln und Vorschriften. Diese Menschen halten sich an die Spielregeln und wissen immer, was richtig ist. Sie lesen die Gebrauchsanweisung in drei verschiedenen Sprachen, noch bevor sie das Paket mit dem neuen IKEA-Regal geöffnet haben.

Diese vier Lebenseinstellungen – verschiedene Kombinationen aus Aufgaben- versus Beziehungsorientiertheit und Introvertiertheit versus Extrovertiertheit – führen zu bestimmten Verhaltensweisen.

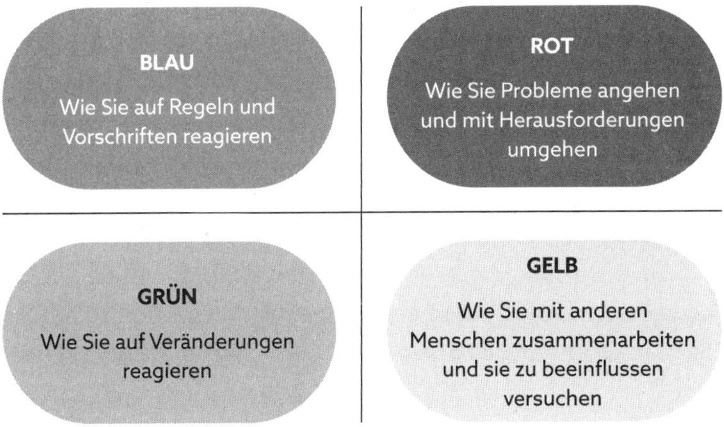

Und so sieht das vollständige Modell aus:

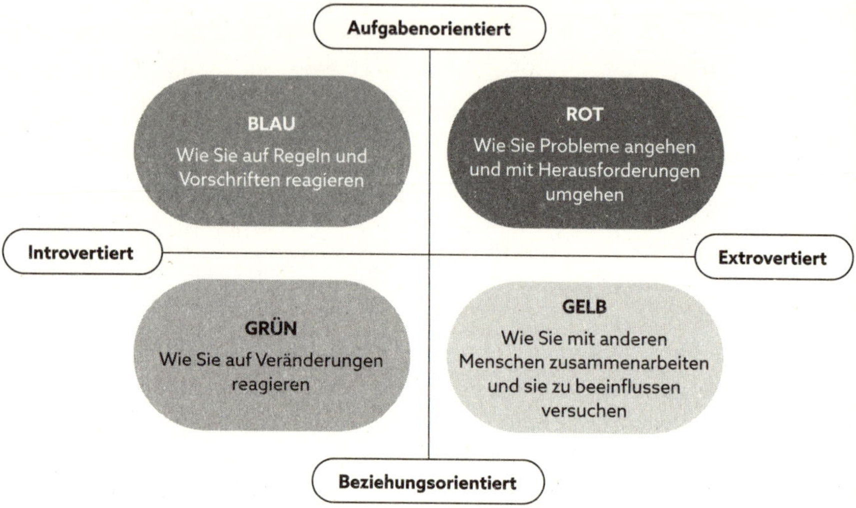

Zu welchen konkreten Verhaltensweisen führt das?

Wenn man sich diese vier Farbtypen anschaut, erkennt man deutliche Unterschiede, und zwar in jeder Hinsicht. Nachfolgend habe ich den vier Farben verschiedene Eigenschaften zugeordnet.

Aber natürlich gibt es auch Ausnahmen – und zwar immer. Menschen sind kompliziert und oft schwer zu verstehen. Aber jede Eigenschaft ist typisch für die Farbe, unter der ich sie eingeordnet habe.

(Im Anschluss finden Sie ein Beispiel aus dem täglichen Leben, das zeigt, wie so etwas aussehen kann.)

DOMINANT ROT	INSPIRIEREND GELB	STABIL GRÜN	REGELKONFORM BLAU
Energisch	Gesprächig	Geduldig	Gründlich
Ehrgeizig	Begeisterungsfähig	Entspannt	Systematisch
Willensstark	Überzeugend	Beherrscht	Distanziert
Vorwärtsstrebend	Kreativ	Zuverlässig	Korrekt
Problemlöser	Optimistisch	Ruhig	Konventionell
Pionier	Gesellig	Loyal	Unsicher wirkend
Entschlossen	Spontan	Bescheiden	Objektiv
Innovativ	Ausdrucksstark	Verständnisvoll	Strukturiert
Ungeduldig	Charmant	Gründlich	Perfektionistisch
Strebt nach Kontrolle	Lebensfreude	Sicher	Braucht für alles Zeit
Überzeugend	Ichbezogen	Unaufdringlich	Nachdenklich
Zielorientiert	Sensibel	Unterstützend	Methodisch
Starke Persönlichkeit	Anpassungsfähig	Guter Zuhörer	Sucht nach Fakten
Ergebnisorientiert	Anregend	Hilfsbereit	Scharfsichtig
Ergreift die Initiative	Ermutigend	Arbeitet sein Pensum ab	Gutes Urteilsvermögen
Hohes Tempo	Kommunikativ	Ausdauernd	Untersucht alles ganz genau
Hat immer die Zeit im Blick	Flexibel	Abwarten und Tee trinken	Hält sich an die Regeln
Intensiv	Offen	Rücksichtsvoll	Denkt logisch
Rechthaberisch	Beziehungsorientiert	Zeigt seine Gefühle nicht	Hinterfragt alles
Direkt	Einfallsreich	Nachdenklich	Gewissenhaft
Selbstständig	Unbeschwert	Freundlich	Umsichtig
			Reserviert

Wie würden sich diese vier verschiedenen Verhaltenstypen in einem Fahrstuhl verhalten?

Blau

Berechnet in Gedanken das Gesamtgewicht aller Personen in dem Fahrstuhl und vergleicht es mit der Gewichtsangabe auf dem Schild mit der Aufschrift »Tragfähigkeit«. Steigt im Zweifelsfall vielleicht sogar lieber in einen anderen Fahrstuhl um.

Rot

Steigt, ohne zu zögern, ein und drückt auf den Knopf (mehrmals).

Grün

Drückt auf die »Tür öffnen«-Taste, damit alle Zeit haben, einzutreten.

Gelb

Hält die Fahrt im Aufzug für eine wunderbare Gelegenheit, mit Leuten zu plaudern, die er schon lange nicht mehr gesehen hat. Vielleicht hält er die Fahrstuhltür sogar eine Zeit lang geöffnet, um ein Gespräch mit jemandem zu Ende zu führen, der gar nicht einsteigen will …

Das Fahrstuhl-Beispiel zeigt, wie das Verhalten der vier Farbtypen im Alltagsleben aussehen kann. Aber die verschiedenen Farben wirken sich auch auf unsere Arbeitsweise und unseren Führungsstil aus. Wenn Sie weiterlesen, werden Sie viele Beispiele dafür finden, wie sich diese Eigenschaften und Verhaltensweisen im täglichen Leben bei Chefs und Mitarbeitern äußern. Ich werde mich in diesem Buch ganz auf das Arbeitsleben konzentrieren, weil es hier um die Beziehung zwischen Ihnen und Ihrem Chef geht.

Kapitel 4

Wie Sie das Verhalten Ihres Chefs am besten verstehen und voraussagen können

Wenn man sich das Verhalten von Menschen genau anschaut, erkennt man mit der Zeit bestimmte Muster. Sie wissen ja bereits, dass wir von Emotionen gesteuert werden. Manche Menschen (vor allem blaue Verhaltenstypen) stellen das zwar gern infrage; doch auch sie sind emotionsgesteuert. Bei ihnen sieht das nur ein bisschen anders aus.

Rote Chefs sind die reizbarsten Vorgesetzten, die es gibt: Sie können blitzschnell die Beherrschung verlieren. Weil sie so ungeduldig sind, reagieren sie besonders heftig, wenn andere Menschen sie ausbremsen oder versuchen, irgendetwas zu verzögern. Bei ihnen lauert die Wut direkt unter der Oberfläche, und ihre Mitmenschen müssen eigentlich fast immer mit einem kleinen Temperamentsausbruch rechnen. Selbst wenn der rote Chef gelernt hat, sich zu beherrschen und seine Wut nicht zu zeigen, werden die Menschen in seiner Umgebung seine Gereiztheit trotzdem wahrnehmen (und zu spüren bekommen). Manche roten Typen sehen auch gar keinen Sinn darin, ihren Ärger zu verbergen. Sie lassen ihrer Wut freien Lauf, und das kann schon einmal ein ziemlich heftiger Sturm werden. Deshalb gehen viele Mitarbeiter solchen Chefs lieber aus dem Weg, was dazu führen kann, dass ihnen wichtige Informationen vorenthalten bleiben.

Gelbe Chefs dagegen sind normalerweise äußerst optimistisch. Sie sehen alles von der positiven Seite und es fällt ihnen schwer, ruhig und sachlich mit schlechten Nachrichten umzugehen. Denn sie wollen sich immer eine positive Einstellung bewahren; daher gehen sie unangenehmen Nachrichten gern aus dem Weg. Sie haben zu den meisten Menschen Vertrauen und verbreiten diese positive Energie und dieses lebensbejahende Gefühl überall um sich herum. Das bedeutet aber auch, dass sie in Wut geraten können, wenn irgendjemand diese positive Atmosphäre untergräbt. Ein gelber Chef verliert vielleicht nicht so schnell die Beherrschung wie ein roter; aber wenn das doch einmal passiert, kann er genauso wütend werden. Doch zum Glück erschöpft ein Wutausbruch solche Vorgesetzten oft sehr; außerdem haben sie schnell wieder vergessen, worum es dabei überhaupt ging. Das Leben geht weiter.

Dieses Verhalten kann dazu führen, dass die Mitarbeiter das Gefühl haben, mit ihren Problemen nicht zu ihrem Chef gehen zu können. Er würde sie sowieso nur mit einer ungeduldigen Handbewegung wegscheuchen.

Grüne Chefs werden nur sehr langsam wütend – vielleicht sogar *zu* langsam. Oft zeigen sie ihre Gefühle gar nicht, sodass ihre Mitmenschen nicht wissen, was sie denken. Denn die Grünen wollen andere Leute nicht mit ihren Sorgen belästigen; also schweigen sie und wenden ihre oft sehr starken Emotionen manchmal nach innen. Nach außen hin lassen sie sich nichts davon anmerken, und es dauert lange, bis ihre wahren Gefühle sich in ihrem Verhalten zeigen. Fragt man einen grünen Verhaltenstyp, wie es ihm geht, wird die Antwort wahrscheinlich positiv ausfallen. Das sagt aber nichts über seine wahre seelische Verfassung aus. Eine problematische Folge dieses Verhaltens ist, dass solche Chefs viel zu tolerant sind, zum Beispiel gegenüber Mitarbeitern, deren Leistungen zu wünschen übrig lassen – was diejenigen, die tatsächlich etwas leisten, manchmal ganz schön auf die Palme bringt.

Und schließlich und endlich gibt es auch noch den blauen Chef. Viele Menschen haben den Eindruck, dass dieser Verhaltenstyp überhaupt keine Gefühle hat, was aber natürlich nicht stimmt. Je mehr Blau jemand in seinem Profil hat, umso eher wird er sich vor lauter Angst, als inkompetent entlarvt zu werden, peinlich genau an die Regeln zu halten. Da blaue Verhaltenstypen ihre Mimik und Körpersprache oft sehr genau unter Kontrolle haben, übersieht man ihre wahren Gefühle leicht – zum Beispiel, wenn sie mit einer Herausforderung konfrontiert werden. Andere Menschen nehmen das Verhalten solcher Chefs oft als Kontrollsucht wahr – als gäbe es nur eine einzige akzeptable Art und Weise, eine Aufgabe zu erledigen.

Yin und Yang

Natürlich hat jede diese vier Farben ihre Stärken und Schwächen. Wir müssen also beide Seiten der Medaille betrachten.

Um die Sache wirklich interessant für Sie zu machen, wollen wir nun herauszufinden versuchen, welche Farbe Ihr Chef hat. Denn vielleicht haben Sie bisher ja noch keine Ahnung, in welches Kommunikationsprofil Ihr Vorgesetzter einzuordnen ist.

Mal sehen, ob die nächsten Seiten Ihnen bei der Analyse Ihres Chefs helfen können. Denn Wissen ist Macht! Je genauer Sie das Vier-Farben-Modell kennen und verstehen, umso besser können Sie das Verhalten Ihres Chefs deuten. Und das Verhaltensprofil Ihres Vorgesetzten kann tatsächlich sehr großen Einfluss auf Ihre Karriere haben.

Der ergebnisorientierte rote Chef: Ein echter Alphatyp

Wie bereits erwähnt, haben rote Chefs jede Menge Energie und Tatendrang, legen aber auch Wert auf Struktur und Ordnung. Sie organisieren Arbeitsabläufe gern genau durch, sind sehr handlungsorientiert und übernehmen schnell das Kommando, und zwar ohne großes Aufhebens davon zu machen – es passiert einfach.

Der Führungsstil eines solchen Chefs besteht darin, die Arbeitsabläufe und Aktivitäten seiner Mitarbeiter genau unter Kontrolle zu halten. Er wird seinem Team stets klare und deutliche Ziele setzen, sodass jeder genau weiß, was er zu tun hat: Wir kommen vorwärts, und zwar schnell! Solche Chefs erwarten, dass alle ihre Mitarbeiter sich an hohe Leistungsmaßstäbe halten, weil ihnen Ergebnisse wichtiger sind als alles andere.

Haben solche Chefs auch Nachteile?

Na ja … Wenn Sie schon mal für einen roten Chef gearbeitet haben, hatten Sie vielleicht manchmal den Eindruck, Ihre Kreativität würde nachlassen. Vielleicht waren Sie nicht mehr so motiviert, eigene Vorschläge und Ideen einzubringen, weil diese nie sonderlich begeistert aufgenommen wurden. Oder anders ausgedrückt: Es macht einfach keinen Spaß, wenn jeder Vorschlag, den man seinem Vorgesetzten unterbreitet, sofort abgeschmettert wird! Unter den Mitarbeitern roter Chefs ist manchmal eine zunehmende Uniformität zu beobachten: Alle passen sich dem Chef an und manche gehen sogar in die Defensive. Alles in allem kann die Dynamik innerhalb eines Teams unter einem zu dominanten Chef sehr leiden. Ihre Motivation und Freude an der Arbeit kann sogar ziemlich schnell den Bach runtergehen, wenn Sie von Ihrem Vorgesetzten zu stark gegängelt werden.

Der fröhliche Führungsstil des inspirierenden gelben Chefs

Gelbe Vorgesetzte bringen jede Menge Inspiration und Energie an den Arbeitsplatz. Juhu! Sie schaffen oft die angenehmste Arbeitsatmosphäre und wissen gute Laune und positive Nachrichten zu schätzen. Dank ihrer charismatischen Ausstrahlung und großen Begeisterungsfähigkeit motivieren sie ihr Team immer wieder zu neuen Ideen. Gelbe Führungspersönlichkeiten sind oft sehr inklusiv – sie wollen alle mit ins Boot holen! Ihnen kommt es vor allem darauf an, ihre Mitarbeiter zu großen Leistungen anzuspornen und hochfliegende Zukunftsvisionen ins Auge zu fassen.

Klingt doch toll, oder?

Na ja … Leider weiß man bei so einem Chef nicht immer, woran man eigentlich ist. Der gelbe Chef redet unheimlich gern über irgendeine fantastische neue Idee, und seine Ziele und Konzepte ändern sich ständig. Da er immer wieder mit einer neuen Idee um die Ecke kommt, wird es für Sie und Ihre Kollegen schon eine gewisse Herausforderung (sprich: *ein großes Problem*) sein, mit seinen ständigen Richtungswechseln Schritt zu halten. Manche Mitarbeiter werfen dann einfach irgendwann das Handtuch. Was hat es schon für einen Sinn, sich auf eine neue Vorgehensweise oder ein neues Projekt einzulassen, wenn in drei Wochen sowieso alles wieder vergessen ist?

Geborgen in den Armen des hilfsbereiten grünen Chefs

Das Hauptaugenmerk des grünen Chefs liegt auf Ihnen und Ihren Kollegen. Ein grüner Chef wird Sie stets im Blick haben. Er wird sich bemühen, wirklich alle Mitarbeiter von gemeinsamen Werten oder vielleicht sogar von einer gemeinsamen Vision zu überzeugen. Ihm ist es wichtig, dass jeder den Platz im Unternehmen findet, der genau zu ihm passt. Grüne Chefs unterstützen alle ihre Mitarbeiter uneingeschränkt. Am liebsten binden sie sämtliche Teammitglieder in die Lösung von Problemen ein und versuchen dabei, einen allgemeinen Konsens zu finden. So einem Chef schenkt man gern sein Vertrauen und unterstützt ihn von ganzem Herzen, weil es so einfach ist, mit ihm zusammenzuarbeiten.

Hört sich ganz nach einem gemütlichen Betriebsklima an!

Ja, schon. Aber leider drücken grüne Chefs sich manchmal ein bisschen vage aus, wenn sie Aufgaben delegieren. Ihr Managementstil beruht teilweise auf der Erwartung, dass Sie intuitiv wissen, was Ihr Vorgesetzter eigentlich will. Einem grünen Chef ist nämlich manchmal unwohl dabei, klare Anweisungen zu geben – daher die vagen Formulierungen. Er kommt nicht unbedingt immer direkt zur Sache, sondern hofft, dass Sie ihn auch so verstehen – vor allem, wenn es schwierig wird. Da diese Chefs so personenorientiert sind, kann es passieren, dass sie ihren persönlichen Beziehungen am Arbeitsplatz Vorrang einräumen, statt dafür zu sorgen, dass die Arbeit auch wirklich erledigt wird. Und wenn es zu Konflikten kommt, kann es durchaus sein, dass Ihr grüner Chef von der Bildfläche verschwindet. Konflikte sind unangenehm und von unangenehmen Dingen will er nichts wissen. Also werfen Sie lieber ab und zu mal einen Blick unter den Teppich! Wer weiß, was da alles schon hingekehrt wurde?

Der analytische blaue Chef – mit Hang zur Pedanterie

Wenn Sie gerne analysieren und am liebsten allem auf den Grund gehen würden, werden Sie Ihren blauen Chef gut verstehen. Diese detailorientierten Vorgesetzten führen, indem sie Probleme sezieren und in ihre Bestandteile zerlegen. Sie sind Experten im Lösen von Problemen – solange die betreffende Frage sie interessiert. Zum Teil entwickeln sie extrem detaillierte Lösungsmodelle. Blaue Chefs können sehr gut beurteilen, ob jemand kompetent ist oder nicht, und legen großen Wert auf Professionalität. Dass Sie die richtigen Kontakte haben, wird Ihren blauen Vorgesetzten dagegen weniger beeindrucken.

Ordnung ist das halbe Leben!

Je nach Ihrem eigenen Farbprofil werden Sie einen blauen Chef vielleicht als ein bisschen reserviert empfinden. Vielleicht sogar als distanziert. Möglicherweise haben Sie das Gefühl, ihn gar nicht richtig kennenzulernen. Wenn Ihnen die Beziehung zu Ihrem Chef wichtig ist, sind Sie vielleicht enttäuscht, weil er nur selten etwas von sich erzählt. Manchmal vertiefen blaue Chefs sich auch so sehr in ihre eigenen arbeitsbezogenen Aufgaben oder Probleme, dass sie darüber ganz vergessen, ihre Mitarbeiter zu führen. Und sie sind auch oft sehr kompetente Spezialisten – was für eine Führungskraft nicht unbedingt eine erstrebenswerte Eigenschaft ist.

Was nützen Ihnen diese Informationen im Arbeitsalltag?

Jeder Mensch reagiert anders auf bestimmte Verhaltensweisen. Je nach Ihrem eigenen Farbprofil wird das Verhalten Ihres Chefs sich ganz unterschiedlich auf Sie auswirken. Wenn Sie selbst ein roter Verhaltenstyp sind, werden Sie nicht so negativ auf den etwas dominanten Stil Ihres roten Chefs reagieren. Sind Sie ein gelber Mitarbeiter, stört es Sie vielleicht nicht, wenn Ihr gelber Chef jeden Satz mit »Ich« beginnt. Wenn Sie in erster Linie ein grüner Verhaltenstyp sind, finden Sie es vielleicht schön, dass Ihr grüner Chef seine Mitarbeiter nie allzu sehr zu etwas drängt. Und als blauer Mitarbeiter werden Sie es zu schätzen wissen, dass Ihr blauer Chef immer eine Hand an der Handbremse hat und mit einem Fuß über dem Bremspedal schwebt.

Aber es kommt natürlich immer auf die Situation an.

Manchmal verhält ein roter Chef sich auch ganz ruhig, sitzt still da und hört zu. Das hängt ganz davon ab, ob Sie ihn »erreicht« haben oder nicht.

Der gelbe Chef verzichtet – in seinen besseren Augenblicken – vielleicht tatsächlich darauf, über sich selbst zu reden, und bezieht Sie mit ins Gespräch ein.

Der grüne Chef hat es vielleicht irgendwann satt, sich immer so vage auszudrücken, und spricht endlich mal ein Machtwort. Wenn er sich dazu aufrafft, fällt das normalerweise allen Leuten auf.

Und der blaue Chef kann sich – wenn es genügend Beweise dafür gibt, dass das notwendig ist – manchmal tatsächlich öffnen und ein paar persönliche Sätze von sich geben. Wer weiß, vielleicht verrät er Ihnen sogar, wo er wohnt und ob er Kinder hat.

Es gibt keine Regeln ohne Ausnahmen. Menschen sind komplizierte Geschöpfe. Selbst wenn Ihr Chef die wichtigsten Eigenschaften eines bestimmten Verhaltenstyps aufweist, sollten Sie vielleicht nicht unbedingt ein Vermögen darauf verwetten, dass Sie wissen, was er als Nächstes tun wird. Aber wenn Sie wissen, wie man mit diesen vier Verhaltenstypen umgeht, wird alles sehr viel einfacher.

Spielt auch das persönliche Einsichtsvermögen eine Rolle?

Diese Frage ist mir in den letzten 20 Jahren wahrscheinlich schon tausendmal gestellt worden: *Chefs sind doch meistens rote Verhaltenstypen, oder nicht*? Ich kenne zwar keine genauen Zahlen, aber die Häufigkeit von roten Verhaltensweisen scheint tatsächlich zuzunehmen, je höher man in der Unternehmenshierarchie aufsteigt. Heißt das, dass rote Verhaltenstypen die besseren Chefs sind? Vielleicht – aber nicht unbedingt. Wir wissen lediglich, dass sie oft besonders zäh sind und nicht den Schwanz einziehen, wenn es hart auf hart kommt. Und das kann ihnen auf ihrem Weg an die Spitze weiterhelfen.

Die wichtigste Erfahrung, die ich bei meiner langjährigen Tätigkeit als Unternehmensberater für Führungskräfteentwicklung gemacht habe, ist jedoch, dass oft das persönliche Einsichtsvermögen eines Chefs und seine Fähigkeit zur Selbstwahrnehmung darüber entscheiden, ob er seine Aufgabe erfolgreich meistert oder nicht. Es kommt nicht so sehr auf den Kommunikationsstil an; was erfolgreiche Chefs von weniger erfolgreichen unterscheidet, ist die Frage, ob sie sich ihres Kommunikationsstils *bewusst* sind. Je besser ein Chef sich selbst kennenlernt, umso besser kann er andere Menschen führen.

An dieser Selbsterkenntnis führt kein Weg vorbei.

Zu allen Aspekten dieses Themas gibt es wissenschaftliche Untersuchungen. Chefs mit einem hohen Maß an Selbstwahrnehmung können gut kommunizieren, erzielen bessere Ergebnisse und gewinnen das Vertrauen ihrer Mitarbeiter. Sie sind sehr viel effektivere Führungskräfte und es fällt ihnen auch leichter, auf der Karriereleiter vorwärtszukommen. Sie haben mehr Selbstvertrauen und ihre Beziehungen – beruflich ebenso wie privat – funktionieren besser. Ein interessanter Nebeneffekt: Sie lügen weniger als andere Chefs.

Genau deshalb sollten Sie bei der Jobsuche in erster Linie auf Ihren Chef und nicht auf Ihren Arbeitgeber achten!

Kapitel 5

Die häufigsten Farbkombinationen – und woran man sie erkennt

Die vier soeben beschriebenen Verhaltenstypen gibt es nur sehr selten in Reinkultur. Wahrscheinlich haben Sie das inzwischen auch schon festgestellt; außerdem lässt es sich anhand von Statistiken beweisen. Es gibt zwar nur vier verschiedene Grundverhaltensweisen; diese lassen sich aber auf viele verschiedene Arten miteinander kombinieren.

Nur bei rund fünf Prozent aller Menschen wird das Verhalten lediglich von einer einzigen Farbe beherrscht – Rot, Gelb, Grün oder Blau. Solche Leute sind also eher selten, aber es gibt sie. Sie sind leichter zu erkennen als die Kombinationstypen, weil ihr Verhalten sich so offensichtlich einer bestimmten Farbe zuordnen lässt. Damit will ich nicht behaupten, dass Verhaltensprofile mit nur einer einzigen Farbe irgendwie besser sind; ich sage nur, dass man sie leichter erkennen kann – und das gilt sowohl für ihre Stärken als auch für ihre Schwächen.

Am häufigsten ist es jedoch so, dass bei einem Menschen zwei Farben eines bestimmten Verhaltenstyps dominieren. Dabei kann es sich um eine Kombination aus Rot und Gelb oder Blau und Grün oder auch um jede beliebige andere Kombination handeln. Ohne zu sehr in technische Details gehen zu wollen (mithilfe einer Profilanalyse lässt sich das leicht feststellen), lässt sich festhalten, dass 80 Prozent aller analysierten Verhaltenstypen eine Kombination aus zwei Farben zeigen. So entstehen etwas ausgewogenere Verhaltensweisen: Ein grün-blauer Typ ist zwar immer noch introvertiert, aber weder extrem pingelig noch extrem konfliktscheu. Man könnte ihn als eine Art Mischtyp beschreiben, dessen Verhalten nicht ganz so extrem hervorsticht. Das gilt sowohl für die positiven als auch für die negativen Eigenschaften.

Und schließlich gibt es auch noch Menschen, in deren Profil drei Farben vorherrschen. Das können beliebige Farbkombinationen sein.

Rot-gelbe Motivatoren: Kreativ und flexibel

Die Kombination aus Rot und Gelb ist innovativ, kreativ, begeisterungsfähig und flexibel. Solche Menschen lieben Ideen und haben ein Talent dafür, Chancen schnell und leicht zu erkennen. Sie denken sich gern neue Projekte aus, sind bei deren Umsetzung allerdings manchmal etwas planlos. Aber wenn sie Interesse an der Arbeit haben, bleiben sie oft lange dabei.

Um wirklich brillieren zu können, brauchen rot-gelbe Typen Anerkennung und Bestätigung. Aber sie haben ein Talent dafür, ihre Mitmenschen mit ihrer Energie und Motivation anzustecken.

Sie können zur treibenden Kraft einer Gruppe werden.

Sie können sich mühelos auf neue Aufgaben einstellen.

Sie wissen, wie man andere Menschen überzeugt und ins Boot holt.

Sie haben Charme und verlassen sich normalerweise auf ihre eigenen Fähigkeiten.

Sie sind an Multitasking gewöhnt, führen aber nicht alle Aufgaben zu Ende.

Am schwersten tun sie sich mit den grün-blauen Koordinatoren, die für ihren Geschmack viel zu systematisch und ordnungsliebend sind.

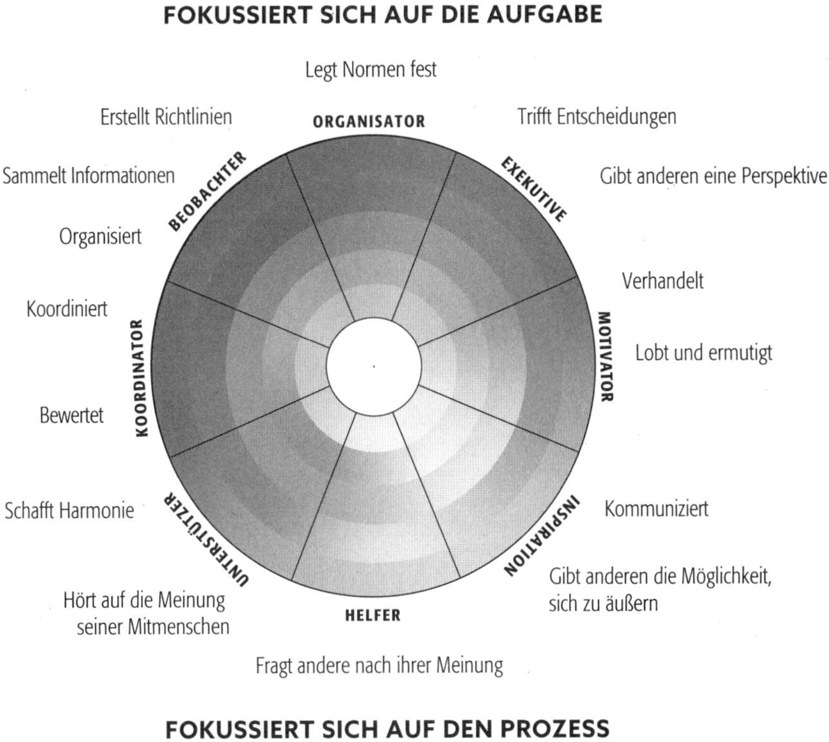

Gelb-grüne Helfer: Offen und verständnisvoll

Die Kombination Gelb-Grün ist beziehungsorientiert. Solche Chefs sind offen, beziehen ihre Mitarbeiter gern in alle Abläufe ein und verhalten sich anderen Menschen gegenüber oft sehr verständnisvoll. Sie wollen gemocht werden und nehmen ihren Mitmenschen gegenüber manchmal eine beschützende Haltung ein. Sie möchten sich wertvoll fühlen, und ihr Selbstwertgefühl beruht oft darauf, was andere Menschen von ihnen halten. Sie können und wollen sich anpassen, um dazuzugehören, und gehen dabei manchmal über ihre persönliche Komfortgrenze hinaus. Wenn sie einen Beitrag leisten, möchten sie auch eine Gegenleistung dafür erhalten – zumindest in Form von etwas Aufmerksamkeit.

Innerhalb einer Gruppe stellen sie ihre eigenen Interessen oft völlig zurück; daher ist es sehr einfach, mit ihnen zusammenzuarbeiten. Andererseits können diese Helfertypen für ihre Mitmenschen manchmal ein bisschen *zu* unentbehrlich werden. Dann fangen die Leute womöglich an, sich auch in anderen – vielleicht sogar persönlichen – Angelegenheiten nur noch auf diese Helfer zu verlassen.

Grün-gelbe Verhaltenstypen schätzen Aufgaben, bei denen zwischenmenschliche Beziehungen eine wichtige Rolle spielen.

Sie sind gerne bereit, die Rolle des Helfers und Beraters zu übernehmen.

Sie verhalten sich ihrer Gruppe gegenüber äußerst loyal.

Sie neigen dazu, sich anderen Menschen unterlegen zu fühlen, was manchmal dazu führt, dass sie Kontakt zu Personen suchen, die Macht haben. Das kann natürlich problematisch werden, zum Beispiel wenn man eine Führungsposition innehat.

Das größte Kopfzerbrechen bereiten den gelb-grünen Helfern die blau-roten Organisatoren: Diese Leute sind ihnen viel zu förmlich und unflexibel und zu sehr auf ihre Arbeit fixiert.

Grün-blaue Koordinatoren: Systematisch und gut organisiert

Menschen mit dieser Farbkombination denken viel nach und neigen dazu, alles zu hinterfragen. Sie verarbeiten große Mengen an Informationen und werten diese auf übersichtliche und kompetente Weise aus. Obwohl sie auf ihrem Gebiet äußerst begabt sind, neigen sie dazu, ihre Fachkompetenz zu unterschätzen. Manchmal brauchen sie jemand anderen, der sie in den Vordergrund rückt.

Sie sind loyal und äußerst pflichtbewusst.

Für solche Verhaltenstypen ist es kein Problem, viele Jahre lang in ein und demselben Beruf zu arbeiten. Im Gegenteil: Oft finden sie das sogar wünschenswert.

Innerhalb einer Gruppe übernehmen sie die Rolle des Koordinators. Zu Beginn eines Projekts ist ihre Kombination aus Zuhörenkönnen und Organisationstalent äußerst wertvoll. Außerdem sorgen sie dafür, dass begonnene Aufgaben auch zu Ende geführt werden. Doch wenn sie sich bedroht fühlen, können sie sich und ihre Mitmenschen dadurch überraschen, dass sie sich heftig zur Wehr setzen.

Sie helfen ihren Mitmenschen so lange, wie es ihnen logisch erscheint.

Manchmal fällt es ihnen schwer, die Bedürfnisse anderer Menschen zu verstehen, und sie stehen deren Motiven mit Misstrauen gegenüber.

Sie handeln niemals impulsiv und lassen sich nicht durch das ablenken, was um sie herum geschieht.

Grün-blaue Verhaltenstypen haben nur wenig Verständnis für ihr absolutes Gegenteil: die rot-gelben Motivatoren, die in ihren Augen furchtbar leichtfertig sind, sich aber Gott sei Dank ziemlich leicht austricksen lassen.

Blau-rote Organisatoren: Rational und diszipliniert

Diese Typen sind fleißig und selbstständig und denken und handeln äußerst rational. Normalerweise wägen sie das Für und Wider einer Sache ab und suchen nach einem goldenen Mittelweg zwischen raschem Handeln und Vorsicht. Sie wollen sich stets verbessern und Fehler jeglicher Art vermeiden. Diskussionen mit ihnen laufen immer logisch ab, und sie führen die Debatte so lange weiter, bis das Problem gelöst oder der Konflikt beigelegt ist.

Manchmal können sie arrogant, skeptisch und pedantisch wirken.

Sie stellen hohe Anforderungen an ihre Chefs: Diese sollten ehrlich und aufrichtig sein und ihnen klare Anweisungen geben.

Solange jeder sich an die Vorschriften hält und ihre Aufgaben und Befugnisse genau festgelegt sind, fühlen blau-rote Verhaltenstypen sich wohl.

Innerhalb einer Gruppe sind diese Organisatoren erstaunlich zufrieden, wenn alle Mitglieder für ein und dieselbe Sache eintreten. Ihre Stärke liegt in ihrem Organisationstalent. Leider steht ihnen manchmal ihr eigener innerer Kritiker im Weg, der ihnen dauernd vorhält, was sie alles hätten anders und besser machen sollen …

Sie mögen es nicht, wenn man ihnen sagt, was sie tun sollen oder *wie* sie es tun sollen.

Manchmal bringen sie andere Menschen mit ihrer Weigerung nachzugeben, zur Weißglut.

Sie können sich gut konzentrieren und bleiben stets realistisch.

Der schlimmste Albtraum des blau-roten Verhaltenstyps sind die gelb-grünen Helfer, die seiner Meinung nach viel zu emotional sind und dadurch dem Gemeinwohl im Weg stehen.

Das war eine ganze Menge an Informationen …

Wenn man sich die Farbkombinationen anschaut, wird alles gleich viel komplizierter, als wenn man nur mit einzelnen Farben arbeitet. Die oben beschriebenen vier Farbkombinationen sind zwar besonders häufig; aber es gibt auch noch andere.

Ein grün-blauer Chef mit mehr Grün als Blau zeigt ein ganz bestimmtes Verhalten. Ein grün-blauer Chef mit mehr Blau als Grün hat natürlich viel mit dem ersteren Verhaltenstyp gemeinsam, ist aber doch ein bisschen anders. Und wenn ich jetzt auch noch die aus *drei* verschiedenen Farben bestehenden Verhaltenstypen beschreiben würde, müssten Sie wirklich aufpassen wie ein Schießhund. Denn je mehr verschiedene Faktoren ins Spiel kommen, umso schwieriger wird es, die Nuancen zu erkennen.

Ihr Chef ist wahrscheinlich eine von diesen Zwei-Farben-Kombinationen – jedenfalls wenn man den Statistiken Glauben schenken will. Schließlich sind vier von fünf Menschen einer dieser Kombinationen zuzuordnen.

Aber, werden Sie sich jetzt vielleicht fragen, was ist mit rot-grünen Verhaltensprofilen? Oder blau-gelben?

Die bringen natürlich wieder andere Herausforderungen mit sich. Reine Rot-Grün-Profile (mit einem gleich großen Anteil von jeder Farbe) sind aus irgendeinem Grund unüblich – die Kombination Blau-Gelb ist tatsächlich häufiger. Niemand weiß, warum. Blau-Gelb-Typen zeichnen sich durch eine Kombination aus Analyse und Inspiration aus. Dieses Farbprofil erfordert besonders viel Selbstwahrnehmung und Einsichtsvermögen.

Warum bespreche ich die vier Grundfarben in diesem Buch größtenteils getrennt voneinander, obwohl Kombinationstypen laut Statistik doch viel häufiger sind? Ganz einfach: weil ich Ihnen Klarheit über die Eigenschaften der vier Farbtypen verschaffen und zeigen möchte, zu welchen Verhaltensweisen diese Eigenschaften führen können. Ich vertraue darauf, dass Sie dann schon in der Lage sein werden, die Puzzleteile zusammenzusetzen, wenn Sie einem Kombinationstyp begegnen.

Ich habe auch schon Leute kennengelernt, die behaupten, dass man das Verhalten eines Menschen nicht messen kann und dass es sogar falsch wäre, das zu tun, weil menschliches Verhalten so komplex ist. Natürlich – man kann sich die Mütze auch über die Augen ziehen, wenn man die Realität nicht sehen will! Aber wie ich bereits erwähnt habe: Man kann seine Fähigkeit trainieren,

Verhaltenstypen zu erkennen, indem man auf winzig kleine Signale achtet.

Stellen Sie sich ein Rezept für einen ganz normalen Kuchen vor, mit Milch, Mehl, Zucker, Eiern und Backpulver. Je nachdem, wie viel man von jeder Zutat verwendet, erhält man einen mehr oder weniger schmackhaften Kuchen. Doch um zu verstehen, wie man einen Kuchen richtig backt, muss man wissen, was Milch ist und welche Wirkung Backpulver hat.

Die meisten Menschen, denen man begegnet (von gelegentlichen wohltuenden Ausnahmen abgesehen), haben mit der Zeit tatsächlich gelernt, zu lächeln, zu nicken und so auszusehen, als ob sie gerne mit anderen Leuten zusammen wären. Das ist natürlich ein Teil der Verhaltensanpassung, der Sozialisation eines Menschen: Man tut so, als ob. Am besten kann man den Farbtyp eines Menschen jedoch erkennen, wenn er sich unbeobachtet fühlt. Also versuchen Sie, Ihre »Farbdiagnose« in einer Situation zu stellen, in der die betreffende Person keinen Grund hat, sich anzupassen!

Der beste Rat, den ich Ihnen geben kann, lautet, hellwach und aufmerksam zu sein, wenn Sie neue Leute kennenlernen. Starren Sie nicht einfach ins Leere und seien Sie mit Ihren Gedanken nicht irgendwo anders, wenn Sie neue Bekanntschaften schließen! Auf einer Party sollten Sie beispielsweise darauf achten, was die Leute sagen. Hoffen Sie nicht darauf, dass Ihnen noch jemand Interessanteres begegnen könnte. Seien Sie präsent. Seien Sie da. Hören Sie zu, denken Sie nach, und versuchen Sie, zu beurteilen, was für einen Verhaltenstyp Sie vor sich haben. Sie werden eine Menge lernen, wenn Sie Ihre Antennen ausfahren.

Manche Leute sagen, dass sie das gar nicht wollen. Sie halten es für falsch, Menschen zu analysieren und in verschiedene Schubladen zu stecken. Stattdessen verlassen sie sich lieber auf das, was man »Bauchgefühl« nennen könnte.

Das können Sie natürlich auch machen – und wahrscheinlich stehen Sie damit nicht allein da.

Einsteins Definition von »Wahnsinn«

Der Hauptgrund, warum wir nicht auf unsere Mitmenschen achten, ist meiner Meinung nach reine Bequemlichkeit. Viele Leute haben einfach keine Lust, sich damit zu beschäftigen, wie andere Menschen ticken. Es ist viel zu mühsam, diese Erkenntnisse zu verarbeiten; und im schlimmsten Fall wird einem dann womöglich auch noch klar, dass man etwas an seinem eigenen Verhalten ändern müsste. Was für ein Aufwand! Der einfachste Ausweg besteht also darin, zu sagen, dass man sich lieber an sein »Bauchgefühl« hält.

Und damit begehen Sie schon den ersten großen Fehler: Sie hören auf Ihr eigenes Gefühl, nehmen also sich selbst als Ausgangspunkt. Das ist *nicht* die Definition von sozialer Kompetenz.

Angenommen, in Ihrem Haus müssen ein paar elektrische Arbeiten erledigt werden. Sie wissen nicht viel über elektrische Leitungen, brauchen aber unbedingt ein paar neue Steckdosen. Also gehen Sie zu einem Elektriker, der Ihnen zeigt, wie man das macht. Jetzt können Sie in Ihrem Haus neue elektrische Leitungen verlegen und Steckdosen installieren. Diese neu erworbene Fähigkeit macht Sie vielleicht nicht unbedingt gleich zum Elektriker; aber Sie wissen jetzt schon ein bisschen mehr über Elektroinstallationen. Als Nächstes wollen Sie vielleicht ein paar Steckdosen von einer Wand in eine andere verlegen. Dazu müssen Sie noch mehr lernen; also gehen Sie wieder zu Ihrem Fachmann, der Ihnen zeigt, wie so etwas gemacht wird. Anschließend verlegen Sie die Steckdosen und wissen jetzt *noch* ein bisschen mehr über Elektrizität. Das macht Sie zwar immer noch nicht zum Elektriker, aber Sie haben Ihr Wissen über elektrische Arbeiten inzwischen erheblich erweitert. [Anmerkung des Übersetzers: So was als Nicht-Elektriker selber zu machen, ist bei uns verboten und auch nicht ganz ungefährlich.]

Mit dem Wissen über die vier verschiedenen Farbtypen verhält es sich ganz ähnlich: Man kann nicht alles auf einmal lernen, aber wenn man sich für dieses Thema interessiert, entwickelt man mit der Zeit bessere kommunikative Fähigkeiten. Und auch wenn das jetzt ein bisschen anmaßend klingt – aber sich an sein »Bauchgefühl« zu halten, ist zu einfach. Das kann jeder. Und genau deshalb entstehen so viele Konflikte um uns herum: weil viel zu wenige Menschen sich die Mühe machen, ein bisschen genauer nachzudenken.

Je mehr Sie beobachten und je mehr Sie sich darin üben, die Farbprofile der Menschen um sich herum zu erkennen, umso besser wird es Ihnen gelingen, die Nuancen zu »lesen«. Das kann man sich wie das Erlernen einer neuen Sprache vorstellen: Je mehr Sie üben, umso besser werden Sie darin. Aber denken Sie daran, dass es in der Sprache der Farbtypen viele »Dialekte« gibt!

Doch nun zurück zu unserer Zwischenüberschrift: Was hat Albert Einstein mit all dem zu tun? Nun ja … Einstein hat einmal gesagt, dass man verrückt ist, wenn man immer wieder das Gleiche tut und trotzdem ein anderes Ergebnis erwartet. Also vergessen Sie Ihr »Bauchgefühl« und fangen Sie an, die Menschen ein bisschen genauer zu beobachten – vor allem Ihren Chef!

Was können Sie aus dem Verhalten Ihres Chefs lernen?

Vorgesetzte funktionieren genauso wie alle anderen Menschen auch. Sie haben positive und negative Seiten. Vielleicht durchschauen wir ihre Persönlichkeit auf Anhieb; manchmal kann es aber auch ein bisschen dauern, bis wir herausfinden, wie sie ticken. Und auch wenn letztendlich Ihr Chef die Verantwortung dafür trägt, dass die

Kommunikation mit ihm möglichst reibungslos funktioniert, können auch Sie einen Beitrag dazu leisten.

Manchmal haben Sie vielleicht das Gefühl, dass Ihr Chef Ihnen auf die Füße getreten ist. Er hat sich dumm benommen, hat in barschem oder vielleicht sogar richtig unfreundlichem Ton mit Ihnen gesprochen. Aber womöglich ist Ihr Vorgesetzter ja ein roter Verhaltenstyp und hat sich daher nicht die Zeit genommen, seine Botschaft schonender zu formulieren. Das ist natürlich keine Entschuldigung für sein unhöfliches Benehmen; aber wenn Sie die Absicht hinter einem bestimmten Verhalten verstehen, regen Sie sich vielleicht nicht mehr so sehr darüber auf.

Ein Tipp: Beobachten Sie Ihren direkten Vorgesetzten in der nächsten Woche einmal ganz genau. Wie geht er vor, wie spricht oder kommuniziert er, auf welche Art gibt er Anweisungen und Feedback? Notieren Sie sich (heimlich), was Sie an Ihrem Chef so alles beobachtet haben, und versuchen Sie dann, ein paar Schlussfolgerungen daraus zu ziehen. Wahrscheinlich ist ein Großteil der Verhaltensmuster, die Ihnen dabei auffallen, auf sein Farbprofil zurückzuführen.

Jetzt haben Sie eine gute Basis, auf der Sie aufbauen können.

Kapitel 6

Warum Sie sich bei der Arbeit manchmal gestresst fühlen

Wie wirkt es sich aus, dass die meisten Menschen, die wir kennenlernen, zwei verschiedene Farben in ihrem Profil haben? Ganz einfach: Manche Verhaltensmuster werden dadurch ausgewogener. Der rote Chef mit einem Einschlag von Gelb wird in seinem Führungsstil etwas »weicher« und wirkt nicht mehr ganz so nervig auf seine Mitmenschen; und bei einer Kombination, die ein bisschen Blau enthält, wird er wahrscheinlich öfter mal innehalten und auf die Details achten.

In Kombination mit Rot drückt der gelbe Chef sich etwas konkreter aus; zusammen mit Grün wird er ruhiger und lässt sich stärker von seiner Intuition leiten.

Der grüne Chef in Kombination mit Gelb wird offener und aufgeschlossener für neue Ideen, während er mit einem Blau-Einschlag eher introvertiert ist.

Das analytische Blau wird in Verbindung mit Grün weicher und toleranter, in Verbindung mit Rot jedoch etwas härter – solche Chefs haben es immer eilig.

Nach meinen Vorträgen bekomme ich oft Fragen und Reaktionen aus dem Publikum.

> *Rote Verhaltenstypen sind totale Unmenschen, stimmt's?*

> *Gelbe Typen sind ganz furchtbar, die können nie den Mund halten!*

Bei Grünen hat man das Gefühl, dass sie einfach nur entsetzlich faul sind ...

Vor diesen kalten, starren blauen Typen kann man richtig Angst bekommen!

Solche Kommentare sagen mehr über den Menschen aus, von dem sie stammen, als über das Verhalten des betreffenden Verhaltenstyps. Wer so etwas sagt, sollte seine Mitmenschen lieber ein bisschen genauer beobachten.

Leider gehen wir oft von uns selbst aus, wenn wir das Verhalten eines anderen Menschen einzuschätzen und zu beurteilen versuchen. Wahrscheinlich ist es unmöglich, sich selbst überhaupt nicht als Maßstab in die Gleichung mit einzubringen. Aber mit etwas Wissen und Einsichtsvermögen können wir lernen, die Gedanken unserer Mitmenschen besser zu verstehen.

Nichts ist richtiger oder falscher als irgendetwas anderes. Wenn Sie ein Verhalten beobachten, das Sie nicht verstehen, denken Sie daran:

Nur weil Sie im Recht sind, muss Ihr Chef deshalb nicht unbedingt im Unrecht sein.

Aber wenn die Kommunikation zwischen Ihnen scheitert, wird es richtig stressig.

Wenn Sie sich unzulänglich fühlen

Der häufigste Stressfaktor am Arbeitsplatz ist wahrscheinlich das Gefühl der Unzulänglichkeit. Wenn Sie in einer anstrengenden Woche 97 verschiedene Arbeitsaufgaben erledigt haben und noch drei auf Ihrem Schreibtisch liegen – woran denken Sie dann am Freitagabend im Auto auf dem Heimweg?

Beglückwünschen Sie sich, weil Sie 97 Aufgaben geschafft haben, oder zerbrechen Sie sich den Kopf über die drei, die unerledigt geblieben sind? Wenn Sie so sind wie die meisten Menschen, kennen Sie die Antwort: Die drei liegen gebliebenen Arbeiten werden Ihnen während des Heimwegs ständig im Kopf herumgehen. Ihre Gedanken werden das ganze Wochenende um diese Aufgaben kreisen; und im schlimmsten Fall werden Sie nun 48 Stunden lang nicht in der Lage sein, sich darum zu kümmern. Wahrscheinlich gibt es einen guten Grund dafür, dass diese drei Arbeiten bis zuletzt aufgeschoben worden sind. Aber Stress ist oft das Gefühl, viel zu viel zu tun und viel zu wenig Zeit dafür zu haben. Die Zeit reicht einfach hinten und vorne nicht!

Das Problem liegt aber nicht immer nur in der Zeitknappheit. Vielleicht fällt es Ihnen einfach nur schwer, Prioritäten zu setzen, oder Sie sind ganz einfach ein Schussel, der nie irgendetwas zu Ende bringt. Außerdem sind die Anforderungen, die Menschen an sich selbst stellen, manchmal völlig überzogen.

Und wenn Sie wirklich großes Pech haben, schickt Ihr Chef Ihnen zusätzlich am Samstag und Sonntag vielleicht auch noch ständig E-Mails (mit der Ausrede, schließlich habe Sie ja niemand dazu aufgefordert, Ihre Mails am Wochenende zu öffnen). Das erschwert die Situation natürlich noch mehr – diese digitalen Technologien stellen uns wirklich immer wieder ein Bein, denn dadurch sind wir viel zu leicht erreichbar. Die Franzosen waren die Ersten, die Vorgesetzten verboten haben, außerhalb der Bürozeiten E-Mails zu verschicken. Mal sehen, ob noch mehr Länder diesem Beispiel folgen!

Und wenn Sie unter großem Druck stehen und hohe Erwartungen auf Ihren Schultern lasten, geraten Sie eben manchmal in Stress – auch wenn Sie eigentlich genügend Zeit für Ihre Arbeit haben. Der Druck, die Anforderungen und die Erwartungen erzeugen trotzdem Stress und können dazu führen, dass Sie traurig und handlungsunfähig werden, schlecht schlafen oder sich bei Ihnen

Schmerzen und tausend andere Wehwehchen einstellen. Und manchmal bleibt Ihnen dann tatsächlich nichts anderes übrig, als mit Ihrem Chef zu sprechen.

Jeder Mensch reagiert anders auf Stress

Diese Überschrift klingt logisch. Aber haben Sie schon mal darüber nachgedacht, *wie* unterschiedlich Menschen reagieren, wenn sie unter Stress stehen? Manchmal hängt das mit unseren Farben zusammen. Verschiedene Farbtypen können ein und dasselbe Ereignis ganz unterschiedlich wahrnehmen; ja sogar ein und dieselbe Person erlebt ähnliche Ereignisse zu verschiedenen Zeitpunkten unterschiedlich. Zum Teil hängt das davon ab, was man vorher erlebt hat und wie man sich fühlt: Wenn Sie ausgeruht sind und sich wohlfühlen, werden Sie eine harte Arbeitswoche, in der viele Aufgaben auf Sie einstürmen, als anregende Herausforderung wahrnehmen. Wenn Sie aber müde und niedergeschlagen sind, werden Sie dieselbe Woche vielleicht einfach nur als absoluten Horror empfinden.

Wie wirkt sich Ihr Kommunikationsstil – Ihre Farbe – auf Ihre Stressschwelle aus? Die kurze und bündige Antwort lautet, dass es da eigentlich kaum einen Zusammenhang gibt. Ich habe schon alle möglichen Typen kennengelernt, die unter arbeitsbedingtem Burnout litten. Aber Ihr Kommunikationsprofil kann sehr wohl etwas darüber aussagen, *was* Sie stresst und *wie* Sie wahrscheinlich auf Stress *reagieren* werden.

Und was stresst *Sie* am meisten? Ist Ihnen bewusst, wie Sie normalerweise reagieren, wenn der Druck zu groß wird? Die meisten von uns sind sich ihrer Verhaltensmuster unter Stress gar nicht bewusst. Denn wenn es brenzlig wird, denkt man normalerweise zunächst mal daran, seine Arbeit zu erledigen, und nicht daran, welche Stresssignale man seinen Mitmenschen gegenüber aussendet.

Was Sie am meisten stresst, ist … Ihr Chef

Im vorigen Kapitel haben wir über den Farbtyp Ihres Chefs gesprochen; aber Sie sollten auch Ihre eigenen Farben ein bisschen genauer unter die Lupe nehmen. Denn die können Ihnen Hinweise darauf geben, warum Sie manchmal gestresst sind. Und außerdem: Wenn Sie verstehen, woher Ihr Stress kommt, können Sie besser mit Ihrem Chef darüber reden. Und wenn Sie Ihre wichtigsten Stressfaktoren kennen, können Sie auch darauf achten, nicht mehr unnötig in Stressfallen zu tappen. Sie können zum Beispiel frühzeitig darauf hinweisen, dass es da irgendetwas gibt, was sich zu einem Problem auswachsen könnte. Wenn Sie einen guten Chef haben, wird er Ihnen helfen. Doch wenn Sie einen inkompetenten Chef haben, ist er womöglich sogar die eigentliche Ursache für Ihren Stress. Es gibt wissenschaftliche Untersuchungen, die zeigen, dass der Chef extrem großen Einfluss auf das Wohlbefinden seiner Mitarbeiter hat. Und meiner persönlichen Überzeugung nach steckt hinter vielen Fällen von arbeitsbedingtem Burn-out schlicht und einfach schlechte Führung.

Wenn man sich mit dem Thema Führung beschäftigt, kann man interessante Muster erkennen. Es liegt auf der Hand, dass Ihr direkter Vorgesetzter jeden Tag aufs Neue Einfluss auf Sie ausübt. Wenn er seine Sache gut macht, wird er Sie motivieren; doch ein schlechter Chef kann bei seinen Mitarbeitern jede Motivation zum Versiegen bringen.

Schlechte Führung kann gravierende Auswirkungen auf das Wohlbefinden der Mitarbeiter – oder das sogenannte »psychosoziale Umfeld am Arbeitsplatz« – haben. Und wenn ein Chef sehr, sehr inkompetent ist, kann das sogar zu körperlichen Stressreaktionen bei den Mitarbeitern führen.

Stress bei roten Verhaltenstypen: Immer kurz vor dem Siedepunkt

Wenn in Ihrem Verhaltensprofil die Farbe Rot vorherrscht, können folgende Dinge Sie in Stress versetzen:

- Nicht in Entscheidungsprozesse einbezogen zu werden
- Nicht mit genügend Herausforderungen konfrontiert zu werden
- Keine Ergebnisse zu erzielen
- Zeitverschwendung und allgemeine Ineffizienz
- Routinearbeiten
- Nicht die Kontrolle ausüben zu können
- Die Aufforderung, leiser zu sprechen

Leider führt Stress bei roten Verhaltenstypen zu »wenig charmantem« (sprich: *ziemlich grobem*) Verhalten. Solche Menschen geben anderen die Schuld an ihrem Stress.

Da Rote oft von einer ganzen Schar von Idioten umgeben sind, fällt es ihnen leicht, mit dem Finger auf Sündenböcke zu zeigen. Und sie nehmen auch meistens kein Blatt vor den Mund, wenn sie jemandem zu verstehen geben wollen, dass er etwas wirklich falsch gemacht hat. Rote Menschen stellen hohe Ansprüche an sich selbst und erwarten viel von ihrem Chef. Wenn sie unter Druck stehen, können sie sehr fordernd sein und ihren Wünschen lautstark Nachdruck verleihen.

Als roter Verhaltenstyp haben Sie wahrscheinlich Angst davor, ausgenutzt zu werden. Da Sie wissen, wie fleißig und gewissenhaft Sie sind, finden Sie es vielleicht nervig, wenn jemand versucht, Sie nun auch noch zu einem ganzen Haufen zusätzlicher Arbeit zu überreden. Warum fragt er nicht jemand anderen?

Dabei ist die Sache eigentlich gar nicht so einfach, denn als Roter büßt man auch dann Energie ein, wenn man *nicht* mit Herausforderungen konfrontiert wird. Denn dann langweilt man sich, wird passiv und konzentriert sich nicht mehr richtig auf das, was man tun muss. Auf diese Weise kann man in eine Situation hineingeraten, aus der man nur schwer wieder herauskommt.

Routinearbeit fällt roten Typen sehr schwer. Schließlich will man vorwärtskommen und sich nicht mit unsinnigem Alltagskram beschäftigen müssen, der lästig und ermüdend ist und nirgends hinführt. Ich weiß nicht, ob das auch auf Sie zutrifft; doch im Umgang mit Details sind viele Rote eine ziemliche Katastrophe, und wahrscheinlich wissen sie das auch. Die langweilige Routinearbeit soll lieber jemand anders erledigen; als Roter sind Sie ohnehin der Meinung, einen besseren Blick für die übergeordneten Zusammenhänge zu haben.

Wenn Sie das Gefühl haben, an Ihrem Arbeitsplatz nicht selbstständig handeln zu dürfen, können Probleme entstehen. Nicht mitentscheiden zu können, fällt den meisten Roten sehr schwer – teils, weil sie glauben, die besseren Ideen zu haben, teils aber auch, weil sie finden, dass sie bei diesem Projekt ganz einfach das Sagen haben sollten.

Dass Sie gerne Kontrolle über andere Menschen ausüben, hört sich nicht sehr schmeichelhaft an; aber auch das gehört zum Verhalten der Roten – und ihr Kontrollbedürfnis kann sehr umfassend sein. Dabei geht es nicht um die Kontrolle von Details und Fakten – denn damit gehen sie oft ziemlich sorglos um. Nein, sie möchten die Menschen um sich herum unter Kontrolle haben: was diese

Menschen tun, was sie *nicht* tun und *wie* sie es tun oder nicht tun. Wenn ihnen diese Kontrolle versagt bleibt, finden rote Verhaltenstypen das ungeheuer frustrierend. Keine Ergebnisse zu erzielen, ist für sie ebenfalls schwer zu verkraften; und die alltägliche Ineffizienz ihrer Mitmenschen empfinden sie als genauso schlimm. Bei der Kommunikation mit einem roten Farbtyp gibt es eine absolute Todsünde: Man darf ihm auf gar keinen Fall sagen, er solle sich nicht aufregen oder ein bisschen leiser reden. Das macht ihn höchstens noch wütender.

Für den roten Turbo gibt es nichts Schlimmeres, als wenn man ihm einreden will, dass er sich beruhigen, Stress abbauen oder … doch einfach mal eine Zeit lang gar nichts tun soll. Wie stressig! Für solche Menschen gibt es nichts Frustrierenderes als Untätigkeit. Während viele andere Leute sich am Wochenende gern entspannen, um neue Energie zu tanken, rast der Rote in einem Affentempo durch seine Freizeit und kehrt am Montag nach dem, was er am Wochenende alles getan hat, voller Elan an seinen Arbeitsplatz zurück.

Eine einfühlsame Führungskraft versteht dieses Verhalten und weiß, wozu es führen kann. Ein schlechter Chef dagegen reagiert gereizt und geht frontal gegen die Persönlichkeitsstruktur seines roten Mitarbeiters vor, versucht, sein Temperament ein bisschen einzudämmen – und vergeudet das kostbare Energiepotenzial dieses dynamischen Mitstreiters dabei völlig.

Stress sollte auf einem überschaubaren Niveau gehalten werden. Als roter Mitarbeiter werden Sie es den Leuten in Ihrem Umfeld ohnehin klar und deutlich zu verstehen geben, wenn die Dinge aus dem Ruder gelaufen sind. Und die anderen werden Ihre schlechte Laune zu spüren bekommen. Nicht nur Ihr Chef.

Aber es gibt ein Mittel dagegen. Man kann seinen Stress zumindest teilweise abbauen und die Situation dadurch zum Deeskalieren bringen.

Abgesehen davon, dass Sie sich einfach ein bisschen zusammenreißen sollten, müssen Sie sich vielleicht auch ab und zu eine kleine Auszeit gönnen, nach Hause gehen und sich körperlich abreagieren. Wie wäre es mit einem Abstecher ins Fitnessstudio oder einem kleinen Dauerlauf? Das hilft meistens, und wenn Sie dann wieder ins Büro zurückkommen, ist der Stress wie weggeblasen.

Körperliche Aktivität tut roten Verhaltenstypen ungeheuer gut. Überlegen Sie mal, ob das nicht auch für Sie ein hilfreiches Ventil sein könnte!

Gelber Stress: Hoch oben in der Stratosphäre

Wenn Sie in erster Linie ein gelber Verhaltenstyp sind, werden Ihnen wahrscheinlich eher folgende Stressfaktoren bekannt vorkommen:

- Unsichtbar sein oder ignoriert werden
- Das Gefühl haben, dass Ihr Chef kein Vertrauen zu Ihnen hat
- Langweilige Nullachtfünfzehn-Aufgaben erledigen müssen
- Von der Gruppe isoliert sein
- Ermahnungen zu hören bekommen wie: *Sie sollten anfangen, alles ein bisschen ernster zu nehmen*
- Zankereien um Kleinigkeiten
- In aller Öffentlichkeit Kritik einstecken müssen

Wenn sie gestresst sind, verwandeln gelbe Verhaltenstypen sich manchmal in grantige kleine Kinder. *Sie* natürlich nicht … Aber die Gelben können ihren Mitmenschen manchmal schon ziemlich auf die Nerven gehen, wenn etwas schiefläuft. Manche gelbe Verhaltenstypen bleiben sehr lange wütend, wenn sie im Stress sind; also müssen Sie Ihre Augen im Umgang mit ihnen wirklich so offen wie möglich halten, um das zu verhindern. Schlimmstenfalls versuchen die Gelben, sich in solchen Situationen sogar noch stärker zu behaupten als ohnehin schon. Denn aufgrund ihres großen Egos müssen sie sich ganz einfach noch mehr aufspielen, um die Tatsache zu kompensieren, dass es ihnen nicht so gut geht. Wer weiß – vielleicht haben Sie ja auch so einen Kollegen?

Im Grunde ihres Wesens haben gelbe Verhaltenstypen Angst davor, abgelehnt oder nicht gemocht zu werden. Da sie Beziehungsmenschen sind, ist es ihnen wichtig, »dazuzugehören«. Soziale Akzeptanz ist eine ganz entscheidende Voraussetzung dafür, ob die Gelben sich an ihrem Arbeitsplatz wohlfühlen oder nicht. Ignoriert oder übergangen zu werden, ist für sie sehr frustrierend. Dann fangen sie manchmal an, sich weniger flexibel zu verhalten. Solche Menschen brauchen das Gefühl, wichtig zu sein. Wenn sie niemanden haben, mit dem sie reden können, kann das für sie sehr belastend sein. Denn gelbe Verhaltenstypen brauchen unbedingt jemanden, dem sie ihre Geschichten erzählen können. Sie sind immer auf der Suche nach Kontakten.

Das bedeutet, dass viele Gelbe aktiv nach Aufmerksamkeit suchen – entweder im Rahmen ganz normaler Gespräche oder auch per Telefon, SMS oder Facebook. Wenn niemand sie sieht, sind sie überzeugt davon, für die Welt unwichtig zu sein. Dann besteht die Gefahr, dass sie dieses Gefühl kompensieren, indem sie nach mehr Aufmerksamkeit suchen, vor lauter Reden kaum noch zum Atmen kommen und sich bei Konferenzen und in zwischenmenschlichen Beziehungen ständig in den Vordergrund drängen. Ein wirklich überdrehter gelber Verhaltenstyp wird sich in fast jeder Situation in den Mittelpunkt stellen und alle anderen Menschen in seine Probleme hineinziehen.

Selbst gewöhnliche Skepsis und ganz normaler Pessimismus sind für gelbe Menschen furchtbar langweilig. Sie wollen sich amüsieren, positive Nachrichten hören und Spaß am Leben haben. Wenn trotzdem jemand über Dinge redet, die (und wenn auch nur aus Sicht des Gelben) negativ sind, macht er nicht mehr mit. Humor, Spaß und Spiel sind für ihn unverzichtbar. Wenn Lachen am Arbeitsplatz so interpretiert wird, als »fehle einem der nötige Ernst«, fühlen solche Menschen sich extrem in ihrer Freiheit eingeschränkt.

Genau wie die roten empfinden auch die gelben Verhaltenstypen Routine, konzentriertes Arbeiten und genau überwachte Arbeitszeiten oft als ausgesprochen negativ. Solche fest vorgegebenen Strukturen nehmen sie als Einschränkungen wahr, und so etwas mögen sie gar nicht. Die Gelben sind eben Freigeister, die ein bisschen Spielraum brauchen, um »ihre Flügel ausbreiten« zu können. Schließlich ist ihre angeborene Spontaneität die wahre Stärke der Gelben. Wenn Sie als gelber Verhaltenstyp Ihr berufliches Umfeld erdrückend finden, werden Sie mit der Zeit vielleicht eine sehr negative Einstellung zu Ihren Mitmenschen entwickeln.

Und auch wenn Sie nicht unbedingt Angst vor Konflikten haben (jedenfalls nicht so sehr wie der grüne Verhaltenstyp), werden ständige Konfrontationen Ihnen trotzdem unangenehm sein. Denn das schafft ein unausgewogenes Arbeitsklima und schadet den Beziehungen am Arbeitsplatz. In solchen Situationen kommt jemand mit einem gelben Verhaltensprofil leicht auf Gedanken wie »Keiner mag mich«, und das wirkt sich natürlich negativ auf seine Arbeitseffizienz aus.

Für einen Chef kann es ziemlich schwierig sein, mit einem wirklich gestressten gelben Mitarbeiter umzugehen. Eine gute Führungskraft weiß, dass Gelbe sich unter Stress unbedingt behaupten wollen und anfangen, zu viel zu reden; und Optimismus, der in eine unrealistische Sichtweise umschlägt, ist nicht unbedingt immer das, was ein Unternehmen braucht. Kluge Chefs wissen aber auch, dass es keinen Sinn hat, von einem Gelben zu verlangen, er solle den Mund halten. Das wäre so, als würde man ihm die Sauerstoffzufuhr abschneiden. Die Kunst besteht darin, das Beste aus diesen doch eigentlich recht fröhlichen Ideenvulkanen herauszuholen. Und dafür muss man etwas tun.

Manchmal müssen Sie Ihren Stress als Gelber aber auch selbst in den Griff bekommen. Verändern Sie das Muster, in dem Sie zurzeit drinstecken. Sorgen Sie dafür, dass Sie etwas zu tun bekommen, das Ihnen Spaß macht – egal was. Organisieren Sie irgendeine gemeinsame Aktivität mit Ihren Kollegen, vielleicht ein geselliges Zusammensein nach der Arbeit – irgendetwas, das Sie von allem Langweiligen und Stressigen ablenkt. Sorgen Sie dafür, dass Sie unter Leute kommen, sich entspannen, lachen, herumalbern können. Je mehr Sie mit anderen Menschen zusammen sind, umso glücklicher werden Sie sein; und dann wird Ihnen auch Ihre Arbeit gleich viel leichter von der Hand gehen.

Grüner Stress: Wenn die Stimmung total in den Keller geht

In Stresssituationen funktionieren grüne Verhaltenstypen ganz anders als alle anderen. Wenn Sie zu dieser Gruppe von Menschen gehören, werden Sie auf der folgenden Liste vielleicht ein paar Stressfaktoren finden, die auf Sie zutreffen:

- Ein allgemeines Gefühl der Unsicherheit
- Liegen gebliebene oder unerledigte Arbeit

- Zu viele Menschen, die Ihnen zu nah auf die Pelle rücken
- Ständige unerklärliche Veränderungen
- Konflikte (natürlich)
- Gezwungen sein, im Mittelpunkt der Aufmerksamkeit zu stehen
- Sämtliche Formen von Kritik (vor allem, wenn sie in aller Öffentlichkeit geäußert wird)

All das macht grüne Verhaltenstypen todunglücklich – die einen mehr, die anderen weniger. Das Problem dabei besteht darin, dass ihre Mitmenschen ihnen das nicht unbedingt anmerken. Denn die Grünen verbergen ihre Gefühle gerne. Und wenn sie unter Stress stehen, sind sie ganz besonders zurückhaltend: Dann ist ihre Körpersprache steif und förmlich, und manchmal wirken sie so, als hätten sie überhaupt keine Gefühle. Sie wirken kalt und unansprechbar, selbst gegenüber Menschen, die ihnen normalerweise am Herzen liegen. Das gefällt ihnen zwar selbst nicht – aber in Stresssituationen reagieren sie nun einmal so.

Stress macht grüne Verhaltenstypen noch unsicherer als sonst. Dann haben sie besonders große Angst, Fehler zu machen – nicht nur bei der Arbeit, sondern auch in ihrem Privatleben. Außerdem geben sie sich oft selbst die Schuld an der Situation, und das lähmt sie total: *Ich bin so dumm!*

Viele Grüne verrennen sich unter Stress in eine Haltung der Sturheit oder Starrköpfigkeit und frustrieren andere Menschen, indem sie sich weigern, irgendetwas zu ändern. Selbst wenn sie sehen, dass eine Situation untragbar geworden ist, unternehmen sie manchmal trotzdem nichts dagegen. Das kommt ihren Mitmenschen oft sehr seltsam vor; doch unter Stress übernimmt eben einfach die grüne Sturheit die Regie und hält sie davon ab, irgendetwas zu tun.

Grüne Menschen haben Angst davor, ihre Stabilität und Sicherheit zu verlieren. Ein Status quo, in dessen sicherem Rahmen sie sich bewegen können, ist für sie – zumindest theoretisch – eine absolute Notwendigkeit. Grüne Menschen haben nicht viel für Veränderungen übrig – und schnelle Veränderungen sind ihnen ganz besonders zuwider. Eigentlich ist alles Unerwartete für sie purer Stress. Kommt Ihnen das bekannt vor?

Der größte Stressfaktor für die Grünen sind aber wahrscheinlich Konflikte. Als grüner Verhaltenstyp nehmen Sie fast überall potenzielle Konflikte wahr. Jeder noch so kleine Rückschlag kann zu einem Konflikt führen. Schon ein zehnsekündiger Wortwechsel darüber, welche Kaffeesorte die beste ist, kann Sie dazu bringen, Ihre Beziehung zu Ihrem Gesprächspartner neu zu bewerten. Und wenn jemand Sie schief ansieht oder im Vorbeigehen eine unbedachte Bemerkung fallen lässt, kann das dazu führen, dass Ihre Meinung über diese Person sich von Grund auf verändert.

Am besten wäre es, wenn sich immer alle Leute über alles einig wären. Da dieser Wunsch aber reine Utopie ist, wollen die Grünen zumindest in einem Team arbeiten, in dem alle sich darüber einig sind, heikle Angelegenheiten unter den Teppich zu kehren. Wenn es in diesem Team jemanden gibt, der immer wieder schwierige Fragen und Probleme zur Sprache bringt, werden die anderen Grünen anfangen, diese Person auszugrenzen. Wer will schon mit einem Störenfried zusammenarbeiten?

Wenn Grüne sich unsicher fühlen, haben sie weniger Energie. Wenn der Chef das Team neu zusammenstellt, gerät alles völlig durcheinander. Und wenn man im »falschen« Team landet (das heißt mit Leuten, die man aus irgendeinem Grund nicht besonders schätzt), weckt das zweifellos unangenehme Gefühle. Allerdings nur unter der Oberfläche – rein äußerlich ist dem Grünen davon wie immer nichts anzumerken.

Wie geht Ihr Chef mit solchen Leuten um? Erkennt er die angeborene Loyalität der Grünen oder sieht er nur ihren passiven Widerstand? Wirklich kluge Chefs haben ein intuitives Gespür dafür, wie man mit dem Verhalten grüner Verhaltenstypen am besten umgeht. Sie wissen, dass sie ihnen zuhören müssen, weil sie sonst mit der Zeit immer sturer und wortkarger werden und sich in ihren Schmollwinkel zurückziehen.

Und so etwas geht nur selten gut aus.

Aber die gute Nachricht ist, dass Sie als Grüner Ihrem Chef in so einer Situation auch ein bisschen weiterhelfen können. Sie können ihn bitten, zumindest vorübergehend weniger Ansprüche an Sie zu stellen. Gönnen Sie sich eine kleine Auszeit, zum Beispiel Gartenarbeit, Schlaf oder irgendetwas anderes, was entspannend auf Sie wirkt. Planen Sie ein wirklich ruhiges Wochenende ohne allzu viele Aktivitäten ein oder finden Sie ein gutes Buch von Ihrem Lieblingsautor, an dem Sie zwei Tage lang zu lesen haben. Wenn Sie im Stress sind, wollen Sie eigentlich gar nichts tun. Und das ist auch gut so, solange es nicht Ihr ganzes Alltagsleben bedroht. Gönnen Sie sich ein bisschen Ruhe – zumindest so lange, bis der Stress nachlässt. Dann werden Sie wieder ganz der Alte sein.

Blauer Stress: Fast schon am absoluten Nullpunkt (minus 273,15 Grad Celsius) angelangt

Sie dachten, die blauen Jungs und Mädels mit ihren (manchmal) steinernen Gesichtern, die an eine Statue von den Osterinseln erinnern, seien die Ruhe selbst, nicht wahr? Es gebe absolut nichts, was sie aus der Fassung bringen könnte? Falsch gedacht! Wenn Sie ziemlich viel Blau in Ihrem Farbprofil haben, können folgende Stressfaktoren Ihr Blut in Wallung bringen:

- Ihre Kompetenz wird infrage gestellt, obwohl Sie auf diesem Gebiet wirklich ein Experte sind
- Spontane (das heißt, nicht gut durchdachte) Entscheidungen Ihres Chefs
- Weit hergeholte Spekulationen oder riskantes Verhalten jeglicher Art
- Ständige ungeplante Unterbrechungen durch Kollegen
- Dumme Fehler, die von anderen Menschen gemacht werden
- Als »pedantischer Erbsenzähler« bezeichnet zu werden, obwohl man doch nur erklärt hat, wie die Vorschriften lauten
- Gefühlsbetonte Menschen, die über persönliche Dinge sprechen

Wie reagieren Sie als blauer Verhaltenstyp in Stresssituationen? Das lässt sich am einfachsten so beschreiben, dass Sie dann noch blauer werden. Sie können zum Beispiel übertriebenen Pessimismus an den Tag legen. Oh ja. Vielleicht überzieht sich Ihre Welt dann mit stockfinsteren Wolken; es könnte sogar sein, dass Sie depressiv werden. Viele Blaue überkommt in solchen Situationen auch eine totale

Gleichgültigkeit – sie haben an nichts mehr Interesse. Der Weltuntergang steht vor der Tür. Es gibt sowieso nichts mehr zu retten.

Blaue Typen können unter Stress aber auch unerträglich pingelig werden. Sie treten heftig auf die Notbremse, denn jetzt ist wirklich keine Zeit mehr, dumme Fehler zu machen. Sie gehen davon aus, dass ihre Mitmenschen schon ein bisschen Kritik vertragen sollten, und werden auf jeden noch so kleinen Fehler hinweisen, der ihnen auffällt. Wahrscheinlich gerät ein Blauer spätestens dann in den Ruf eines unausstehlichen Besserwissers.

Blaue Menschen hassen es, wenn man ihre Arbeit kritisiert. Da sie in puncto Qualität extrem gewissenhaft sind, bekommen sie ernsthafte Probleme, wenn jemand andeutet, dass Ihre Arbeit zu wünschen übrig lässt oder dass sie in einem bestimmten Punkt unrecht haben. Dann entwickeln blaue Typen eine ganze Reihe interessanter Verteidigungsmechanismen. Wenn Sie in erster Linie ein blauer Verhaltenstyp sind, sind Irrationalität und Gefühlsausbrüche nichts für Sie. Mit so etwas umzugehen, fällt Ihnen sehr schwer und stresst Sie ohne Ende. Oft wissen Sie in solchen Situationen einfach nicht, was eigentlich los ist: Schmalzige Sentimentalität lässt sich mit rationalem Denken nicht erklären.

Logische und gut durchdachte Argumente können Sie durchaus akzeptieren; doch von ungeplanten Veränderungen, die Ihren ganzen Tagesablauf durcheinanderbringen, wollen Sie nichts wissen, denn dann können Sie sich nicht mehr richtig konzentrieren.

Risiken sind etwas sehr Unangenehmes, dem man mit gebührendem Misstrauen begegnen sollte. Selbst wenn man vorausberechnen kann, welche Vorteile eine neue Vorgehensweise bringen könnte, betrachtet man sie dennoch als Risiko. Und das bringt unweigerlich Stress mit sich, weil man die Situation dann nicht mehr unter Kontrolle hat – was an sich schon ein Risiko ist.

Das Gleiche gilt für alles Unvorhersehbare. Bitte verwechseln Sie das nicht mit dem Widerwillen der Grünen gegen jede Veränderung. Hier geht es vielmehr ums Kontrollbedürfnis: Blaue hassen es, nicht Bescheid zu wissen, nicht gut informiert zu sein. Für sie fühlt es sich einfach besser an, im Bilde zu sein, alles im Griff zu haben. Man will stets gut vorbereitet sein. Wäre der neue Vorschlag der Geschäftsführung in den Jahresbericht aufgenommen worden, so wäre das vielleicht in Ordnung gewesen.

Und es gibt noch etwas, was Blaue ungeheuer frustriert: nämlich Leute, die Vorschriften ignorieren und sich nicht an die Regeln halten. Da es ihnen persönlich nie in den Sinn käme, so etwas zu tun, kann das oft zu ernsthaften Konflikten führen. Wer gegen die Regeln verstößt, den betrachten die Blauen mit Missfallen. Manchmal verbringen sie mehr Zeit damit, zu kontrollieren, was andere Leute tun, als mit ihrer eigenen Arbeit.

Ein aufmerksamer Vorgesetzter versteht, dass Blaue nun mal so ticken. Ihm ist bewusst, dass ihre negative Lebenseinstellung unter Stress oft in offenen Pessimismus ausartet.

Schlechte Chefs dagegen stehen einfach nur da, nörgeln an ihrem blauen Mitarbeiter herum und sagen ihm, er solle sich doch ein bisschen mehr beeilen. Positiv denken. Die Situation einfach akzeptieren und damit zurechtkommen. Pfui Teufel! Das ist keine gute Führung. Hoffen wir, dass Ihr Chef es besser weiß.

Was Sie als Blauer brauchen, ist völlige Abgeschiedenheit – jede Menge Zeit und Raum zum Nachdenken. Ein blauer Verhaltenstyp möchte die Situation analysieren und die Zusammenhänge verstehen; und dafür braucht er Zeit. Bitten Sie Ihren Chef um etwas mehr Freiraum und versprechen Sie ihm, dass Sie dann früher oder später wieder zu Ihrem gewohnten (immer noch ziemlich pingeligen) Ich zurückkehren werden. Aber wenn Sie zu tief in ein dunkles Loch der Verzweiflung fallen, sollten Sie ihn vielleicht um direktere Unterstützung bitten. Vereinbaren Sie einen Gesprächstermin und gehen Sie Ihre Liste möglicher Maßnahmen zur Lösung des Problems gemeinsam mit ihm durch.

Und was nun?

Haben Sie anhand Ihres Farbprofils herausgefunden, welche Stressfaktoren Sie zur Verzweiflung bringen? Haben Sie irgendwelche Erkenntnisse gewonnen?

Mein Ratschlag an Sie lautet: Akzeptieren Sie, dass Sie – wie jeder andere Mensch auch – hin und wieder unter Stress leiden. Das ist nicht Ihre Schuld. Es liegt schlicht und einfach an der Welt, in der wir leben. Aber es kann sehr hilfreich sein, zu wissen, *was* bei Ihnen Stressreaktionen auslöst. Denn dann können Sie diese Reaktionen besser voraussehen und verstehen und werden ein sehr viel ausgewogeneres Leben führen.

Das Schlimmste, was passieren kann, ist, dass man lange Zeit mit einem oder mehreren starken Stressfaktoren lebt, ohne etwas dagegen zu tun. Denn das führt früher oder später zu arbeitsbedingtem Burn-out.

Erkennen Sie ein gewisses Muster? Gibt es einen Zusammenhang zwischen Ihrer Arbeit und Ihren Stressreaktionen, den Sie mit Ihrem Chef besprechen könnten? Dann nichts wie los! Denn darüber zu reden ist das Beste, was Sie tun können. Gute Chefs erkennen solche Warnsignale bei ihren Mitarbeitern frühzeitig – schlechte Chefs nicht. Es wird immer nur von Ihnen erwartet, dass Sie Ihre Arbeit erledigen und Verantwortung für Ihre Aufgaben übernehmen; aber Sie können auch um angemessene Arbeitsbedingungen bitten, die Ihnen das ermöglichen.

Ihr Chef ist zweifellos ein großartiger Mensch, aber kein Gedankenleser. Vielleicht weiß er nicht, was Ihnen Stress verursacht; aber wenn Sie selbst es wissen, gibt es jetzt zumindest etwas, worüber Sie mit ihm reden können. Vereinbaren Sie am besten jetzt gleich einen Gesprächstermin!

Kapitel 7

Warum Sie unbedingt einen roten Chef brauchen

Wie können Sie Ihren Chef dazu bringen, Ihnen wirklich zuzuhören?

An dieser Überschrift stimmt etwas nicht.

Was habe ich an früherer Stelle in diesem Buch gesagt? Wer ist dafür verantwortlich, dass die Kommunikation gut funktioniert? Meiner Meinung nach trägt der Chef die größte Verantwortung dafür; aber das bedeutet nicht, dass man selbst einfach die Hände in den Schoß legen soll. Sie haben großen Einfluss auf den Verlauf der Kommunikation mit Ihrem Vorgesetzten. Die Vorstellung, dass es *ausschließlich die Aufgabe des Chefs ist, dafür zu sorgen, dass alles gut funktioniert; dafür wird er schließlich bezahlt, es ist seine Aufgabe und nicht meine* … ist zu einfach.

Wenn Sie die ganze Verantwortung Ihrem Chef überlassen, können Sie ihm zwar später die Schuld daran in die Schuhe schieben, wenn bei Ihrer Kommunikation mit ihm nichts Rechtes herausgekommen ist. Aber wer leidet auf die Dauer am meisten unter dieser Situation? Natürlich können Sie Ihren Chef einen Idioten nennen, wenn er Sie nicht versteht – oder Sie können die Sache selbst in die Hand nehmen. Sicherlich sollte der Chef es besser wissen. Es wäre ideal, wenn er über die nötigen Strategien und Instrumente verfügen würde, um alle Situationen in den Griff bekommen. Aber wenn das nicht der Fall ist – was können *Sie* dann dagegen tun?

Wenn Sie wirklich etwas an Ihrem Arbeitsplatz verändern möchten, müssen Sie mit dem einzigen Element arbeiten, das Sie hundertprozentig unter Kontrolle haben – sich selbst.

»Aber das ist mein gutes Recht!«

Vor ein paar Jahren trat in Schweden ein neues Gesetz in Kraft, das Autofahrer dazu verpflichtete, an jedem Fußgängerüberweg anzuhalten. Fußgänger hatten stets »Vorfahrt«. Wahrscheinlich war das ein gutes Gesetz. Aber wenn man die Verkehrssicherheitsbehörden heute nach ihrer Meinung zum Überqueren von Straßen befragt, empfehlen sie erschreckenderweise, dafür lieber keine Fußgängerüberwege zu benutzen! Und zwar, weil dort mehr Unfälle passieren. Tatsächlich zeigen Unfallstatistiken, dass die Anzahl der Unfälle auf Fußgängerüberwegen zugenommen hat, seit dieses Gesetz in Kraft getreten ist. So verrückt das auch klingen mag – es ist tatsächlich so.

Meine eigene Interpretation, die auch von den offiziellen Untersuchungen zu diesem Problem untermauert wird, ist folgende: Die Fußgänger haben die Verantwortung für ihre eigene Sicherheit einfach an die Autofahrer abgegeben. Wenn sie am markierten Fußgängerüberweg die Straße betreten, gehen sie automatisch davon aus, dass die Autofahrer anhalten werden, weil das Gesetz sie dazu verpflichtet.

Verstehen Sie, worauf ich hinauswill? Wenn es in Ihrem eigenen Interesse liegt, sollten Sie sich engagieren und die Verantwortung dafür übernehmen, dass die Situation an Ihrem Arbeitsplatz besser wird. Davon profitieren auf die Dauer alle, nicht zuletzt Sie selbst. Und nun stellt sich die Frage: Wie können Sie Ihren Chef am besten »erreichen«? Das hängt natürlich von seinem Farbprofil ab.

Kapitel 7

Am liebsten einen roten Chef

Laut Statistik steigt der Anteil der roten Verhaltenstypen, je höher man in der Unternehmenshierarchie aufsteigt. Sind Rote also die besseren Chefs? Ganz so einfach ist es leider nicht; aber rotes Verhalten weist tatsächlich einige Merkmale auf, die sich gut für bestimmte Positionen eignen.

Roten Chefs fällt es leicht, objektiv zu sein, weil sie aufgabenorientiert sind. Das bedeutet, dass sie rational denken und ihre Gefühle außer Acht lassen können – zum Beispiel bei Entscheidungsprozessen. Und manchmal braucht man jemanden, der einen kühlen Kopf bewahrt, oder etwa nicht? Während viele Menschen wochenlang herumtrödeln, treffen rote Chefs ständig irgendwelche Entscheidungen.

Außerdem sind rote Verhaltenstypen gute Vorgesetzte, weil sie immer irgendetwas bewegen. Sie sitzen nie still; ihre größte Stärke liegt darin, dass sie vorwärtskommen wollen. Für ein Unternehmen, das jemanden braucht, der sich für die Verwirklichung neuer Ideen einsetzt und den anderen ein bisschen Dampf macht, ist ein roter Chef sehr hilfreich. An Langeweile wird in so einer Firma jedenfalls niemand sterben.

Auch ihre Klarheit macht die Roten zu guten Chefs. Nicht ohne Grund heißt es oft, dass ein Vorgesetzter sich nicht zu vage ausdrücken sollte. Die meisten Menschen hassen es, wenn sie nicht wissen, was im Kopf ihres Chefs vorgeht. Bei einer roten Führungskraft passiert so etwas nur äußerst selten: Sie sagt, was sie denkt, und stellt klar, wohin die Reise geht. Vielleicht könnte es nicht schaden, wenn solche Chefs manchmal ein paar Worte mehr verlieren würden; aber an klaren und deutlichen Anweisungen werden sie es garantiert nicht fehlen lassen.

Und einem roten Chef macht es auch nichts aus, wenn nicht alle Menschen seiner Meinung sind. Wenn in seinem Team keine völlige Einigkeit herrscht, ist das für ihn nicht so schlimm. Er findet es zwar schade, dass manche Leute seinen direkten Umgangsstil nicht schätzen; aber er kann damit leben. Widerstand und Konflikte können sogar anregend auf ihn wirken.

Offen gesagt: Ein roter Chef verträgt es besser, eins auf die Nase zu bekommen, als alle anderen Farbtypen. Und selbst wenn er mal eine ordentliche Tracht Prügel beziehen sollte, wird er sich schnell wieder davon erholen. Wenn der rote Vorgesetzte wirklich auf der Seite seines Teams steht (was wir natürlich hoffen), ist er ein echter Gewinn für seine Mitarbeiter. Denn er wird sich allem in den Weg stellen, was sein Team bedroht. Ein roter Chef ist immer zum Kampf bereit.

Aber wie dringt man überhaupt zu diesen Alphatieren durch?

Zunächst einmal möchte ich Sie an dieser Stelle an das erinnern, was ich bereits vor ein paar Seiten formuliert habe: Auch Sie tragen einen Teil der Verantwortung dafür, dass die Kommunikation mit Ihrem Chef gut funktioniert. Und nachdem Sie diesen Abschnitt gelesen haben, werde ich Sie noch einmal daran erinnern.

Die Antwort auf die Frage in der Überschrift ist übrigens ganz einfach: Verhalten Sie sich selbst ein bisschen wie ein Roter!

Bleiben Sie stets bei der Sache

Rote Verhaltenstypen haben nicht viel Zeit, rote Chefs erst recht nicht. Außerdem fehlt ihnen eine Eigenschaft, die aus sechs Buchstaben besteht und mit G anfängt.

Wodurch äußert sich dieser Mangel? Bei kaugummiartig in die Länge gezogenen, nicht sonderlich spannenden Ausführungen verliert der rote Chef schneller seine Konzentration, als man das Wort »Überschallgeschwindigkeit« aussprechen kann. Oder wie meine Frau immer sagt, wenn ich mal wieder zu lange quassele: »So viele Worte …«

Der Chef hat viel zu tun, sein Terminkalender ist immer randvoll, und wenn man ihm schon etwas von seiner kostbaren Zeit für all die vielen Punkte auf seiner To-do-Liste raubt, muss es dabei schon um etwas extrem Wichtiges gehen, sonst gibt er sich gar nicht erst damit ab.

Wenn Sie glauben, Ihre Nachricht oder Präsentation auf das absolut Notwendige gekürzt haben – kürzen Sie sie noch ein bisschen mehr. Falls Sie vorhaben, ihm ein paar Hintergrundinformationen zu geben (zum Beispiel darüber, warum ein bestimmtes Projekt gescheitert ist) – fangen Sie nicht damit an. Beginnen Sie mit dem eigentlichen Thema.

Das Projekt ist gescheitert.

Jetzt haben Sie seine Aufmerksamkeit. Rote Chefs merken es sofort, wenn Sie nicht gleich zur Sache kommen. Sie wissen, dass etwas Unangenehmes im Busch ist, wenn Sie lange um den heißen Brei herumreden. Also beginnen Sie mit dem letzten Punkt Ihrer Argumentationskette. Der könnte zum Beispiel lauten: *Ich möchte, dass wir uns für Alternative C entscheiden. Ich brauche einen neuen Computer. Ich fühle mich in meinem Job nicht wohl. Ich brauche eine kleine Auszeit.*

Verstehen Sie, was ich meine? Sagen Sie, was Sache ist, und zwar ohne Umschweife.

Seien Sie professionell

Versuchen Sie, so zu wirken, als wüssten Sie, was Sie tun. Halten Sie sich an das Thema und die Tagesordnung. Wenn Sie 30 Minuten Zeit eingeplant haben, um Punkt A, B und C durchzugehen, dann tun Sie das auch so. Kommen Sie nicht auf andere Themen zu sprechen. Auf diese Weise wird man schneller fertig und schnelle Besprechungen sind gute Besprechungen. Ihr Chef wird wissen wollen, ob es ein Problem gibt und ob es eine Lösung gibt. Wenn es keine Probleme gibt, braucht man auch keine Lösung, stimmt's?

Rote Chefs halten nichts davon, lange hin und her zu reden. Wenn ein Thema abgehandelt ist, gehen sie einfach zur nächsten Aufgabe über. Man schaut sich an, was zu tun ist, tut es, und dann ist der Fall erledigt. Ganz einfach.

Das ist professionell. Wenn Ihr Chef sieht, dass Sie sich so verhalten, werden Sie den Ruf erwerben, Ihre Arbeit gut zu machen. Und so etwas gefällt den meisten Chefs – unabhängig von ihrem Farbprofil.

Bereiten Sie sich nicht während, sondern vor der Besprechung vor

Bei einem roten Chef können Sie nicht einfach hereinspazieren und sagen, was Ihnen gerade durch den Kopf geht. Natürlich kann es ganz unterhaltsam sein, wenn jemand eine kleine Anekdote aus dem letzten Sommer zum Besten gibt. Aber Ihr roter Chef wird davon nicht begeistert sein. Rote Menschen im Allgemeinen und rote Chefs im Besonderen fühlen sich provoziert, wenn man ihnen ihre Zeit stiehlt.

Also bereiten Sie sich gründlich vor. Haben Sie alles im Voraus griffbereit und sorgen Sie dafür, dass Ihre Unterlagen sich in der richtigen Reihenfolge befinden. Bei einer digitalen Präsentation öffnen Sie vorher sämtliche Dokumente auf Ihrem Computer und prüfen Sie, ob sie auch wirklich so angeordnet sind, dass Sie genau wissen, wo sie sind. Es kann sein, dass Ihnen Fragen gestellt werden – wahrscheinlich nicht zu Details, aber trotzdem –, und wenn ein Dokument fehlt, führt das automatisch zu Problemen. Wenn Sie erst nach einer Information suchen müssen, verschwenden Sie ein paar Sekunden von der kostbaren Zeit Ihres Vorgesetzten.

Es kann durchaus passieren, dass Ihr roter Chef dann nach seinem Handy greift und seine E-Mails liest, eine SMS verschickt, ja sogar einen Anruf tätigt oder einfach den Raum verlässt, während Sie in all Ihren ungeordneten Dokumenten herumsuchen. Und das ist nicht gut für Sie.

Also achten Sie darauf, sehr gut vorbereitet zu sein. Denn selbst wenn 95 Prozent Ihres Materials am Ende gar nicht gebraucht werden, wird Ihr Chef Sie dann trotzdem als jemanden wahrnehmen, der weiß, was er tut.

Konzentrieren Sie sich auf Ergebnisse und Ziele

Abgesehen davon, dass Sie sich kurz fassen und an die Tagesordnung halten sollten, ist es auch keine schlechte Idee, meine obige Überschrift zu beherzigen. Sie wissen ja inzwischen, dass Ihr Chef ein aufgabenorientierter Typ ist. Daher werden Sie ihm sicherlich nicht allzu viele Fragen über die Mitglieder des Teams und deren Gefühle oder Erlebnisse stellen.

Doch das allein genügt nicht. Ihr Chef interessiert sich nicht für das *ganze* Projekt, sondern vor allem für das Endprodukt – das Ergebnis. Also sollten Sie zuallererst ein Ziel setzen; und das kann durchaus hochgesteckt sein. Sie brauchen das Potenzial, das in dem neuen Produkt oder der neuen Arbeitsmethode steckt, nicht bis in stratosphärische Dimensionen aufzublähen. Das ist eher gelbes Verhalten, und gelbe Chefs mögen so etwas; aber Ihr roter Chef glaubt immer noch an unmögliche Ziele (»unmöglich« = dauert halt ein bisschen länger). Also sollten Sie im Gespräch mit Ihrem Chef stets ein Ziel vor Augen haben.

Wenn es darum geht, dass Sie einen Kurs besuchen möchten und seine Zustimmung dafür brauchen, dann halten Sie ihm das Ziel dieses Kurses vor Augen, das darin besteht, dass Sie hinterher effektiver arbeiten können. Brauchen Sie einen neuen Computer, ein neues Handy, bessere Software oder schärfere Messer? Dann erklären Sie ihm, dass Sie damit das Ziel verfolgen, Ihre Arbeit in Zukunft besser und schneller erledigen zu können.

Als Nächstes stellt sich die Frage nach dem Ergebnis. Wie ist es beim letzten Mal gelaufen? Hat Vorschlag X uns irgendetwas gebracht? Hat es sich gelohnt, Person Y zu Hilfe zu holen? Wie können wir das Ergebnis verbessern? Wie kann unsere Abteilung oder unser Unternehmen noch profitabler werden?

Nicht alle roten Chefs sind Erbsenzähler. Aber denjenigen, die es sind, entgeht buchstäblich nichts. Und bei einem Ergebnis kann es um sehr unterschiedliche Kriterien gehen. Zum Beispiel darum, den Komfort und das Wohlbefinden der Mitarbeiter um x Prozent zu steigern. Oder bei künftigen Umfragen zur Kundenzufriedenheit einen um mindestens drei Punkte höheren Durchschnittswert zu erzielen. Oder in Zukunft weniger Geld zu verschwenden. Es kann sich um alles Mögliche handeln – aber ein roter Chef will auf jeden Fall Ergebnisse sehen. Sonst macht es doch schließlich keinen Sinn, sich anzustrengen, oder?

Nehmen Sie nicht immer gleich alles so persönlich (und das meine ich ernst!)

Ich weiß nicht, wie oft ich schon erklären musste, dass rote Chefs nicht wirklich wütend sind – sie klingen nur so. Sie sagen, was Sache ist, sie beschönigen nichts und sie schauen einem dabei direkt in die Augen – auf eine Art und Weise, die nicht immer angenehm ist. Ich muss zugeben, dass ein solches Verhalten nicht unbedingt charmant wirkt.

Niemand mag einen grantigen Chef. Aber achten Sie einmal darauf, welche Intention hinter seinen Kommentaren steckt! Wenn Ihr roter Chef sich kritisch anhört, liegt das daran, dass er sich keine Mühe gibt, seine Botschaft in taktvolle Worte zu kleiden; aber Sie können sich zumindest darauf verlassen, dass er es ehrlich meint. Ich persönlich habe Respekt vor Menschen, die es schaffen, einem direkt in die Augen zu sehen und zu sagen, dass sie etwas nicht in Ordnung finden. Es gibt viel zu viele Menschen, die einfach die Faust in der Tasche ballen. Manchmal muss man die Wahrheit zu hören bekommen, auch wenn sie unangenehm ist.

Der rote Chef hat zu allem eine klare Meinung, und er sagt sie laut und deutlich. Wenn Sie ihn also fragen, wie zufrieden er mit Ihren Leistungen ist, wird er Ihnen die Wahrheit nicht vorenthalten.

Sie hätten ein bisschen besser abschneiden können, wenn Sie getan hätten, was ich Ihnen gesagt habe.

Autsch! So etwas hört niemand gern. Eigentlich hatte ich erwartet, er würde sagen, dass ich ein großer Gewinn für sein Team bin!

Aber schauen Sie sich einmal den genauen Wortlaut seiner Aussage an: Es kann durchaus sein, dass ich besser abgeschnitten hätte, wenn ich auf meinen Chef gehört hätte. Im Grunde unseres Herzens wissen wir, dass das manchmal so ist. Aber – und das ist wichtig – manchmal irrt sich der Chef auch. Vielleicht hätte die von ihm vorgeschlagene Methode nicht funktioniert. Dann braucht man ihn nur darauf hinzuweisen, dass man seine Empfehlung wegen Faktor X nicht befolgen konnte.

Viele Menschen machen den Fehler, ihrem roten Chef nie zu widersprechen; doch diese Strategie funktioniert nur selten. Wenn Sie ihm nicht widersprechen, wird er das so auslegen, als würden Sie ihm zustimmen. Und dann wird er zum Beispiel auch glauben, dass Sie voll und ganz hinter einer Aufgabe stehen, zu der Sie nie »Ja« gesagt haben.

Fazit: Wenn Sie nicht wissen wollen, was Ihr Chef wirklich über Sie denkt – fragen Sie ihn nicht. (Aber natürlich besteht das Risiko, dass Sie es trotzdem irgendwie erfahren werden.)

War das alles?

Nein, eigentlich nicht. Denn es geht nicht nur darum, was Sie tun können, um zu Ihrem roten Chef durchzudringen; es gibt auch ein paar Dinge, die Sie lieber *nicht* tun sollten – vor allem in Ihrem eigenen Interesse. Deshalb kommen jetzt gleich noch ein paar Tipps.

Folgendes sollten Sie unbedingt beherzigen:

Verschwenden Sie keine Zeit mit sinnlosem Geschwafel

Rote Chefs haben es nicht gern, wenn ihnen jemand ihre Zeit stiehlt, um über Dinge zu reden, die nichts mit der Sache zu tun haben. Was nicht auf der Tagesordnung steht, wollen sie nicht hören – so etwas ärgert sie nur. Und sie reagieren sofort darauf. Wenn Sie vom Thema abkommen, wird das mit einer gerunzelten Stirn und einem mürrischen Blick quittiert.

Man kann sehr leicht in diese Falle tappen. Sie brauchen das Gespräch nur mit der Frage zu beginnen: »Haben Sie gestern das Spiel gesehen?«

Nein, Ihr roter Chef hat das Spiel nicht gesehen. Er hat bis 21 Uhr E-Mails gelesen. Das hätten Sie auch tun sollen. Warum haben Sie nicht gearbeitet? Und selbst wenn Ihr Chef das Spiel gesehen hat, ist er nicht zu der Besprechung gekommen, um darüber zu reden. Das ist ein Thema für die Mittagspause. Während der Arbeitszeit spricht man nicht darüber.

Drücken Sie sich klar und deutlich aus

Angenommen, Ihr Chef fragt Sie: »Kommen Sie diesen Herbst zur Konferenz?«

Was für Möglichkeiten haben Sie in so einer Situation? Sie können mit »Ja« antworten. Das ist eine ziemlich gute Antwort. Es bedeutet, dass Sie erkannt haben, dass die Konferenz wichtig ist. Sie können auch mit »Nein« antworten. Diese Antwort wird Ihrem Chef zwar nicht so willkommen sein, aber sie ist zumindest verständlich.

Viele Menschen sind ziemlich überfordert, wenn es darum geht, eine Frage klar und deutlich zu beantworten. Eine mögliche Antwort könnte darin bestehen, dass man anfängt, »laut zu denken«:

> *Die Konferenz? Ach so. Sie meinen die Konferenz in diesem Herbst? Ob ich da hinkommen werde? Na ja, Konferenzen können schon ganz schön sein. Sie findet an einem Samstag statt, stimmt's? Hm, samstags habe ich immer frei. Ich werde mal darüber nachdenken. Vielleicht …?*

Was soll das bedeuten? Dieser verbale Dünnpfiff wird Ihren Chef bis aufs Blut reizen. Die Antwort klingt ein bisschen wie »Vielleicht«, aber was soll er damit anfangen? So eine Aussage ist doch völlig wertlos. Sagen Sie lieber gleich *Nein danke* (falls es diese Alternative überhaupt geben sollte). Wenn Sie zu lange herumdrucksen, wird Ihr Chef Sie womöglich von der Liste der Teilnehmer streichen. Dann brauchen Sie sich gar keine Gedanken mehr darüber zu machen, ob Sie hingehen wollen oder nicht.

Verzichten Sie auf kumpelhaftes Getue

Natürlich sollten Sie an Ihrem Arbeitsplatz Beziehungen aufbauen. Unbedingt. Es gibt Chefs, die gerne mit ihren Mitarbeitern befreundet sein möchten; aber auf einen roten Chef trifft das normalerweise nicht zu. Sicher, manche rote Vorgesetzte kennen vielleicht einen ihrer Mitarbeiter von früher, und dann treffen sie sich womöglich sogar in ihrer Freizeit mit ihm. Aber rechnen Sie nicht damit, mit Ihrem roten Chef Freundschaft schließen zu können, wenn Sie nicht zusammen mit ihm aufgewachsen sind.

Ich habe Sie letzten Sonntag bei IKEA gesehen!

Nein, nein, nein. Sagen Sie so etwas nicht! Sie verschwenden nur Ihre Zeit. Außerdem hat er Sie sowieso nicht gesehen.

Alles, was als Schmeichelei oder offensichtliche Anbiederei interpretiert werden könnte, hat genau den gegenteiligen Effekt. Wenn Ihr Chef Sie als A....kriecher wahrnimmt, haben Sie plötzlich viel mehr Probleme, als Sie brauchen.

Der Chef ist nicht Ihr guter Kumpel. Wenn er Sie danach fragt, wo Sie Ihre Sommerferien verbracht haben – schön und gut. Aber bevor Sie mit Ihrem Vorgesetzten über solche Themen sprechen, sollten Sie ganz sicher sein, dass Sie auch wirklich so eine persönliche Beziehung zu ihm haben. Was Ihr Chef an Weihnachten gemacht hat, ob er seinen Sommerurlaub in einem Ferienhaus verbringen wird, wie seine Kinder in der Schule zurechtkommen oder wo seine Frau arbeitet – das ist seine Privatangelegenheit. Respektieren Sie das.

Über eines sollten Sie sich im Klaren sein: Rote Chefs sind nicht dumm. Sie haben die Spielregeln gelernt. Sie lächeln und nicken wie alle anderen auch, wenn die Leute während der Arbeitszeit Small Talk machen. Aber sie mögen es nicht. Eigentlich würden sie am liebsten gleich wieder an die Arbeit gehen. Vergessen Sie das nicht.

Tun Sie nicht so, als könnten Sie in diesem Chaos tatsächlich etwas finden!

Es macht keinen effizienten Eindruck, wenn Sie Ihre Unterlagen nicht finden oder man Ihnen anmerkt, dass Sie unsystematisch arbeiten. Wenn es Ihnen schwerfällt, System in Ihre Arbeit hineinzubringen, holen Sie sich Hilfe. Ihr roter Chef ist nicht unbedingt ein Kontrollfreak, aber er wird es positiv vermerken, wenn Sie Ihre Unterlagen in Ordnung halten.

Vielleicht gehören Sie zu den Menschen, deren Schreibtisch so aussieht, als hätte dort gerade eine Bombe eingeschlagen. Vielleicht versuchen Sie, sich und alle anderen Menschen davon zu überzeugen, dass in diesem Chaos trotzdem eine gewisse Ordnung herrscht und dass Sie dort tatsächlich alles finden, was Sie brauchen.

Sie wissen, dass Ihr roter Chef das nicht schlucken wird. Er wird Sie für planlos und chaotisch halten. Hören Sie auf damit! Vielen Dank.

Dabei geht es nicht darum, wie Ihr Arbeitsplatz aussieht. Wenn Sie auf einer Müllhalde arbeiten wollen – von ihm aus gerne. Das Problem ist lediglich, dass Sie dann Zeit vergeuden, die Sie für wichtigere Dinge investieren könnten. Denn das Problem mit der Unordnung ist nun mal, dass es in so einem Umfeld länger dauert, seine Arbeit zu erledigen. Und da ein roter Chef es immer eilig hat, ist es für Sie am besten, wenn Sie wissen, wo Sie Ihre Sachen haben, um auf die zuvor erwähnte Besprechung bestens vorbereitet zu sein.

Es liegt nur in Ihrem eigenen Interesse, wenn Sie das beherzigen.

Sich umarmen

Tja. Wir haben uns inzwischen tatsächlich eine internationale Kultur zu eigen gemacht, sogar hier oben im kalten Skandinavien.

Oft ist das sehr angenehm. Selbst wir Schweden – normalerweise eher kalt und förmlich – haben gelernt, dass es nicht gefährlich ist, sich gegenseitig zu berühren.

Ihr roter Chef hätte da ein paar Vorbehalte. Sie können natürlich tun, was Sie wollen, sicher, umarmen Sie Ihren Chef, wenn Sie einen guten Tag hatten – tun Sie es ruhig! Aber denken Sie daran, dass Ihr Vorgesetzter sich so etwas von einer Person, zu der er eine rein berufliche Beziehung hat, vielleicht nicht unbedingt wünscht.

Kapitel 8

Warum Sie auf einen gelben Chef hoffen sollten

Es gibt auch ziemlich viele gelbe Chefs. Der Grund dafür liegt auf der Hand. Führung hat viel mit Kommunikation zu tun, und die Gelben sind die cleversten Kommunikatoren, die es gibt. Sie sind gut darin, Menschen für sich zu gewinnen. Es handelt sich um äußerst geschickte Kommunikationstalente, die selbst die deprimierendste Neuigkeit so klingen lassen können, als handle es sich um einen fantastischen Erfolg. Wer würde einer solchen Person nicht gerne folgen?

Oft wird behauptet, dass es nicht so sehr darauf ankommt, *was* man sagt. Das eigentlich Wichtige ist, *wie* man es sagt. Verschiedene wissenschaftliche Untersuchungen zu diesem Thema sind zu leicht unterschiedlichen Ergebnissen gekommen; aber man geht davon aus, dass der eigentliche Inhalt einer Botschaft weniger als zehn Prozent der Wirkung auf den Empfänger ausmacht; die Art und Weise, wie sie vorgebracht wird, etwa 30 Prozent; und der Rest hängt davon ab, wie man aussieht, während man die Botschaft überbringt.

Körpersprache – darauf kommt es an.

Und gelbe Chefs haben wirklich die Gabe, eine Botschaft so herüberzubringen, dass man gar nicht anders kann, als ihnen zuzuhören. Durch ihre positive Einstellung, ihre gute Laune und die lockere Art, mit der sie komplizierte Vorgänge erklären, gelingt es ihnen mühelos, unser Vertrauen zu gewinnen. Führung beruht zu einem großen Teil auf Vertrauen; und wenn dann auch noch die Tatsache hinzukommt, dass man sich in der Nähe eines gelben

Chefs einfach wohlfühlt … dann sind wir natürlich gerne bereit, zu allem Ja und Amen zu sagen!

Gelbe sind auch gute Verkäufer. Sie haben Ideen und verstehen es hervorragend, andere davon zu überzeugen, dass man die betreffende Idee unbedingt verwirklichen muss. Außerdem beruht gelbes Verhalten auf Inspiration. Und wer möchte nicht gern inspiriert werden? Sie tragen stets einen Funken der Begeisterung in sich, der auf andere Menschen überspringt. Sie vermitteln Freude daran, eine Sache gut zu machen. Ich habe sogar schon erlebt, wie es gelben Chefs gelungen ist, eine unerklärliche Energie in Menschen zutage zu fördern, die vorher kaum von ihrem Stuhl aufgestanden sind.

Und noch etwas. Gelbe stehen gern im Rampenlicht – im Mittelpunkt des Geschehens fühlen sie sich am wohlsten. Und man muss Spaß an der Arbeit haben. Diesen Satz kann sich nur ein gelber Verhaltenstyp ausgedacht haben. Gelbe Chefs wissen intuitiv, dass glückliche Menschen bessere Arbeit leisten als mürrische und unzufriedene. Deshalb versuchen sie immer, eine positive Atmosphäre am Arbeitsplatz zu schaffen. Sie sorgen ganz einfach dafür, dass wir uns wohler fühlen.

Und wie können wir diese geborenen Entertainer dazu bringen, bei Besprechungen konzentriert zu bleiben?

Die Aufmerksamkeit Ihres gelben Chefs zu gewinnen, ist gar nicht so schwierig. Das Problem besteht eher darin, wie man es schafft, dass er aufmerksam *bleibt*. Diese Menschen sind ausgesprochen extrovertiert. Selbst wenn Sie gerade ein angeregtes Gespräch mit Ihrem gelben Chef führen, hat er stets offene Antennen für die Welt um sich herum. Sein Mobiltelefon ist immer griffbereit. Aber es gibt

Möglichkeiten, dafür zu sorgen, dass die Aufmerksamkeit Ihres gelben Chefs nicht abschweift. Hier ein paar Tipps.

Seien Sie herzlich und charmant

Ihr gelber Chef ist ein ausgesprochen beziehungsorientierter Mensch. Obwohl er Ihr Chef ist, ist die Beziehung also sehr wichtig. Solche Menschen reagieren auf eine ungute Atmosphäre oder aggressives Gebaren genauso sensibel wie ein Kanarienvogel in einem Bergwerk auf Kohlenmonoxid. Selbst wenn Ihr gelber Chef einen Managementkurs besucht und gelernt hat, dass man zwischen dem Verhalten eines Menschen und seiner Arbeit unterscheiden sollte, wird er sich auf jeden Fall davon beeinflussen lassen, was für eine Beziehung Sie zueinander haben.

Wenn Sie Ihren gelben Chef aus irgendeinem Grund im Flur angehalten haben, ist es daher klug, viel zu lächeln. Zeigen Sie ihm, dass Sie freundliche Absichten haben. Im Gegensatz zu einem roten Vorgesetzten will Ihr gelber Chef gemocht werden. Natürlich ist auch den Gelben klar, dass man nicht immer bei allen Leuten beliebt sein kann; schließlich sind sie nicht dumm. Aber wenn Sie ein fröhlicher Mensch sind, werden Sie ein gutes Verhältnis zu ihm haben. Damit will ich nicht sagen, dass Sie Ihre Meinung über das, was am Arbeitsplatz nicht funktioniert, für sich behalten sollten; aber bringen Sie sie möglichst vorsichtig zum Ausdruck.

Versuchen Sie, auf gemeinsame Interessen zu sprechen zu kommen. Dann wird Ihr Chef eher eine positive Einstellung zu Ihnen entwickeln. Natürlich sollten Sie es damit nicht übertreiben und sich nicht bei ihm anbiedern; aber ich denke schon, dass Sie die Grenzen kennen. Wenn Sie auf dem Schreibtisch Ihres Vorgesetzten ein Foto von einem Hund sehen, könnten Sie ihm zum Beispiel etwas von Ihrem eigenen Hund erzählen. Wenn Sie im Besitz einer

Katze sind, müssen Sie sich eben etwas einfallen lassen. Aber letzten Endes spielt die Tierart auch gar keine so große Rolle: Wenn Sie *irgendeine* Fellnase zu Hause haben – bringen Sie dieses Thema zur Sprache, und Sie werden sehen, wie das Lächeln Ihres Chefs noch breiter wird. Zeigt das Foto auf seinem Schreibtisch keinen Hund, sondern eine kleine Jacht, dann waren Sie schon einmal segeln. Und wenn es ein Oldtimer ist, haben Sie vor vielen Jahren einmal ein ähnliches Auto im Fernsehen gesehen.

Ich denke, Sie haben verstanden, worum es geht. Bauen Sie eine Beziehung zu Ihrem Chef auf. Suchen Sie nach irgendetwas, das Sie miteinander verbindet.

Tun Sie so, als würde die Sonne immer scheinen

Gelbe Chefs mögen keine schlechten Nachrichten. Sie würden viel lieber hören, dass die Sonne scheint. Und zwar immer. *Aber*, werden Sie jetzt vielleicht denken, *das stimmt doch gar nicht. Sie scheint nun mal nicht dauernd.*

Ich weiß. Aber Ihr gelber Chef will gute Nachrichten hören. Schlechte Nachrichten sind … nun ja, schlecht. Wenn es Ihnen gelingt, eine positive Lebenseinstellung um sich herum zu verbreiten, wird Ihr gelber Chef Ihnen weiterhin zuhören. Wenn er Sie als reizbar und mürrisch empfindet, wird er sich die Ohren zuhalten. Schließlich macht es keinen Spaß, jemandem zuzuhören, der schlecht gelaunt ist. Ihr Chef hat ein sehr feines Gespür für negative Schwingungen und könnte in eine ähnlich schlechte Stimmung geraten, wenn das, was Sie sagen, sich zu unangenehm anhört.

Kommen Sie nicht mit noch mehr Problemen – kommen Sie mit Lösungen.

Das ist noch so ein typisch gelber Kommentar. Es mag an Naivität grenzen, aber gelbe Chefs wollen wirklich nichts von Problemen hören. Sie vermuten vielleicht, dass es Probleme gibt, aber sie möchten nicht darüber reden.

Aus diesem Dilemma gibt es einen ganz einfachen Ausweg: Sie brauchen sich nur darauf zu konzentrieren, wie Sie das Problem lösen können. Sagen Sie: *Das funktioniert zurzeit nicht besonders gut, aber ich glaube, ich habe da eine gute Lösung gefunden …* Verwenden Sie nicht einmal das Wort »Problem«. Sagen Sie lieber irgendetwas anderes, zum Beispiel *Herausforderung*. Oder erwähnen Sie, dass *nicht alles so gelaufen ist, wie Sie es wollten*. Aber sagen Sie nicht *Problem*.

Und dann machen Sie einen Vorschlag, was Sie gegen diesen Missstand unternehmen könnten. Als Nächstes können Sie Ihren Chef dann vielleicht fragen, was er davon hält, das neue Mittagsrestaurant an der nächsten Straßenecke auszuprobieren.

Gehen Sie lieber nicht zu sehr ins Detail!

Weder rote noch gelbe Chefs können besonders gut mit Details umgehen. Sie malen die Welt in breiten Pinselstrichen und haben ein ausgesprochenes Talent für größere Zusammenhänge. Für den Wert von Details dagegen haben sie oft kein Gespür. Einige gelbe Chefs, die ich kennenlernte, haben überhaupt keinen Blick für Kleinigkeiten. So etwas finden sie einfach nur langweilig. Also lassen Sie sich lieber nicht dazu verleiten, Ihrem Vorgesetzten allzu viel Hintergrundwissen zu liefern. Denken Sie daran, dass die Gedanken Ihres gelben Chefs meistens weit in die Zukunft vorauseilen und sich nur mit allgemeinen Dingen beschäftigen.

Wenn Ihr Chef fragt, wie spät es ist, erklären Sie ihm nicht, wie eine Uhr funktioniert.

Eines meiner Lieblingsbeispiele dafür ist ein Gespräch, das ich einmal zwischen einem IT-Techniker und seinem quittengelben, äußerst visionsbegabten Chef mit angehört habe. Der Techniker erklärte ihm lang und breit, dass er eine neue Wetterstation zu Hause habe, mit der er die Temperatur bis auf ein Hundertstel Grad genau ablesen könne. Er war total fasziniert von seinem neuesten technischen Spielzeug und lieferte seinem Vorgesetzten genaue Informationen über die Durchschnittstemperatur der letzten Tage. Dann erinnerte er sich daran, dass er einen Zuhörer hatte, und fragte den Chef, wie denn die Temperatur bei ihm zu Hause sei.

Die Antwort?

»Winter.«

Draußen war es kalt. Was gab es da noch zu sagen?

Nehmen Sie sich Zeit für Small Talk

Während ein roter Chef zu viel Geselligkeit als Provokation empfindet, ist Small Talk von entscheidender Wichtigkeit, wenn man bei einem gelben Chef überhaupt etwas erreichen will. Über Fußball, Rasen, Digitalkameras oder das nächste große Urlaubsziel zu reden, ist eine hervorragende Methode, um Ihren Chef bei Laune zu halten. Gelbe Chefs können sich zwar auch an eine strikte Tagesordnung halten; aber ein bisschen Auflockerung zu Beginn des Gesprächs sorgt für gute Laune. Und Sie haben doch lieber einen glücklichen Chef als einen genervten, oder nicht?

Natürlich kann das auch zu weit gehen, aber wenn man es in vernünftigen Grenzen hält, ist es ein wunderbares Erfolgsrezept.

Und hier gleich noch ein Ratschlag: Ihr gelber Chef wird bei diesem Gespräch auch zu Wort kommen wollen; also lassen Sie ihn reden. Das ist ein guter Trick, um sich seine Aufmerksamkeit zu sichern. Lassen Sie ihn zuerst seine eigene Anekdote erzählen. Das ist nicht nur höflich, sondern er wird es auch zu schätzen wissen, dass Sie Ihrem Vorgesetzten gegenüber so aufmerksam sind.

So, das war's. Jetzt ist es Zeit, an die Arbeit zu gehen.

Nun wissen Sie alles über Ihren gelben Chef

Na ja, eigentlich nicht alles. Es gibt auch noch ein paar andere Dinge, die Sie im Auge behalten müssen – und das sind echte Tabuzonen, um die Sie unbedingt einen großen Bogen machen sollten. Genau wie rote reagieren auch gelbe Chefs auf bestimmte Verhaltensweisen ziemlich heftig.

Hier ein paar Tipps, was Sie lieber nicht tun sollten, um Ihren gelben Vorgesetzten nicht unnötig zu verärgern.

Verhalten Sie sich nicht wie ein Roboter

Vielleicht ist das nicht das größte Problem, das gebe ich zu. Aber wie gesagt: Gelbe Chefs haben gern das Gefühl, dass die Beziehung zwischen Ihnen beiden stimmt. Wenn Sie keine Gefühle zeigen, wird Ihr gelber Vorgesetzter sich fragen, ob auch wirklich alles in Ordnung ist. Also zeigen Sie ihm ruhig ein bisschen Wärme und Offenheit, dann wird Ihre Beziehung gleich viel besser funktionieren.

Ein Beispiel: Angenommen, Ihre gelbe Chefin kommt aus den Herbstferien zurück und erzählt eine lange Geschichte darüber, wie sie fast gestorben wäre, als sie von einer Trittleiter gefallen ist, weil sie und ihr Mann zu Hause ein paar Sachen renovieren mussten. Zum Schluss will sie wissen, was Sie denn in Ihren Ferien gemacht haben. Wenn Sie darauf mit steinerner Miene antworten: *Ich habe an meinem Zehnjahresplan gearbeitet,* wird sie Sie garantiert für ziemlich langweilig halten.

Kritisieren Sie Ihren Chef nicht im Beisein anderer Menschen

In den meisten Fällen ist es der Chef, der seinen Mitarbeitern (positives oder negatives) Feedback gibt. Aber auch Chefs sind nur Menschen, und manchmal kommt es daher vielleicht auch vor, dass *Sie Ihrem Chef* ein Feedback geben müssen. Wenn der Vorgesetzte ein gelber Verhaltenstyp ist, gibt es eine einfache, aber wichtige Regel, die Sie befolgen sollten.

Wenn Ihr Feedback positiv ist, spielt es keine Rolle, ob die ganze Welt zuhört. Ihr gelber Chef wird Ihnen mit stolzgeschwellter Brust zuhören – das Lob wird ihm runtergehen wie Öl. Und das ist auch gut so. Ich finde, man sollte sogar seinen Chef loben können. Und wenn Sie gleichzeitig das interne Lautsprechersystem einschalten können – warum nicht? Sie brauchen dann nur einen Plan, wie Sie Ihren Kollegen dieses Verhalten hinterher erklären wollen. Denn die werden Sie dann natürlich für einen widerlichen Speichellecker halten, also müssen Sie die Sache irgendwie wieder in Ordnung bringen.

Wenn das Feedback jedoch negativ ist, sollten Sie es ihm unbedingt unter vier Augen geben. Wenn überhaupt, haben nur wenige gelbe Typen es gern, kritisiert zu werden. Das verletzt ihr Ego; außerdem macht es keinen guten Eindruck. Damit können Sie sich echte Probleme mit Ihrem Chef einhandeln.

Also achten Sie darauf, dass Sie und Ihr Vorgesetzter bei heiklen Gesprächen hinter geschlossenen Türen sitzen, und denken Sie daran, hin und wieder zu lächeln, auch wenn es sich um ein ernstes Gespräch handelt. Und schlagen Sie auf jeden Fall eine Lösung für das Problem vor, von dem Sie glauben, dass es zwischen Ihnen steht. Zeigen Sie ihm, dass Sie aktiv an der Lösung mitarbeiten wollen. Und wenn Sie bei Ihrem Jahresbeurteilungsgespräch zu dem unangenehmen Teil kommen, bei dem es darum geht, inwieweit Ihr

Vorgesetzter Sie unterstützt, kommen Sie nur ja nicht auf die Idee, die Situation genau so darzustellen, wie sie ist. Vorsicht!

Um das an dieser Stelle ein für alle Mal klarzustellen: Auch gelbe Chefs müssen in der Lage sein, sich Kritik anzuhören. Aber es kommt darauf an, *wie* man diese Kritik formuliert.

Vergeuden Sie sein Leben nicht mit theoretischen Diskussionen

Gelbe Verhaltenstypen interessieren sich für Gefühle und Erlebnisse. Sie wollen über die Zukunft sprechen; sie sind Visionäre, die nun mal ab und zu die Bodenhaftung verlieren. Wenn Sie ein zu faktenbasiertes oder theoretisches Gespräch mit ihm führen, wird Ihr gelber Chef nicht lange bei der Sache bleiben.

Details und viel Aufhebens um ein paar Stellen hinter dem Komma langweilen ihn zu Tode. Dann wird Ihr Vorgesetzter sich innerlich ausklinken und an irgendetwas anderes denken. Vielleicht fängt er sogar an, über etwas anderes zu reden, oder er greift nach seinem Handy und spielt damit herum, statt Ihnen zuzuhören. Egal, wie wichtig es ist, was Sie gerade sagen.

Denken Sie daran, dass gelbe Verhaltenstypen nicht unbedingt die allerbesten Zuhörer im Universum sind, und gestalten Sie Ihre Botschaft dementsprechend.

Vergessen Sie nicht mitzulachen, wo doch gerade alle so viel Spaß haben …

Jetzt sind wir kurz davor, die Grenze zur Anbiederung zu überschreiten, und ich habe lange überlegt, ob ich diesen Ratschlag überhaupt in mein Buch aufnehmen soll. Letztendlich habe ich mich aber dann doch dafür entschieden, weil ich es wirklich für wichtig halte, andere Menschen zu verstehen.

Während rote Chefs leicht wütend werden, wenn sie glauben, dass man sich bei ihnen lieb Kind machen will, haben gelbe Chefs überhaupt kein Problem damit, wenn ihre Mitarbeiter vernünftig genug sind, an der richtigen Stelle zu lachen. Es kommt eher darauf an, wie Sie selbst zu dieser Frage stehen. Natürlich kann man demonstrativ die Lippen zusammenpressen, wenn der Chef einen Witz erzählt (der manchmal durchaus plump sein kann und vielleicht auch in einem völlig unpassenden Kontext vorgetragen wird). Ich will Sie nur darauf hinweisen, dass Sie damit nichts zu gewinnen haben. Ihr Vorgesetzter wird Sie für steif und langweilig halten. Und es besteht immer die Gefahr, dass er sich dann lieber mit einem entgegenkommenderen Mitarbeiter unterhält. Ja, wir befinden uns hier in einer Grauzone, da gebe ich Ihnen recht – und das hat nichts mit dem Job zu tun.

Viele von uns empfinden gelbes Verhalten manchmal als etwas unreif, aber man muss eben jeden Menschen so nehmen, wie er ist – die guten ebenso wie die schlechten Seiten. Müssen Sie sich jedes Mal kaputtlachen, wenn Ihr Chef irgendetwas sagt, das lustig sein soll? Nein, natürlich nicht. Sie können in diesem Punkt ganz einfach Ihre eigene Entscheidung treffen. Vielleicht denken Sie: *Meine persönliche Integrität ist mir wichtig – die gebe ich nicht auf.* Dafür respektiere ich Sie. Die Entscheidung liegt ganz bei Ihnen. Wenn Sie es schaffen, ein herzhaftes Lachen über Ihre Lippen zu bringen, wird das Ihrer Beziehung zum Chef aber sicherlich nicht schaden.

Kapitel 9

Warum ein grüner Chef am besten für Sie ist

Meiner Erfahrung nach gibt es bei grünen Chefs ein bestimmtes Muster. Das ist ein bisschen kompliziert, denn bei grünem Verhalten geht es um sehr viel mehr als nur um Führung. Wie Sie bereits gesehen haben, tauchen die Grünen lieber in der großen Masse unter, als hervorzustechen und im Rampenlicht zu stehen. Es fällt ihnen ziemlich schwer, Entscheidungen zu treffen, und sie haben nicht sonderlich viel für Veränderungen übrig. Abgesehen davon haben grüne Chefs mehr oder weniger die gleichen Probleme mit Konflikten wie die meisten anderen Grünen.

Aber sie sind herzlicher als die roten Chefs, und das ist eine Eigenschaft, die viele Menschen bei einem Vorgesetzten suchen. Grüne wirken menschlicher, fürsorglicher und sind eher bereit, etwas für andere zu tun. Sie erinnern sich an die Geburtstage ihrer Mitarbeiter und auch an die Geburtstage von deren Partnern; ich hatte sogar mal einen Chef, der sich den Geburtstag meiner Katze gemerkt hat!

Viele Menschen finden diese Charaktereigenschaft anziehend, und das ist ja auch verständlich.

Außerdem stellt der Grüne sein Team stets über sein eigenes Ich. Ihr grüner Chef wird immer versuchen, seine Gruppe zu schützen. Wohlgemerkt: *versuchen*. Es ist keineswegs sicher, dass ihm das auch gelingt, weil es manchmal zu Konflikten mit Vorgesetzten in höheren Positionen führen kann. Aber er wird auf jeden Fall sein Bestes tun.

Damit sind wir beim Thema *Veränderungen*.

Grüne streben stets nach Stabilität. Wenn es Ihnen genauso geht, dann haben Sie und Ihr grüner Chef in Ihrer Arbeitseinstellung etwas Wichtiges gemeinsam. Sie wollen im Grunde genommen beide das Gleiche. Und da grünes Verhalten bei Weitem am verbreitetsten ist, wünschen viele Menschen sich einen Chef, der nicht vorhat, alle sechs Monate alles komplett umzukrempeln. Ein grüner Chef passt also ziemlich gut zu grünen Mitarbeitern.

In bestimmten Unternehmen und Abteilungen findet grüne Führung einen guten Nährboden, während es woanders bereits in der ersten Woche zu Problemen kommen kann.

Manchmal werde ich gefragt, warum grüne Verhaltenstypen mit diesen Eigenschaften überhaupt Chefs werden sollten. Denn Führen bedeutet unter anderem auch, mit Konflikten umzugehen. Und Veränderungen durchzusetzen.

Die Antwort liegt wahrscheinlich darin, dass selbst grüne Menschen ein gewisses Machtbedürfnis haben. Auch dem grünen Verhalten liegt eine individualistische Triebkraft zugrunde, die dazu führt, dass der Grüne sich nach Einfluss sehnt.

Im Lauf der Jahre habe auch ich viele grüne Chefs gefragt, warum sie diesen Posten angenommen haben. Die Antworten variieren; aber ziemlich oft bekomme ich daraufhin zu hören, es sei schwer gewesen, Nein zu sagen; man habe ihnen versprochen, dass sich eigentlich nichts ändern würde – sie würden trotzdem immer noch einer von vielen sein –, und manchmal waren auch finanzielle Erwägungen im Spiel. Grüne Verhaltenstypen sind genauso anfällig für Versuchungen wie wir alle.

Und manchmal denke ich, dass die Grünen es einfach nicht geschafft haben, rechtzeitig abzuhauen, als die Frage aufkam, wer diese leitende Position denn nun übernehmen soll.

Wie bringen Sie Ihren bequemen grünen Chef dazu, all die vielen unangenehmen, aber doch so wichtigen Entscheidungen zu treffen?

Die Antwort läuft eigentlich auf das Gleiche hinaus wie bei den vorigen beiden Farbprofilen – wie kann man sein eigenes Verhalten ein bisschen an das des Chefs anpassen? Wenn Sie es schaffen, sich auf halbem Weg zu treffen, muss dieser Anpassungsprozess gar nicht so drastisch sein.

Nun kommen meine Vorschläge, wie Sie das erreichen und zu einer flexiblen Zusammenarbeit mit Ihrem grünen Chef gelangen können. Und wie Sie ihm dabei helfen können, Entscheidungen zu treffen (was vielleicht tatsächlich eine der schwierigsten Herausforderungen im Umgang mit einem grünen Vorgesetzten sein wird).

Sehen Sie den Menschen hinter dem Titel!

Genau wie dem gelben Vorgesetzten sind auch einem grünen Chef Beziehungen sehr wichtig. Der Unterschied besteht lediglich darin, dass der gelbe Chef sich einfach jemand anderem zuwendet, wenn die Chemie zwischen Ihnen beiden nicht stimmt, während der grüne Chef in so einer Situation vielleicht ein schlechtes Gewissen haben wird. Natürlich sind Sie nicht für das Wohlergehen Ihres Vorgesetzten zuständig, aber schließlich ist es doch auch in Ihrem Interesse, einen zufriedenen Chef zu haben, oder nicht?

Das bedeutet, dass Sie Ihren Chef nicht nur als Vorgesetzten, sondern auch als Menschen sehen sollten. Wenn Sie einmal eine andere Meinung zu einem Thema haben als er, sollten Sie nicht einfach sagen: »Sie sind der Chef, also haben Sie zu entscheiden.« Das ist nicht das, was ein grüner Chef will. Solche Vorgesetzte möchten als Teil des Arbeitsteams, als einer von vielen gesehen werden.

Sie werden sich nicht aufs hohe Ross setzen und würden nicht mal im Traum daran denken, die Chefkarte auszuspielen, wenn Sie in irgendeinem Punkt anderer Meinung sind. Sie wollen das Problem in gegenseitigem Einvernehmen lösen. Und Ihre Meinung zu dem Thema ist ihnen wichtig. Sie wollen, dass auch Sie sich mit dem gefassten Entschluss wohlfühlen.

Behandeln Sie Ihren grünen Chef ein bisschen wie einen Freund. Fragen Sie ihn, wie es ihm geht, ob er gestresst ist, ob Sie ihm irgendwie helfen können. Wenn Sie das Gefühl haben, dass es in seinem Privatleben gerade nicht so gut läuft, sollten Sie ihm vielleicht eine Zeit lang zuhören. Das schafft ein gutes Verhältnis und stärkt die Basis für Ihre Zusammenarbeit.

Oder noch einfacher: Denken Sie daran, dass der Grüne kein Chef ist, der auf der anderen Seite des Schreibtischs sitzt – er ist ein Mensch.

Halten Sie sich so weit wie möglich zurück

Wenn Sie mit Ihrem grünen Chef sprechen, sollten Sie alles ein bisschen langsamer angehen lassen. Wenn Sie zum Beispiel einen Veränderungs- oder Verbesserungsvorschlag haben – immer mit der Ruhe! Tragen Sie ihm Ihre Argumente der Reihe nach vor und besprechen Sie sie so beiläufig, als würden Sie einen Urlaub planen.

Achten Sie auf seine Körpersprache. Grüne verbergen ihre Gefühle gern. Aber der Körper macht da nicht mit. Auch wenn die Worte des Grünen nett und freundlich klingen, können Sie beobachten, ob er seine Arme vor der Brust verschränkt, die Stirn in Falten legt und so weiter.

Grüne Chefs verlassen sich auf ihre Gefühle. Sie hören viel auf ihre inneren Signale und versuchen auch, die Stimmung ihres Gesprächspartners zu erfassen. Das braucht Zeit. Dabei kann das eigentliche Gesprächsthema vorübergehend in den Hintergrund treten; das ist bei grünen Verhaltenstypen völlig normal. Das Beste, was Sie tun können, ist, mitzuspielen und den Prozess in seinem eigenen gemächlichen Tempo ablaufen zu lassen.

Was meinen Sie dazu?

Auch wenn Ihnen das verwirrend erscheint – es ist keineswegs sicher, dass Ihr Chef immer seine eigene Meinung äußern wird. Grüne Chefs sind in dieser Hinsicht manchmal sehr zurückhaltend. Vielleicht nicht ganz so reserviert wie die blauen; aber Sie werden die Meinung Ihres grünen Chefs trotzdem nicht so ohne Weiteres erfahren. Dafür gibt es viele Gründe; doch das Beste, was Sie in so einer Situation tun können, ist, Fragen zu stellen.

Stellen Sie offene Fragen, die sich nicht mit einem einfachen Ja oder Nein beantworten lassen.

Statt zu fragen: *Können wir das machen?* – was eine Entscheidung von Ihrem Chef erfordert –, können Sie zum Beispiel fragen: *Welche Vorteile sehen Sie bei meinem Vorschlag?*

Statt zu sagen: *Ich brauche jetzt gleich eine Antwort – können wir mit dem Projekt starten?*, fragen Sie lieber: *Was halten Sie von der Möglichkeit, noch diese Woche mit dem Projekt zu beginnen?*

Auf diese Weise sprechen Sie in völlig neutralem Ton über Ihre Idee. Es wird keine Entscheidung verlangt; niemand bittet den Chef, einen bestimmten Standpunkt zu vertreten. Stattdessen führen Sie mit ihm ein vernünftiges Gespräch über verschiedene Optionen. Es macht keinen Sinn, Druck auszuüben und eine sofortige Entscheidung zu verlangen. Wenn Ihrem Chef nicht danach ist, wird er keine Entscheidung treffen. Wenn Sie versuchen, ihn unter Druck zu setzen, könnte er Sie als Störenfried empfinden, und dann haben Sie sich völlig unnötige Probleme eingehandelt.

Machen Sie sich bewusst, dass an Ihrem Vorschlag nicht unbedingt etwas falsch ist – er steckt sicherlich voller großartiger Verbesserungen. Es geht auch nicht darum, ob der Chef Ihren Vorschlag billigen wird oder nicht; und ich sage auch nicht, dass Sie sich von ihm unterbuttern lassen und eine Ewigkeit auf seine Antwort warten sollen. Es geht vielmehr darum, wie Sie Ihren Chef dazu bringen können, sich wohl in seiner Haut zu fühlen, damit er in der richtigen Stimmung ist, um ernsthaft über Ihre Vorschläge nachzudenken.

Rote Verhaltenstypen verdrehen normalerweise die Augen, wenn ich solche Strategien empfehle. Sie haben keine Zeit. Doch erstens sagt das mehr über das Verhalten der Roten aus als alles andere, und zweitens spielt es keine Rolle, ob Sie Zeit haben oder nicht – nur so können Sie zu Ihrem grünen Chef durchdringen. Das müssen Sie einfach akzeptieren.

Sonst haben Sie ein Problem; denn dann wissen Sie nicht, was Ihr Chef denkt – und das wäre keine besonders gute Ausgangssituation. Es kann sogar sein, dass Ihr grüner Chef Ihnen im Gespräch zustimmt, obwohl er in Wirklichkeit gar nicht Ihrer Meinung ist. Und warum ist er das nicht? Weil Ihr Vorschlag ihm einfach nicht gefällt. Er ist nicht überzeugt davon. Sie haben ihn nicht erreicht.

Hier werden keine Entscheidungen getroffen!

Das hängt eng damit zusammen, was ich bereits im vorigen Abschnitt gesagt habe: Wenn Sie Ihrem Chef nicht seine wahre Meinung entlocken können, werden Sie nicht weiterkommen.

Es kann aber auch passieren, dass man gar keine Antworten erhält. Wenn ich jedes Mal einen Euro bekäme, wenn ein Grüner in einer Besprechung einfach nur herumdruckst und vor sich hin nickt, aber eigentlich nichts sagt, könnte ich meine Familie heute Abend zu einem tollen Essen ausführen.

Aber warum verhalten grüne Chefs sich so? Weil sie nun mal keine klaren Antworten geben. Sie sagen nicht Ja oder Nein. Sie schwingen keine großen Reden darüber, wie großartig sie Ihre Idee finden. Sie sind grün; also murmeln sie irgendetwas vor sich hin und sagen: »Vielleicht.«

Folglich müssen Sie immer wieder nachhaken. Wenn Sie irgendein neues Gerät brauchen, um Ihre Arbeit erledigen zu können – sorgen Sie dafür, dass das alte noch eine Zeit lang funktioniert! Denn Ihr Chef wird solche Neuanschaffungen nicht unbedingt gleich tätigen. Und wenn Sie in eine andere Gruppe versetzt werden möchten – seien Sie sich der Tatsache bewusst, dass das für einen grünen Chef eine schwerwiegende Entscheidung ist, die das Gleichgewicht am Arbeitsplatz völlig durcheinanderbringen könnte.

Also lesen Sie die Überschrift dieses Abschnitts noch einmal.

Akzeptieren Sie, dass das bei einem grünen Chef nun mal so läuft.

Die Lösung besteht darin, am nächsten Tag wiederzukommen. Und am übernächsten. Und eine Woche später vielleicht noch einmal. Je wichtiger die Entscheidung ist, umso länger dauert es, bis man eine Antwort erhält. Schließlich wird Ihr Chef zu einer Entscheidung kommen. Und Sie werden Ihre Antwort erhalten, wenn Sie ihn nicht unter Druck setzen. Denken Sie daran, dass Ihr Vorgesetzter ein Mensch ist, dem seine persönliche Beziehung zu Ihnen sehr wichtig ist. Wenn er Sie für einen Störenfried hält, kann das zu passivem Widerstand vonseiten Ihres Chefs führen; und das wäre eine sehr schwierige Situation. Mehr zu diesem Thema weiter unten.

Sie wissen also nun alles über Ihren grünen Chef – jetzt können Sie loslegen!

Oh nein. Genau wie bei den roten und gelben Vorgesetzten gibt es auch hier noch ein paar weitere Warnhinweise, die Sie beachten sollten.

Ich habe zwar schon einige dieser Stolpersteine erwähnt, doch sicherheitshalber werde ich trotzdem noch ein paar Beispiele dafür anführen, wie man sich bei einem grünen Chef so richtig in die Nesseln setzen kann.

Wie immer besteht das Problem dabei darin, dass man die wahre Reaktion eines Grünen nicht unbedingt erkennt. Deshalb ist es gut zu wissen, was man lieber nicht tun sollte, um sich keine unnötigen Probleme einzuhandeln. Aber wenn Sie lieber Probleme haben *wollen*, können Sie die nächsten Seiten natürlich auch einfach überblättern.

Verwechseln Sie Grün nicht mit Rot!

Hier geht es um den Unterschied zwischen aufgabenorientiert und beziehungsorientiert. Sich mit Feuereifer und aufgeklapptem Laptop in eine Besprechung zu stürzen und einen Punkt nach dem anderen durchzugehen, mag manchen Menschen wie der Inbegriff der Effizienz erscheinen. Und ich gebe zu: Damit spart man tatsächlich eine Menge Zeit. Das Problem ist nur, dass der grüne Chef das Gefühl haben wird, dass da irgendetwas nicht stimmt. Er lässt eine Besprechung lieber ein bisschen ruhiger angehen.

Also lassen Sie sich Zeit und peilen Sie lieber erst mal die Lage. Glauben Sie mir, die Zeit dafür ist gut investiert.

Spielen Sie nicht das Alphatier

Sie haben inzwischen sicherlich schon herausgefunden, dass der rote Verhaltenstyp genau das Gegenteil des grünen ist. Und dominantes Verhalten kann von grünen Typen als bedrohlich empfunden werden. So etwas wird immer wieder zu völlig verfahrenen Situationen zwischen Ihnen beiden führen. Und auch wenn Ihr Chef natürlich die Befugnis hat, Sie in die Schranken zu weisen, sollten Sie lieber von sich aus versuchen, sich ein bisschen zurückzunehmen – zumindest, wenn Sie bei ihm etwas erreichen wollen.

Wenn Sie zu energisch auftreten, besteht die Gefahr, dass Ihr Vorgesetzter Sie in einem sehr negativen Licht sieht. Also halten Sie Ihr Temperament im Zaum und bemühen Sie sich, Ihrem Chef zuzuhören!

Brechen Sie keinen Streit vom Zaun

Dieser Punkt hängt natürlich eng mit dem vorigen zusammen. Dabei geht es jedoch nicht nur darum, wie Sie sich Ihrem Chef gegenüber verhalten, sondern auch um Ihr allgemeines Auftreten in der Gruppe. Ihr grüner Vorgesetzter schätzt Konsens und ruhiges Argumentieren. Zu lautes und dominantes Verhalten wird er nicht nur sich selbst gegenüber, sondern vielleicht auch in anderen Situationen als äußerst negativ empfinden. Schließlich besteht dann die Gefahr, dass Ihr Verhalten zu Konflikten im Team führen könnte, und das ist der Zusammenarbeit nicht unbedingt zuträglich. So etwas sieht ein grüner Chef nicht gern.

Wenn zwei Menschen sich streiten, sind immer beide schuld, werden Sie jetzt vielleicht sagen. Aber manchmal liegt es tatsächlich nur an einem von beiden. Sie könnten sich den Ruf eines schwierigen Menschen und Unruhestifters erwerben, wenn Sie die Mitglieder Ihres Teams ständig provozieren. Ihr grüner Chef wird mehr auf solches Verhalten achten als auf Ihre Leistungen bei der Arbeit.

Verlangen Sie nicht sofort eine Antwort!

Sicherlich haben Sie inzwischen begriffen, worum es geht. Wozu die Eile? Wir haben doch alle Zeit der Welt! Und selbst wenn es manchmal doch ein bisschen eilig sein sollte, wollen grüne Chefs nicht unter Druck gesetzt werden. Sie möchten nicht unter Zwang eine Antwort auf diese oder jene Frage geben. Denn sie müssen alles genau überdenken, und das dauert manchmal ein bisschen länger.

Behaupten Sie nicht (wie manche Autoverkäufer es tun), dass Ihr Vorgesetzter sich jetzt gleich entscheiden müsse, weil es morgen zu spät sei. So etwas funktioniert nicht. Der Kunde wird nicht wiederkommen – und Ihr Chef auch nicht. Sie werden akzeptieren müssen, dass die Denkweise dieser Menschen anders ist als Ihre eigene. Also versuchen Sie, Entscheidungsprozesse so anzugehen, wie ich es oben beschrieben habe, und wappnen Sie sich mit einer gehörigen Portion Geduld.

Sehen Sie es von der positiven Seite: Wenn Sie wirklich einen langen Atem haben, wird der Chef Ihrem Vorschlag wahrscheinlich zustimmen.

Kapitel 10

Warum ein blauer Chef die ultimative Lösung ist

Ich habe schon viele blaue Chefs kennengelernt. Man findet sie oft in technischen Berufen; damit meine ich Berufe, für die man eine Menge Spezialwissen braucht: zum Beispiel in Unternehmen, in denen viele Ingenieure, Ärzte, Anwälte, Buchhalter und IT-Experten arbeiten. Fachleute eben.

Natürlich gibt es auch noch viele andere Arten von Spezialisten; aber was die oben genannten Berufsgruppen so besonders macht, ist, dass es dabei ganz spezielle Spielregeln gibt. Medizinisches Wissen ist das Ergebnis gründlicher Forschung. Juristen müssen sich genau an Gesetze halten. Buchhalter auch. Diese Chefs werden oft anhand ihres Fachwissens und ihrer Kenntnis der Regeln und Vorschriften beurteilt (oder auch *ver*urteilt). Das sind Berufe, in denen der Chef besser Bescheid wissen muss als alle anderen. Früher war das in vielen Berufen so; aber heute wissen die meisten Menschen, dass so etwas nicht möglich ist. Niemand kann über alles genau Bescheid wissen. Außerdem wäre es äußerst unpraktisch, wenn nur der Chef und vielleicht noch ein paar andere Fachleute alles wüssten. Wie sollte man dann bei einem Personalengpass über die Runden kommen?

Doch bei den blauen Chefs ist diese Situation immer noch recht häufig anzutreffen. Sie sind echte Experten. Das ist ein fester Bestandteil ihres Verhaltens. Der Vorteil dabei ist, dass Sie, wenn Sie zu Ihrem blauen Vorgesetzten gehen und ihm eine Frage stellen, eine – sehr detaillierte – Antwort erhalten werden, die garantiert sämtliche Informationen beinhaltet, die Sie brauchen, um weiterarbeiten zu können. Diese Blauen sind ungeheuer präzise und antworten nur, wenn sie auch wirklich alle Fakten parat haben.

Der Vorteil eines blauen Chefs besteht darin, dass die Arbeit bei ihm stets gut strukturiert ist. Das meiste wird wohlgeordnet ablaufen. (Vielleicht nicht unbedingt in einem Affentempo – aber wer sagt denn, dass Tempo alles ist?)

Ihr blauer Chef wird die Vorschriften bis ins kleinste Detail befolgen. Manchmal wird Sie das auf die Palme bringen – nämlich dann, wenn Sie lieber gern ein paar Abkürzungen nehmen würden. Aber in den Fällen, in denen Sie sich genau an die Gebrauchsanleitung halten möchten, ist der blaue Chef Ihr bester Freund.

Ähm … abgesehen von der Tatsache, dass *beste Freunde* etwas ist, was Sie nie sein werden. Das Gleiche gilt übrigens auch für rote Chefs. Beide Typen sind hundertprozentig aufgabenorientiert. Sie kümmern sich nicht um Firmenpolitik und werden nur selten Konflikte am Arbeitsplatz anzetteln oder schüren. Sie kümmern sich ausschließlich um die Aufgaben ihres Unternehmensbereichs und darum, dass das Arbeitsergebnis den Qualitätsstandards entspricht.

Wie kann man dem kritischen Blick eines Chefs entgehen, der so genau auf Details achtet?

Die Frage ist, ob das überhaupt möglich ist. Wenn Sie neu an Ihrem Arbeitsplatz sind und Ihren Job wirklich von der Pike auf lernen möchten, kann ein blauer Chef sehr hilfreich sein: Von ihm werden Sie genau erfahren, wie alles funktioniert.

Doch wenn Sie Ihr eigenes Ding machen möchten, ohne dass sich jemand in Ihre Arbeit einmischt, ist es vielleicht eine gute Idee, sich genau zu überlegen, wie Sie mit Ihrem Chef kommunizieren sollten. Es ist gar nicht so schwierig, ihm Ihre Botschaft zu vermitteln. Denn wir haben es hier mit einem rational denkenden Menschen zu tun, der immer zuhört, wenn er merkt, dass es ein Problem gibt. Manche Blaue sind auch sehr gut darin, Dinge nachzuverfolgen. Daher ist es manchmal schwierig, sich aus seinen Fängen zu befreien, wenn man einmal dort gelandet ist.

Hier ein paar Ideen für den Umgang mit einem blauen Chef:

Seien Sie geradezu lächerlich gut vorbereitet!

Vorbereitet – na klar, werden Sie jetzt vielleicht denken, *ich bereite mich doch immer gut vor.*

Das glaube ich Ihnen aufs Wort. Aber wird Ihr blauer Chef es auch glauben? Hier geht es nicht einfach nur darum, ein paar Papiere von Ihrem Schreibtisch zusammenzuklauben und mit der besten Idee der Welt zu Ihrem Vorgesetzten zu rennen. Nein, es geht darum, dass Sie den gesamten Papierkram dabeihaben, und zwar genau in der richtigen Reihenfolge. Kein noch so kleines Detail darf fehlen. Und warum? Weil Ihr blauer Chef alles bis ins kleinste Molekül infrage stellen wird.

Wenn Sie einen Bericht erwähnen, den Sie irgendwann einmal gelesen haben, wird er Sie fragen, wer diesen Bericht geschrieben hat. Und da er den Bericht durchaus interessant findet, wird er auch wissen wollen, ob der Autor außerdem noch mehr Artikel verfasst hat. Und ob es andere Berichte über dieses Thema gibt, die man zu Vergleichszwecken heranziehen könnte. Und haben Sie den Bericht wirklich in der Originalsprache gelesen? Es könnten Fehler bei der Übersetzung unterlaufen sein. So etwas passiert tatsächlich manchmal.

Bevor Sie behaupten, dass Sie selbstverständlich die Originalfassung gelesen haben, möchte ich Sie daran erinnern, dass Ihr Chef sich nicht so leicht täuschen lassen wird. Er wird Fragen stellen. Also können Sie ebenso gut gleich zugeben, dass Sie kein Japanisch können.

Haben Sie jedes Detail parat!

Dabei geht es im Grunde um das gleiche Prinzip. Was Ihr Chef sucht, ist ein Beweis dafür, dass das, was Sie behaupten, auch wirklich stimmt. Dass Sie wissen, wovon Sie reden. Wenn Sie auf die eine oder andere Detailfrage keine Antwort wissen, ist es völlig in Ordnung, das offen zuzugeben. Sie brauchen auch nicht *schnell* zu antworten; Ihr blauer Chef weiß, dass es Zeit kostet, Informationen vorzubringen, die zu 100 Prozent stimmen. Aber wenn Sie ihm versprechen, sich am nächsten Donnerstag um 14 Uhr wieder bei ihm zu melden, sollten Sie das auch tun. Er hat sich diese Uhrzeit sicherlich bereits in seinem Terminkalender vorgemerkt.

Freilich gibt es auch noch bessere Methoden. Sie könnten zum Beispiel bereits gründliche Arbeit leisten, *bevor* Sie bei Ihrem blauen Vorgesetzten aufkreuzen und ihm Ihre Vision präsentieren. Als Details könnten Sie ihm Zahlen aller Art vortragen. Alle Daten, die so aussehen, als kämen sie aus einer Quelle, die so zuverlässig ist, dass es sich lohnt, ein bisschen genauer hinzuhören.

Ich will nicht sagen, dass Excel die Lösung für alles ist. Aber in dieser Phase Ihres Projekts kann das Programm Ihnen durchaus helfen. Wenn Sie einen Verbesserungsvorschlag haben, erstellen Sie schnell eine Excel-Tabelle und präsentieren Sie sie Ihrem Chef. Zeigen Sie, dass Arbeitsschritt X Ihren Zahlen zufolge 8,7 Prozent weniger Zeit kosten wird als bisher, wenn man ihn mithilfe Ihrer neuen Methode erledigt. Ihr Chef wird begeistert sein. *Dieser Mitarbeiter hat doch tatsächlich immer sofort alle Fakten parat!*, wird er denken.

Ich höre immer wieder, dass blaue Chefs angeblich keine Veränderungen mögen. Dass sie immer wieder die gleiche Straße entlangfahren, auch bei kniehohem Schlamm. Aber das stimmt nicht. Blaue Chefs können sehr wissbegierig sein. Viele Leute übersehen, dass solche Menschen zwar neue Ideen mögen, aber trotzdem Beweise dafür haben möchten, dass das, was der Mitarbeiter vorschlägt, auch wirklich funktioniert. Einfach nur verrückte Ideen in der Gegend herumzuposaunen, die keinerlei Substanz haben – damit werden Sie bei einem blauen Chef nicht weit kommen. Aber wenn tatsächlich eine gute Idee dahintersteckt, dann haben Sie gewonnen.

Bleiben Sie beim Thema

Wenn es eine Agenda gibt, dann halten Sie sich daran. Das ist doch eigentlich ganz einfach, oder nicht? Egal, wie lang die Tagesordnung ist, es ist am besten, sie einzuhalten. Und zwar in der richtigen Reihenfolge. Sie können sie nicht einfach von unten nach oben abarbeiten oder mit Punkt zwei beginnen, obwohl es doch ganz offensichtlich einen Punkt eins gibt. Schließlich wollen Sie ja seriös wirken – wie jemand, der weiß, was er tut.

Ihr blauer Chef wird nur über die Aufgabe sprechen wollen, um die es geht. Alles Drumherum spielt für ihn keine große Rolle. Was Sie am letzten Wochenende gemacht haben oder wo Ihr blauer Chef seinen nächsten Urlaub verbringen wird – all das ist hier nicht von Belang. (Das Gleiche gilt übrigens auch für rote Chefs: Lassen Sie den Small Talk. Damit bringen Sie sich nur in peinliche Situationen.)

Seien Sie gründlich!

Genauigkeit ist ein ähnliches Thema wie die Frage nach den Details. Es ist keine gute Idee, Zahlen abzurunden oder Durchschnittswerte anzugeben. Nur genaue Zahlen sind akzeptabel.

Eine Anzeige in einer Zeitung kostet *ungefähr 2500 schwedische Kronen*? Was für ein Quatsch! Sie kostet 2487 Kronen. Plus Mehrwertsteuer sind das genau 2733 Kronen.

Das Gleiche gilt natürlich auch für die Art, wie Sie Ihre Arbeit machen. Gründlichkeit wird Ihr blauer Chef immer zu schätzen wissen. Wenn Sie zeigen, dass Sie wirklich sämtliche Aspekte eines Vorschlags genau durchdacht haben (nicht nur die wichtigsten), wird er Ihnen das sehr positiv anrechnen. Und natürlich haben Sie auch alle möglichen Risiken berücksichtigt, die sich negativ auf das Projekt auswirken könnten. Sie gehen nicht einfach davon aus, dass alles klappt, sondern haben aktiv nach Schwachstellen gesucht und allen Problemen, die möglicherweise auftauchen könnten, einen Riegel vorgeschoben.

> ***Muss das wirklich sein?****, werden Sie jetzt vielleicht denken –* ***die meisten Dinge, über die man sich Sorgen macht, passieren doch sowieso nie****.*

Das weiß ich. Und Ihr blauer Chef weiß es wahrscheinlich auch. Aber er erwartet trotzdem eine Risikobeurteilung für alles, was schiefgehen könnte.

Vorsicht ist die Mutter der Porzellankiste.

Bleiben Sie mit den Füßen auf dem Boden!

Wie alle blauen Verhaltenstypen wollen auch blaue Chefs keine verrückten Pläne darüber hören, wie man zum Weltmarktführer werden und seine Konkurrenz für immer vernichten kann. Sie sind Realisten. Sie wollen wissen, was machbar ist.

Jetzt wissen Sie alles über Ihren blauen Chef!

Fehlanzeige! Auch diesmal nicht. Es gibt noch ein paar weitere sehr wichtige Eigenschaften an Ihrem blauen Vorgesetzten, auf die Sie vorbereitet sein müssen, um nicht ins Fettnäpfchen zu treten. Der blaue Chef kann nämlich ziemlich kompromisslos sein und ein sehr strenges Urteil über Sie fällen, wenn Sie einen – in *seinen* Augen – zu großen Fehler begehen. Also schauen wir uns lieber noch ein paar weitere wichtige Punkte an.

Nachlässigkeit und schlechte Organisation – unverzeihlich!

Wahrscheinlich haben Sie inzwischen schon begriffen, was Ihr blauer Chef von Nachlässigkeit hält. Blaue Verhaltenstypen erwarten in jeder Hinsicht Präzision, und es ist für sie tatsächlich schwer zu verstehen, dass nicht jeder so denkt wie sie. Da Ihr blauer Vorgesetzter immer alles, was er tut, doppelt oder vielleicht sogar dreifach überprüft, kann er von Ihnen doch wohl das Gleiche erwarten.

Außerdem haben blaue Chefs normalerweise ein geradezu unheimliches Talent dafür, Dinge nachzuverfolgen. Das hängt ein bisschen davon ab, ob im Farbprofil Ihres blauen Vorgesetzten auch etwas Grün enthalten ist – denn blau-grüne Chefs gehen normalerweise nicht allzu streng mit ihren Mitarbeitern um. Doch bei einem blau-roten Vorgesetzten müssen Sie damit rechnen, dass er jeden Ihrer Schritte genau überwacht.

Wenn Sie eine Präsentation halten, sollte sie sehr übersichtlich, gut durchdacht und vor allem korrekt sein. Wenn Sie ein bisschen nachlässig mit den Fakten umgegangen sind, wird die Beurteilung sehr streng ausfallen. Und wenn Sie nicht alle Anhänge, wichtigen Hintergrundinformationen (und sonstiges relevantes Material) angehängt haben, sollten Sie sich auf eine erbarmungslose Kritik gefasst machen.

Leider wird Ihr blauer Chef diese warnenden Anzeichen schlampiger Arbeit nie wieder vergessen. Sie werden also für längere Zeit unter besonders strenger Aufsicht stehen, wenn Sie zu unordentlich gearbeitet haben. Wenn Sie wollen, dass Ihre Beziehung zu Ihrem Chef reibungslos funktioniert (wobei der Wunsch nach Harmonie teilweise natürlich auch von Ihrem eigenen Farbprofil abhängt), sollten Sie in Zukunft lieber ein bisschen mehr Zeit in Ihre Vorbereitung investieren.

Machen Sie Ihrem Chef klar, dass Termine wichtig sind!

Manchmal braucht man eine Antwort von seinem Chef. Ich glaube nicht, dass Sie ohne Weiteres Aufgaben nach oben delegieren können, wenn Ihr Vorgesetzter ein blauer Verhaltenstyp ist. Blaue Chefs sind pedantisch, und Delegieren funktioniert nun mal nicht von unten nach oben. Aber manchmal werden Sie trotzdem irgendetwas von Ihrem Chef brauchen – vielleicht irgendeine Entscheidung oder eine Antwort auf eine Frage. Möglicherweise handelt es sich dabei um eine Information, die Sie brauchen, bevor Sie mit einem Projekt anfangen können; oder Sie wollen einfach nur wissen, worin Ihre neue Aufgabe besteht.

Jetzt wird es ein bisschen verzwickt. Ihr blauer Chef weiß, was er tut. Er hat das, worauf Sie warten, garantiert nicht vergessen. Solche Chefs vergessen nur sehr selten etwas. Entweder ist Ihr Anliegen für Ihren Vorgesetzten nicht wichtig genug oder er *will* Ihre Frage einfach nicht beantworten. Das kann natürlich auch damit zusammenhängen, was für Triebfedern Ihr Chef hat; aber im Grunde wird er so etwas nur selten vergessen.

Es kann natürlich auch sein, dass Sie ihn nicht auf die Dringlichkeit dieser Angelegenheit hingewiesen haben. Vielleicht hat Ihr Chef seine eigene Agenda, die für ihn Vorrang hat, und Ihre Anliegen stehen ganz unten auf seiner Liste.

Das Beste, was Sie in so einer Situation tun können, ist zu fragen: Warum die Verzögerung?

Aber achten Sie nach Möglichkeit darauf, Ihren Chef nicht zu stressen. Denn das wird ihm gar nicht gefallen. »Zeit« ist ein relativer Begriff, und es ist nun mal eine Tatsache, dass alles seine Zeit braucht. Mit einem blauen Chef müssen Sie darüber verhandeln, welcher Termin sinnvoll ist, und zwar gleich von Anfang an. Wenn Sie sich auf einen bestimmten Termin einigen, gibt es kein Problem. Sie werden Ihre Antwort rechtzeitig erhalten.

Seien Sie nur ja nicht rührselig oder sentimental!

Einmal befand sich ein Mann mit seiner Frau auf dem Weg zur Entbindungsstation, da ihr erstes Kind unterwegs war. Sie hatten es nicht eilig; sie lagen gut in der Zeit. Am Eingang des Krankenhauses traf der werdende Vater – nervös und ein bisschen weggetreten vor lauter Verzückung – auf seinen blauen Chef, der gerade auf dem Weg nach draußen war. Dieser hatte nämlich gerade sein *viertes* Kind bekommen und war nun mit seiner Frau und dem neugeborenen Baby auf dem Heimweg. Man könnte erwarten, dass sie ein paar Worte miteinander wechseln würden. Keiner von beiden hatte es besonders eilig. Und der Chef wusste sehr wohl, dass dieser Mann jetzt gleich zum ersten Mal Vater werden würde. Sie hatten mehrere Jahre lang zusammengearbeitet.

Und was glauben Sie, was dieser Chef zu seinem Mitarbeiter sagte, als sie sich am Eingang trafen?

»Hallo!«

Das war alles.

Blaue Chefs sind nicht allergisch gegen Menschen im Allgemeinen und haben auch nichts gegen irgendeinen bestimmten Kollegen im Besonderen. Sie haben einfach nur kein Interesse an sozialen Kontakten. Eigentlich wäre es in so einer Situation normal gewesen, kurz stehen zu bleiben und über das neugeborene Baby zu plaudern, zu fragen, wie es der Mutter gehe, ob sie aufgeregt seien und den werdenden Eltern vor allem zu versichern, dass schon alles gut klappen werde. Logisch – aber nicht für einen blauen Chef.

Hallo! musste genügen. Auf keinen Fall hätte er über sein eigenes neugeborenes Baby gesprochen. Das war seine Privatangelegenheit.

Beziehungsmenschen kommt so etwas seltsam vor. Zumindest in Schweden, wo wir unsere Chefs normalerweise mit Vornamen anreden. Wir sind eher locker und zwanglos. Es ist wirklich nichts Ungewöhnliches daran, einfach Hallo zum Unternehmenschef zu sagen. Aber blaue Vorgesetzte interessieren sich nicht für so etwas. Und sie finden nicht nur *Sie* uninteressant. Wir alle sind außerhalb der Arbeit ziemlich uninteressant für so einen Chef.

Genau wie die roten Vorgesetzten haben auch ihre blauen Pendants – oder zumindest einige von ihnen – gelernt, zu lächeln, zu nicken und so zu tun, als würden sie sich am allgemeinen Small Talk beteiligen. Aber das wollen sie nicht. Es kümmert sie nicht, ob Sie ein neues Kätzchen haben. Nichts könnte Ihren blauen Chef weniger interessieren als die Fortschritte, die Ihre Kinder in der Schule machen. Und falls Sie vorhaben, ihm Fotos Ihres Nachwuchses zu zeigen – viel Glück! Damit will ich nicht sagen, dass das Ihrer Karriere unbedingt schaden würde; aber Ihrem blauen Chef wäre dabei wahrscheinlich äußerst unwohl zumute. Denn er weiß: Wenn Sie Fotos von Ihren Kindern zeigen, wollen Sie auch welche von *seinen* Kindern sehen. Wenn Sie solche für Ihren Chef unangenehmen

Situationen vermeiden können, wird Ihre berufliche Beziehung sehr viel reibungsloser ablaufen.

Bleiben Sie Ihrem Vorgesetzten gegenüber stets auf dieser Ebene: professionell.

Kapitel 11

Was die vier Farben nicht zeigen: Die Beweggründe für unser Verhalten

Manchmal stoße ich auf Kritik, wenn ich über Marstons Untersuchungen und das DISG-Modell spreche. Manche Leute sehen das anders als ich und behaupten, dafür gebe es keine wissenschaftlichen Beweise. Andererseits ist die Psychologie generell keine besonders umfassende Wissenschaft. Um menschliches Verhalten zu erklären, muss man auch noch andere Disziplinen heranziehen: Soziologie, Neurowissenschaften, Molekulargenetik, Pharmakologie, Psychiatrie, Linguistik, Anthropologie, Pädagogik, Wirtschaftswissenschaften und wahrscheinlich auch noch eine ganze Menge anderer Fachgebiete. Manche Menschen haben das Gefühl, dass bei meinen Ausführungen irgendetwas fehlt. Und manche werden dann sogar ziemlich wütend – *so einfach kann es doch nicht sein!*

> *Sie haben da etwas übersehen. Menschen lassen sich nicht in so einfachen Kategorien beschreiben. Natürlich gibt es mehr als vier Verhaltenstypen. Es ist falsch, Leute auf diese Weise in Schubladen zu stecken.*

Worum geht es bei diesen skeptischen Kommentaren?

Manchmal bekomme ich zu hören (und zwar ziemlich oft von Psychologen und anderen Leuten mit akademischen Qualifikationen), dass dieses System nicht funktioniert. Dass es viel zu einfach ist. Dass es mehr als nur vier Verhaltenstypen gibt.

Meine Antwort lautet: ja, natürlich. Weder Marston noch ich haben jemals behauptet, dass es nur vier verschiedene Verhaltenstypen gibt. Aber die vier Basisfarben haben Einfluss darauf, wer wir sind. Und diese Farben können – wie gesagt – auf viele verschiedene Arten miteinander kombiniert sein. Mit diesem System kann man also Tausende verschiedener Verhaltensvarianten beschreiben. Sie erinnern sich sicherlich noch an das Beispiel mit dem Kuchen?

Wenn man untersucht, welche Farbe(n) jemand in seinem Profil hat, führt das oft zu etwas anderen Folgefragen. Wenn ich zum Beispiel bei den Mitarbeitern eines ganzen Unternehmens Analysen durchgeführt habe, kommen die Leute mit ihren Berichten in der Hand zu mir und wollen darüber reden. Oft finden sie das alles ziemlich interessant und faszinierend; manchmal sind sie aber auch ein bisschen perplex.

Eine Frage, die ich oft zu hören bekomme, lautet, wie es denn sein kann, dass zwei Personen mit sehr ähnlichen Profilen manchmal trotzdem so einen unterschiedlichen Eindruck machen. Zum Beispiel werden zwei gelb-rote Verkäufer von ihren Mitmenschen vielleicht als völlig verschiedene Persönlichkeiten wahrgenommen. Zwar kommunizieren sie tatsächlich ziemlich ähnlich; aber trotzdem stimmt da etwas nicht – irgendetwas passt einfach nicht. Es *fühlt sich falsch an*, dass beide die gleichen Verhaltensprofile haben sollen.

Damit haben diese Skeptiker wahrscheinlich recht.

Die Antwort auf diese Frage liegt sehr oft in den unterschiedlichen inneren Antrieben dieser Menschen. Denn diese beiden kleinen Teufelchen kommen vielleicht nicht aus dem gleichen Grund zur Arbeit.

Das, was unter der Oberfläche liegt – und uns alle aufs Glatteis führt

Eine Triebfeder (auch als »innerer Antrieb« bezeichnet) ist das, was einen Menschen dazu bringt, morgens aufzustehen, zur Arbeit zu gehen und sein Bestes zu geben – tagein, tagaus, Jahr für Jahr.

Etwas vereinfacht könnte man sagen, dass es dabei um die verschiedenen Motivationsfaktoren von Menschen geht.

Oder noch einfacher: um die Antwort auf die Frage »Warum?«.

Warum sind Sie überhaupt bereit, sich Mühe zu geben?

Warum wollen Sie ein bisschen mehr tun, als unbedingt notwendig ist?

Warum ist es Ihnen wichtig, gerade bei dieser Sache Erfolg zu haben?

Oder manche Leute könnte man vielleicht auch fragen: *Warum* ist dieses Kapitel für Sie völlig uninteressant?

Diese Triebfedern eines Menschen können sich im Lauf der Zeit ändern. Schließlich verändern sich ja auch die Zeiten und Lebensumstände – und damit eben auch die Gründe, warum man irgendetwas tut. Je nachdem, wo man in seinem Leben gerade steht, räumt man bestimmten Dingen vielleicht unterschiedliche Prioritäten ein.

Ein Beispiel: Wenn Sie nicht viel Geld haben, träumen Sie vielleicht davon, Millionär zu werden. Daran ist nichts auszusetzen. Aber angenommen, Sie gewinnen tatsächlich im Lotto. Plötzlich sind Sie finanziell unabhängig. Jetzt ist Geld vielleicht nicht mehr so wichtig für Sie. Man könnte sagen, dass Sie in dieser Hinsicht Ihre Schäfchen im Trockenen haben. Also lassen Sie es bei der Arbeit jetzt ein bisschen ruhiger angehen und fangen an, Ihre Zeit für andere Dinge zu investieren – vielleicht für etwas, wovon Sie schon immer geträumt haben, was Sie sich aber nie leisten konnten. Vielleicht möchten Sie gerne Bilder malen oder Sie haben so viel Geld gewonnen, dass Sie eine Karriere als Philanthrop beginnen und Geld für Obdachlose spenden wollen.

Nichts davon ist besser oder schlechter als irgendetwas anderes. Wir setzen eben einfach andere Prioritäten, je nachdem, in was für einer Lebensphase wir gerade stecken.

Unser Bedürfnis nach Sicherheit und Stabilität nimmt zu, wenn wir Kinder bekommen, aber vielleicht auch wieder ab, wenn unsere Kinder erwachsen werden und aus dem Haus gehen. Jetzt können wir uns wieder ein bisschen mehr entspannen.

Ihre Triebfedern variieren also, je nachdem, wo Sie in Ihrem Leben gerade stehen. Aber die Farben Ihres Verhaltensprofils verändern sich nicht von Lebensphase zu Lebensphase.

Im Grunde genommen sind die Triebfedern eines Menschen das, wofür sein Herz schlägt. Es sind die Dinge, die uns wirklich etwas bedeuten. Jedes Mal wenn wir eine Aufgabe erhalten, die zu einem unserer Motivationsfaktoren passt, bringt das Leidenschaft und neue Energie in unser Leben. Wir alle wollen aus bestimmten Gründen unser Bestes geben, und wir werden besser arbeiten, wenn unsere Aufgabe mit unseren wichtigsten inneren Antrieben übereinstimmt. Deshalb ist es eine gute Idee, seine eigenen Triebfedern zu kennen und zu verstehen.

Testen wir wirklich die richtigen Eigenschaften eines Bewerbers?

Individuelle Tests und Analysen – zum Beispiel bei der Rekrutierung von Mitarbeitern – gibt es schon lange. Sie reichen bis in die Zeit vor dem Ersten Weltkrieg zurück. Seit den 1920er-Jahren werden solche Tests sehr häufig eingesetzt, und nach und nach wurden sie immer ausgefeilter und somit auch genauer.

Bei der Einstellung von Mitarbeitern achten die meisten Arbeitgeber zuallererst auf Erfahrung und Kompetenz. An nächster Stelle kommen die Verhaltensweisen und Triebfedern eines Kandidaten.

Meiner Meinung nach sollte es genau umgekehrt sein.

Wenn es einem Mitarbeiter an Kompetenz fehlt, können wir ihn problemlos schulen. Wir können unternehmensinterne Kurse organisieren. Außerdem gibt es andere Personen, die wissen, was zu tun ist. Wahrscheinlich haben wir sogar schon jemanden mit diesem Fachwissen im Haus.

Aber wenn ein Mitarbeiter Werte (und somit innere Antriebe) hat, die nicht mit Ihren Wertvorstellungen oder denen Ihres Unternehmens übereinstimmen, kann kein Kurs und keine Schulung der Welt etwas daran ändern. Solche Menschen werden einfach durch andere Dinge motiviert als Sie und der Rest der Belegschaft, und das kann auf lange Sicht bei allen Beteiligten Stress verursachen.

Und was ist mit Ihnen: Warum haben Sie dieses Buch zur Hand genommen?

Nehmen wir zum Beispiel dieses Buch. Natürlich freue ich mich darüber, dass Sie beschlossen haben, es zu lesen. Doch eigentlich interessiert mich der Grund, warum Sie *gerade dieses Buch* ausgewählt haben. Es gibt nämlich viele Gründe, aus denen jemand mein Buch lesen könnte; und wie zufrieden Sie damit sein werden, hängt zumindest teilweise davon ab, ob Ihre Beweggründe tatsächlich zum Inhalt des Buches passen.

- Vielleicht lesen Sie es, weil Sie denken, dass neue Informationen stets spannend sind, weil Sie daraus etwas Neues lernen wollen, weil Sie Dinge erfahren werden, von denen Sie vorher nichts wussten. Wissen an sich ist schon eine ausreichende Belohnung dafür, dass Sie vier oder fünf Stunden Ihrer Jugend in die Lektüre dieses Buches investieren. Wenn Sie nach rund 400 Seiten immer noch kein bisschen schlauer sind, war das Buch für Sie völlig nutzlos.

- Jemand anders liest das Buch vielleicht, weil er den Inhalt für nützlich hält. Er möchte dieses Wissen zum Beispiel nutzen, um so gut in seinem Job zu werden, dass er eine saftige Gehaltserhöhung aushandeln kann. Wenn er den Inhalt des Buches in seinem praktischen Arbeitsalltag nicht nutzen kann, dann hat er einige Stunden seiner kostbaren Zeit verschwendet. Das ist nicht gut.

- Eine dritte Person liest das Buch vielleicht im Rahmen ihres persönlichen Entwicklungsprozesses. Sie möchte ein besserer Mensch werden. Wenn dieser Leser sich (entweder als Kollege, als Mitarbeiter oder in seiner Führungsrolle) nicht weiterentwickelt, nachdem er viele Stunden seiner Zeit in die Lektüre des Buches investiert hat, wird er enttäuscht sein.

- Eine vierte Person könnte das Buch als hilfreiche Lektüre betrachten. Ein Chef zum Beispiel kann mit den Informationen, die es enthält, tatsächlich vielen Menschen helfen. Wenn sich allerdings herausstellen sollte, dass niemand die auf dem Inhalt dieses Buches beruhenden guten Ratschläge, die er anderen Leuten gibt, nutzt oder dass sie niemandem helfen, dann landet das Buch im Papierkorb.

- Leser Nummer fünf könnte das Buch als wichtige Hilfestellung sehen, um in seiner Karriere vorwärtszukommen. Denn wenn man die zwischen den beiden Buchdeckeln steckenden Erkenntnisse nutzt, kann man damit nicht nur Geld verdienen, sondern sogar befördert werden. Wenn sich jedoch herausstellt, dass im Leben des Lesers aufgrund der Ratschläge in meinem Buch alles schiefgeht und er deshalb vielleicht sogar Gefahr läuft, in seiner Firma degradiert zu werden, dann wird das Buch von ihm eine sehr schlechte Bewertung erhalten. (Oft schreiben solche Leute dann sogar wütende E-Mails an den Autor.)

- Es gibt auch Menschen, die dieses Buch lesen und finden, dass das, was ich da schreibe, ihren eigenen Wertvorstellungen entspricht: *Dieser Autor scheint zu verstehen, wie man im Leben die richtigen Prioritäten setzt!* Aber wenn unsere Wertvorstellungen in irgendeinem Punkt – zum Beispiel bei der Frage nach der richtigen Führung – miteinander kollidieren, wird das Buch bei ihm nicht gut ankommen. *Der Autor hat einfach nicht verstanden, worauf es ankommt – warum also sollte ich auf ihn hören?*

Alle Leser brauchen ungefähr die gleiche Zeit für die Lektüre. Auch der Inhalt ist derselbe – unabhängig davon, wer es liest. Aber jeder zieht einen anderen Nutzen aus seiner Lektüre. Berücksichtigt man, dass zusätzlich auch noch jeder eine andere Motivation und ein anderes Verhaltensprofil hat, so wird klar, dass jeder Mensch dieses Buch mit etwas anderen Augen betrachten wird. Und um die Sache noch komplizierter zu machen: Wahrscheinlich wurden Sie von *zwei* der oben genannten sechs Gründe dazu angetrieben, dieses Buch zu lesen.

Die drei Ebenen unserer Triebfedern

Man kann die Triebfedern oder inneren Antriebe eines Menschen auf unterschiedliche Weise betrachten. Im Grunde gibt es dabei drei verschiedene Ebenen zu berücksichtigen.

Es gibt *persönliche Triebfedern*, die tief im Innersten eines Menschen verankert sind. Grundwerte, die er über einen langen Zeitraum erlernt hat, weil er sie mit etwas Positivem assoziiert. Dinge, die ihm ein sofortiges Gefühl der Befriedigung geben.

Wenn wir von *externen Wertvorstellungen* beeinflusst werden, also solchen, die von außen kommen – zum Beispiel von Werten, die in dem Unternehmen, in dem wir arbeiten, eine wichtige Rolle spielen –, werden unsere eigenen Triebfedern dadurch schwächer. Solche äußeren Werte sind zwar auch wichtig, aber nicht so wichtig wie diejenigen, die von innen kommen. Wir können sehr wohl mit etwas einverstanden sein, was alle anderen sagen; aber das, was aus dem innersten Wesenskern eines Menschen kommt, wird für ihn immer an erster Stelle stehen.

Wenn die Triebfedern und Werte Ihres Unternehmens mit Ihren persönlichen inneren Antrieben übereinstimmen, können sie eine sehr starke Motivation für Sie darstellen. Doch wenn das nicht der Fall ist, entsteht ein Konflikt zwischen dem, was Ihnen persönlich am Herzen liegt, und dem, was anderen Leuten wichtig ist. Plötzlich herrscht keine Einigkeit mehr. Auch wenn ich verstehe, warum das, wofür mein Unternehmen steht, wichtig ist, und die Logik darin erkenne, muss es mich deshalb noch lange nicht ansprechen. So entstehen Reibungsflächen.

Und dann gibt es auch noch die *inaktiven* oder *latenten Triebfedern*. Sie liegen tief in unserem Inneren, und manchmal werden sie uns erst dann bewusst, wenn wir in eine bestimmte Situation geraten. Manchmal liegen sie ein halbes Leben lang direkt unter der Oberfläche auf der Lauer, bis sich die richtige Gelegenheit ergibt, um an die Oberfläche zu kommen. Und manchmal verdrängen wir sie sogar – absichtlich oder unabsichtlich.

Wenn Sie schon mal jemanden kennengelernt haben, der seiner beruflichen Karriere eine ganz andere Richtung gegeben, seinen Lebensstil drastisch verändert oder plötzlich sein ganzes Hab und Gut verkauft hat, um »sich selbst zu verwirklichen« – nun, dann hat dieser Mensch in seinem Inneren irgendetwas entdeckt, von dem er vorher nichts wusste. Manche Dinge brauchen lange, um heranzureifen.

Was für Triebfedern gibt es?

Es gibt viele innere Antriebe. Im allgemeinen Leben gibt es alle möglichen Gründe, warum uns etwas wichtig sein kann: Liebe, Sex, Macht, Geld und so weiter. Doch wenn wir uns die Untersuchungen von Eduard Spranger über unsere Triebfedern im Arbeitsleben anschauen, könnte man sagen, dass es im Grunde sechs verschiedene Triebfedern gibt:

Theoretische Triebfeder – die Leidenschaft für Wissen und Wahrheit

Das ist die leidenschaftliche Begeisterung dafür, etwas zu lernen – sich mehr Wissen anzueignen. Ein Mensch mit diesem inneren Antrieb nimmt normalerweise eine denkende Haltung ein. Meist beurteilt er Dinge und Umstände nicht nach ihrem äußeren Erscheinungsbild oder ihrem Nutzen, sondern versucht, die größeren Zusammenhänge zu verstehen und Schlüsse daraus zu ziehen. Da ein Mensch mit einer starken theoretischen Triebfeder normalerweise kritisch und rational denkt und seine Urteile auf Erfahrungen stützt, wird er nicht selten als intellektuell wahrgenommen. Möglicherweise hat er auch ein großes Interesse daran, Wissen zu systematisieren.

Utilitaristische Triebfeder - die Leidenschaft für alles Nützliche

Die utilitaristische Triebfeder äußert sich in Form eines großen Interesses an Geld und anderen praktischen und nützlichen Dingen. Für solche Menschen spielt die Sicherheit und Freiheit, die wirtschaftliche Güter ihnen bringen können, eine wichtige Rolle – sowohl für sich selbst als auch für ihre Familie, wenn sie eine haben. Personen mit einem starken utilitaristischen Antrieb haben normalerweise großes Verständnis für kommerzielle Aktivitäten. Materielle Dinge und Statussymbole sind ihnen oft sehr wichtig.

Ästhetische Triebfeder - die Leidenschaft für Harmonie und Ausgewogenheit

Menschen mit einer starken ästhetischen Triebfeder haben normalerweise großes Interesse an Form und Harmonie: Sie schätzen Objekte, Erlebnisse und Ereignisse aufgrund ihrer ästhetischen Qualitäten und ihres Designs. Solche Menschen können besondere Details wahrnehmen und wertschätzen, die andere Leute normalerweise übersehen. Eine starke ästhetische Triebfeder bedeutet nicht unbedingt, dass jemand selbst ein künstlerisches Talent hat; aber er ist zumindest empfänglich für Ästhetik, schöne Objekte, Ausgewogenheit und Harmonie.

Soziale Triebfeder – die Leidenschaft, anderen Menschen zu helfen

Personen mit einer starken sozialen Triebfeder zeigen normalerweise echtes Interesse an anderen Menschen: Sie wissen ihre Mitmenschen zu schätzen und werden im Allgemeinen als freundlich, sympathisch und selbstlos wahrgenommen. Allerdings haben sie nicht unbedingt immer einen guten Draht zu Menschen mit einer starken theoretischen, utilitaristischen oder ästhetischen Triebfeder, weil sie diese manchmal als etwas zu kalt und hart empfinden. Im Gegensatz zu Personen mit individualistischer Triebfeder ist jemand mit einer sozialen Triebfeder der Meinung, dass wir dafür da sind, uns gegenseitig zu helfen. Menschen mit überwiegend sozialem inneren Antrieb neigen oft von Natur aus dazu, sich für andere aufzuopfern.

Individualistische Triebfeder – die Leidenschaft für den eigenen Erfolg

Menschen mit dieser Triebfeder interessieren sich in erster Linie für irgendeine Form von Macht – und damit ist nicht unbedingt politische Macht gemeint. Wissenschaftlichen Untersuchungen zufolge haben Führungskräfte – egal in welchem Lebensbereich – eine relativ starke individualistische Triebfeder. Viele Philosophen sind der Meinung, dass Machtstreben der universellste und elementarste innere Antrieb ist, da Kampf und Wettbewerb in mehr oder weniger hohem Ausmaß in allen Lebensbereichen zu finden sind. Bei manchen Menschen ist diese Eigenschaft besonders ausgeprägt: Sie streben nach persönlicher Macht, Einfluss und Erfolg.

Traditionelle Triebfeder – die Leidenschaft für eine bestimmte Lebensgestaltung

Bei dieser Triebfeder stehen Harmonie und Einheit, Ordnung und ein bestimmtes Lebenssystem oder vielleicht auch eine Tradition im Zentrum. Menschen mit starker traditioneller Triebfeder suchen normalerweise nach einer Art System, nach dem sie leben können – irgendetwas, woran sie glauben und was ihnen Richtlinien dafür bietet, wie sie ihr Leben führen sollten. Das kann ein Glaube sein – nicht unbedingt ein religiöser Glaube, sondern vielleicht auch eine innere Überzeugung, die einen anderen Lebensbereich betrifft. Es kann eine Religion, eine politische Partei oder irgendeine andere Weltsicht sein, die einem klare Regeln und Prinzipien dafür vorgibt, wie man leben sollte.

Das sind die wichtigsten Triebfedern, die es gibt. Man kann diese sechs verschiedenen inneren Antriebe aber auch noch in zwei Unterkategorien einteilen: starke und schwache.

Eine Frage des Gewissens

Ihre persönliche Kombination aus diesen Triebfedern ist mitentscheidend dafür, wie Sie das, was Ihnen in Ihrem täglichen Leben begegnet, bewerten und wie Sie das, was Sie sehen und hören, interpretieren.

Je nachdem, worin die beiden stärksten inneren Antriebe der Menschen bestehen, werden sie ihre Arbeit auf unterschiedliche Weise erleben. Und sie werden auch sehr unterschiedlich auf den Führungsstil ihres Chefs reagieren – vor allem dann, wenn bei ihm andere Motivationsfaktoren im Vordergrund stehen als bei einem selbst.

War Ihnen schon vor der Lektüre dieses Textes bewusst, worin Ihre stärksten Triebfedern bestehen? Liegen Ihrem Denken und Handeln theoretische, ästhetische oder individualistische Motivationsfaktoren zugrunde? Oder werden Sie eher von sozialen, traditionellen oder utilitaristischen Antrieben motiviert? Oder von einer Kombination aus verschiedenen Faktoren? Wenn ja: von *welcher* Kombination? Welches sind Ihre beiden stärksten Triebfedern? Und was genauso wichtig ist: Welches sind Ihre schwächsten? All das hat Auswirkungen darauf, welchen Dingen Sie bei Ihrer Arbeit Priorität einräumen und was Sie motiviert. Hatten Sie schon vor dem Lesen der obigen Ausführungen irgendeine Vorstellung davon, wie sich diese Motivationsfaktoren auf Ihre Einstellung zu Ihrem Job auswirken?

Und nun die allerwichtigste Frage: Hat Ihr Chef sich genügend Mühe gegeben herauszufinden, worin Ihre Triebfedern bestehen, und seinen Führungsstil daran angepasst? Nein?

Wie können Sie einander dann überhaupt richtig verstehen?

Wenn ich Konflikte an Arbeitsplätzen löse, finde ich die Hintergründe dafür fast immer, indem ich die Triebfedern der verschiedenen Akteure analysiere. Und wie immer gilt: Wenn man ein Problem lösen will, muss man zunächst einmal wissen, worin dieses Problem überhaupt besteht.

Welche Motivationsfaktoren treiben Ihren Chef an? Wenn man ihn zum Vorgesetzten gemacht hat, weil er so ergebnisorientiert ist, Sie persönlich aber den Kundenservice für wichtiger halten, bringt es überhaupt nichts, wenn Sie beide ähnliche Farbprofile haben. Es wird Ihnen trotzdem schwerfallen, die Prioritäten des anderen zu verstehen. Manchmal muss man sich eben einfach zusammensetzen und diese Dinge miteinander besprechen.

Kapitel 12

Das Verhaltensprofil des Autors – und was Sie daraus lernen können

Und nun will ich Sie in ein bisher gut gehütetes Geheimnis einweihen und Ihnen eine Frage beantworten, die mir jedes Jahr Hunderte von Malen gestellt wird. Normalerweise gebe ich darauf immer nur vage, ausweichende Antworten. Doch in diesem Buch werden Sie die Wahrheit erfahren.

Nachfolgend sehen Sie zwei Diagramme, die mein Kommunikationsprofil beschreiben.

Das linke Diagramm zeigt mein angepasstes Profil – das heißt, wie ich mich bei der Arbeit verhalte.

Das rechte Diagramm entspricht meinem Grundprofil – wenn ich *nicht* arbeite, habe ich also einen etwas anderen Charakter. Meine wichtigsten Farben sind Rot, Blau und Gelb. Von allen dreien habe ich ziemlich viel, vor allem Rot und Blau und ein bisschen weniger Gelb. Grün ist in meinem Profil so gut wie gar nicht vertreten.

Der Unterschied zwischen den beiden Diagrammen ist – wie Sie sehen – nicht besonders ausgeprägt, aber es *gibt* einen Unterschied. Da das Diagramm auf der rechten Seite mein wahres Ich (ohne jede Anpassung) zeigt, könnte man sagen, dass es dasjenige ist, das *meinem wahren* Wesen am ehesten entspricht.

DISG

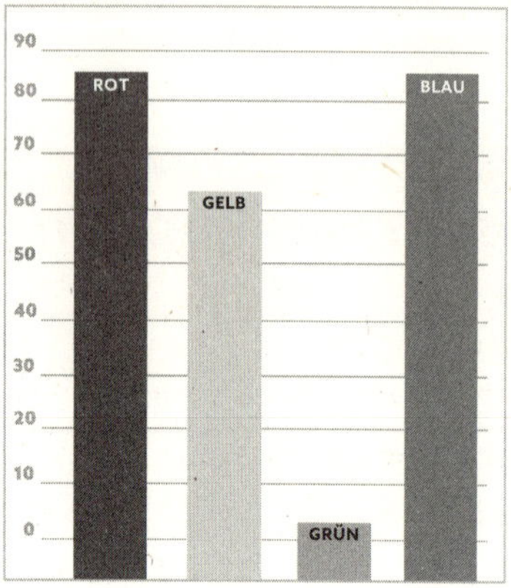

Angepasstes Verhalten

DISG

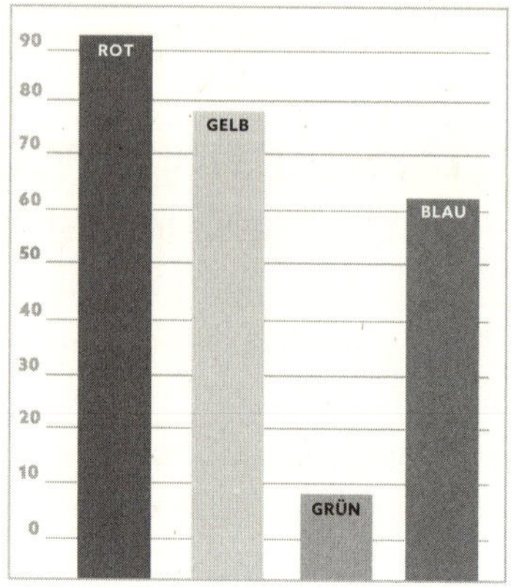

Grundverhalten

Der Unterschied zwischen meiner Persönlichkeit am Arbeitsplatz und im Privatleben

Diesen Diagrammen zufolge bin ich weniger dominant, wenn ich arbeite, aber auch weniger inspirierend. Andererseits denke ich bei der Arbeit analytischer. Was verrät uns das? Eigentlich nicht viel, denn dieser Unterschied sagt nichts darüber aus, ob ich eine Psychotherapie brauche oder nicht. Spaß beiseite: Allzu große Angepasstheit – also ein extremer Unterschied zwischen dem Grundverhalten und dem angepassten Verhalten eines Menschen – kann zu Problemen führen. Oder einfacher ausgedrückt: Es ist gut, wenn ich bei meiner Arbeit so weit wie möglich ich selbst sein kann.

Aber grundsätzlich bringt mein Profil bestimmte Verhaltensweisen mit sich, über die ich mir inzwischen ziemlich gut im Klaren bin: Ich kann furchtbar ungeduldig sein, wenn die rote Farbe bei mir voll durchschlägt; aber ich kann auch ziemlich analytisch (sprich: *langsam*) sein, wenn mein blauer Verhaltensanteil die

Oberhand gewinnt. Fragen Sie meine Frau. Sie hat noch mehr Rot in ihrem Profil als ich – aber kaum Blau.

Manchmal plane ich viel zu viel und suche fast überall nach Denkfehlern und Schwachstellen. Und es gibt immer noch Situationen, in denen ich bei irgendeiner Aufgabe total ins Stocken gerate. Zudem höre ich eigentlich kaum auf das, was andere Menschen sagen, da ich so wenig Grün in meinem Farbprofil habe; denn das strengt mich zu sehr an. Ich bin nicht unbedingt stolz darauf, das zuzugeben, muss aber akzeptieren, dass es eine meiner Schwachstellen ist.

Wie funktioniert so eine Mischung eigentlich?

Die Kombination aus viel Rot und viel Blau macht mich manchmal ein bisschen unsensibel – das ist mir klar. Aber sie hilft mir auch, meine Arbeit richtig zu machen. Vor allem bei meiner Tätigkeit als Berater von Topmanagern. Zum Beispiel, wenn ich den Geschäftsführer eines großen Unternehmens berate (das hört sich verdächtig nach Angeberei an, was natürlich daran liegt, dass auch mein gelber Persönlichkeitsanteil ziemlich hoch ist) und er mich fragt, wie er mit seinem bunt zusammengewürfelten Führungsteam umgehen soll. Solche Leute haben furchtbar wenig Zeit und sind naturgemäß ohnehin schon von Jasagern umgeben. Das Letzte, was sie wollen, ist, viel Geld für einen Berater auszugeben, der einfach nur dasitzt und ihnen zustimmt. Sie wollen die Wahrheit hören. Wenn es ihnen nicht gefällt, dass ich ihnen diese Wahrheit sage, dann kann ich damit leben. Es ist meine Aufgabe, unbequem zu sein.

All das ist eigentlich ganz logisch, und ich bin sicher, dass es Ihnen ähnlich geht. Sie kennen Ihre eigenen Stärken und sind sich mehr oder weniger auch Ihrer Schwachstellen und Stolperfallen bewusst.

Ja, genau, man braucht sich einfach nur selbst zu beobachten und alles zu korrigieren, was nicht gut funktioniert!

Wenn es nur so einfach wäre.

Stellen Sie sich einmal Folgendes vor: Sie geraten immer wieder in eine Situation hinein, die Ihnen nicht gefällt. Oder die kurz davor ist, aus dem Ruder zu laufen. Und Sie wissen genau, wo das Problem liegt. Sie müssen irgendetwas Konkretes tun: etwas daran korrigieren, sich irgendeine Verhaltensweise ab- oder angewöhnen. Sie wissen, was Sie tun müssen, aber es passiert trotzdem nichts.

Und warum?

Ganz einfach: weil Sie es nicht wollen.

Auch wenn ich diese Fähigkeit inzwischen schon sehr viel besser beherrsche, bin ich trotzdem noch lange kein Weltmeister, wenn es darum geht, mich selbst unter Kontrolle zu bekommen. Manchmal weiß ich ganz genau, worin die Lösung für ein bestimmtes Problem besteht – aber irgendwie hilft mir das trotzdem nicht weiter. Ich weiß, dass ich irgendetwas ändern muss. Vielleicht muss ich etwas Neues lernen, auf irgendjemand anderen hören als auf die Leute, auf die ich sonst immer höre. Vielleicht sollte ich auch einfach nur regelmäßig Sport treiben.

Aber heute ist einfach nicht der richtige Tag dafür. Also passiert nichts.

Manchmal haben wir solche Tage: Wir machen einfach so weiter wie bisher, obwohl wir wissen, dass auf diese Weise wahrscheinlich alles schiefgehen wird. Logisch? Nein, nicht im Geringsten. Aber wir sind nun mal Menschen, und unser Gehirn führt uns von morgens bis abends an der Nase herum. Oft tun wir das, was sich in diesem Augenblick am besten anfühlt – und manchmal bedeutet das eben, dass wir uns in unseren Kokon zurückziehen und nicht darauf hören wollen, was unsere Mitmenschen sagen.

In solchen Situationen muss ich mich auf meine inneren Triebfedern besinnen und ernsthaft nachdenken. Meine natürlichen

Verhaltensweisen reichen dann nicht aus. Mein oben beschriebenes Profil, das sich einzig und allein auf vier Farben stützt, wird mir hier nicht weiterhelfen. Ich muss mir also meine Motivationsfaktoren anschauen und überlegen, wie ich die Energie finden kann, die ich brauche, um weiterzukommen.

Die müden alten Männer

Es ist noch gar nicht so lange her, da saß ich in einem Seminar und versuchte, einer ganzen Meute von britischen Psychologen zuzuhören – einem nach dem anderen. Ich sage »versuchte«, weil das alles furchtbar langweilig war. Ihre Vorträge waren entsetzlich eintönig, genau das Gegenteil von unterhaltsam. Ich musste mich dazu zwingen, nicht mein Smartphone in die Hand zu nehmen und mich mit irgendetwas anderem zu beschäftigen. Ich persönlich hasse es, wenn Leute das tun, weil ich es als respektlos empfinde. Das Wissen dieser Psychologen (und sie wussten zweifellos sehr viel) war aber leider nicht sooo faszinierend, dass ich einfach dasitzen konnte, weil es mir Spaß machte, etwas über ihre Forschungsarbeiten zu hören. Und nachdem ich vier oder fünf dieser alten Männer ertragen hatte, war ich so verzweifelt, dass ich am liebsten die Flucht ergriffen hätte.

Ich blieb dann aber trotzdem in dem Seminarraum, weil ich endlich einen Grund dafür fand: Ich besann mich darauf, warum ich überhaupt dorthin gegangen war, und erinnerte mich daran, dass ich die Informationen, die ich von diesen Leuten erhielt, vielleicht nutzen könnte. Schließlich musste irgendetwas Nützliches in den Inhalten stecken, die sie vortrugen. Und das sprach meine utilitaristische Triebfeder an. So ist das nun mal. Meine theoretische Triebfeder ist sehr viel schwächer als die utilitaristische, und das bedeutet, dass ich am liebsten nur Dinge lernen möchte, die mir etwas bringen.

Hm. Da ist tatsächlich etwas dran. Ich kaufe ziemlich viele Bücher über Psychologie und Verhalten, weil ich wissen will, wie Menschen ticken. Oft sehe ich einen interessanten Titel – oder einen provokanten, wie zum Beispiel *Alles Idioten!?* – und denke: *Das will ich lesen. Das klingt spannend!* Das passiert mir jedes Jahr unzählige Male, und inzwischen habe ich eine umfangreiche Bibliothek von Büchern zu Themen, die meinen Beruf betreffen.

Aber ich lese diese Bücher nicht alle, ganz im Gegenteil: Manche blättere ich einfach nur durch, von anderen lese ich ein paar Kapitel; und nur einige wenige lese ich von vorn bis hinten, weil ich der Meinung bin, dass der Inhalt für mich von Nutzen sein wird. 300 oder 400 Seiten zu lesen, einfach nur weil mich das Thema fasziniert, ist nicht meine Art. Das dauert mir zu lange und das Leben ist zu kurz dafür.

Aber manche Menschen tun genau das Gegenteil: Sie lesen irgendein Buch, weil sie das Thema interessant finden. Es stört mich nicht, wenn Sie mein Buch aus diesem Grund lesen – aber bei mir funktioniert das nun mal nicht so. Ich habe nicht viel Zeit. Woher ich das weiß? Ganz einfach: Meine utilitaristische Triebfeder sagt es mir. Sie strebt nach einer effizienten Nutzung der Zeit. Man kann Fachliteratur nicht so lesen wie einen Roman. Damit will ich nicht unbedingt sagen, dass meine Methode die richtige ist, ich erkläre Ihnen nur, wie ich bei der Lektüre von Fachbüchern vorgehe. Wenn ich Unterhaltung suche, lese ich einen Krimi.

Aber das ist noch lange nicht alles.

Das Geheimnis der unbekannten Triebfeder

Vor vielen Jahren habe ich in einer Bank gearbeitet. In mehrerer Hinsicht war das ein guter Job: Ich habe viel gesehen, bin viel gereist und war an verschiedenen wichtigen Projekten beteiligt. Ich habe

Menschen im ganzen Land in Verkaufstechniken geschult, ich habe mir eine schöne Karriere aufgebaut und die Bezahlung war auch ziemlich gut.

All diese Aktivitäten befriedigten meine utilitaristische Triebfeder. Am wichtigsten war es für mich, Ergebnisse zu erzielen. Ich musste mit eigenen Augen sehen, dass meine Arbeit auch wirklich profitabel war. Und dabei spreche ich nicht unbedingt vom Geld, obwohl das auch dazugehörte.

Doch irgendetwas fühlte sich in meinem Job nicht richtig an. Sosehr ich mich auch anstrengte: Die Arbeit gefiel mir immer weniger, obwohl ich fast alles richtig machte. Ich wurde gelobt und regelmäßig befördert, bekam Gehaltserhöhungen und einen eindrucksvollen Titel. Wenn ich mich recht erinnere, bekam ich am Ende sogar eine Art Bonus.

Trotzdem fühlte sich dabei irgendetwas falsch an. Meine Motivation nahm ab, und egal, wie viel Mühe ich mir gab, es ging mir in meinem Job immer schlechter. Schließlich wurde es sogar so schlimm, dass es mir schwerfiel, morgens aus dem Bett zu kommen; und das war vorher noch nie ein Problem für mich gewesen.

Zufällig begann ich dann, etwas auszuprobieren, wovon ich schon lange geträumt hatte: Bücher zu schreiben. Warum das mein Traum war, spielt hier keine Rolle; aber ich hatte die Idee, auf einem weißen Blatt Papier etwas ganz Neues zu schaffen, schon immer ungeheuer reizvoll gefunden. Es fällt mir leicht, in Bildern zu denken, und ich arbeite auch gerne mit meiner Vorstellungskraft. Das ist einer der Gründe, warum ich lieber ein Buch lese, als einen Film zu sehen: In einem Film bekommt man alles fertig vorgesetzt; beim Lesen eines Buches dagegen kann ich selbst Bilder erschaffen, die auf meiner eigenen Vorstellungskraft beruhen.

Und selbst ein Buch zu schreiben: *Wahnsinn!*

Sobald ich mit dem Schreiben anfing, fühlte sich mein Leben gleich ein bisschen angenehmer an. Meine Motivation kehrte zurück und ich hatte wieder Energie für alle möglichen Dinge. Ich empfand eine stärkere innere Harmonie und fühlte mich insgesamt besser.

Damals hatte ich noch nicht so recht begriffen, wie das alles zusammenhing. Doch dann habe ich eine Triebfedern-Analyse gemacht und plötzlich ergab alles einen Sinn. Als mir klar wurde, dass meine zweitstärkste innere Antriebskraft – fast so stark wie die utilitaristische – die Ästhetik war, wurde mir klar, warum ich das Interesse an meinem Job verloren hatte: Ich konnte darin nichts erschaffen, alles war reglementiert, es gab keinen Spielraum für Kreativität. Alles musste immer auf die gleiche Art und Weise erledigt werden.

Das Seltsame daran: Als ich damit begonnen hatte, an den Wochenenden und nachts zu schreiben (zu diesen Zeiten wegen der noch kleinen Kinder und der vielen Geschäftsreisen), fühlte ich mich auch an meinem Arbeitsplatz wohler, obwohl sich an meinen beruflichen Aufgaben in der Bank überhaupt nichts geändert hatte. Aber irgendwie machte das Schreiben mich zu einem vollständigeren Menschen. Die ästhetische Triebfeder bringt Menschen dazu, nach Harmonie und Ausgewogenheit zu streben. Und das ist genau das, was ich durch das Schreiben bekam. Meine gesamte Existenz wurde ausgewogen.

Die ästhetische Triebfeder erklärt auch ein paar andere Entscheidungen von mir. Zum Beispiel kann ich nicht das gleiche Auto fahren wie mein Nachbar. Wohlgemerkt: Mein Auto muss nicht schicker oder teurer sein als alle anderen, aber es muss *anders* sein. Das liegt daran, dass Ästheten gern das Gefühl haben, einzigartig zu sein. Wenn ich ein paar Tausender für ein wirklich schickes Auto hinlegen wollte, würde ich mich für einen Jaguar oder Lexus entscheiden – einfach weil sie ein bisschen auffallen – und nicht für einen Mercedes oder Volvo.

Obwohl ich über 50 Jahre alt bin, fällt es mir immer noch schwer, die gleiche Wahl zu treffen wie alle anderen Menschen, egal, worum es geht. Denn ich möchte mir so weit wie möglich als etwas Besonderes vorkommen. Logisch? Nö, mit Logik hat das überhaupt nichts zu tun.

Wenn diese Geschichte eine Moral hat, dann die, dass man seinem Herzen folgen sollte, wenn man sich wohlfühlen möchte. Bevor uns von dieser Binsenweisheit jetzt allen speiübel wird, will ich Ihnen erklären, was ich damit meine: dass Triebfedern wichtiger sind, als viele Leute denken. Etwas zu tun, was man wirklich gerne macht und was einen wirklich interessiert, lohnt sich mehr, als Sie vielleicht glauben.

Und was ist mit Ihnen? Was können Sie mit dieser Information anfangen?

Wenn Sie Ihre persönliche Motivation im Beruf finden möchten, müssen Sie Ihre Triebfedern besser verstehen. Denn dann wird es Ihnen leichter fallen, Freude an Ihrer Arbeit zu haben. Und wenn Ihnen klar wird, dass Sie in Ihrem Job kein Ventil für Ihre inneren Antriebe finden können (so wie ich es zum Glück gefunden habe) – dann kündigen Sie.

Das Leben ist zu kurz, um es am falschen Ort und mit den falschen Leuten zu verbringen. Oder mit dem falschen Chef.

Also noch einmal: Stimmen Ihre Triebfedern mit denen Ihres Vorgesetzten überein? Natürlich muss das nicht unbedingt sein, aber es macht das Leben zweifellos einfacher. Eine noch wichtigere Frage lautet jedoch, ob Ihre Triebfedern mit denen Ihres Unternehmens übereinstimmen. Da unsere Triebfedern oft mit unseren Grundwerten zusammenhängen, kann Ihr Leben sehr schwierig werden, wenn die Arbeitsweise des Unternehmens, bei dem Sie arbeiten, allzu oft im Widerspruch zu den Dingen steht, die für Sie selbst oberste Priorität haben.

Das beste Beispiel, das mir dazu einfällt, ist die Vertriebsmitarbeiterin, die aus einem Unternehmen ausschied, weil der Eigentümer es nicht für wichtig hielt, gute Gewinne zu erzielen. Dieser

Mann war ein ausgesprochener Theoretiker: Ihm machte es Spaß, neue Technologien auszuprobieren und nach spannenden Innovationen zu suchen. Und er konnte es sich leisten, dass sein Unternehmen Jahr für Jahr große Verluste machte. Aber die Verkäuferin hatte einen starken utilitaristischen Antrieb, und es war ihr ausgesprochen zuwider, dass ihre Geschäftsabschlüsse für den Unternehmenschef nicht die oberste Priorität hatten. Als der Eigentümer ihr sagte, sie solle weniger verkaufen, kündigte sie einfach. Das war wahrscheinlich die beste Lösung für alle Beteiligten, aber trotzdem irgendwie schade, weil sie so gute Geschäfte abschloss.

Kapitel 13

Wie unterscheidet man zwischen Farben und Triebfedern?

Nachfolgend sehen Sie ein Beispiel für jemanden, der in erster Linie pragmatisch, aufgeschlossen, effektiv und investigativ ist. Das treibt diesen Menschen an. Wie er es ausagiert, hängt von seinen Farben ab; doch der Grund für sein Verhalten ist in seinen Triebfedern verankert.

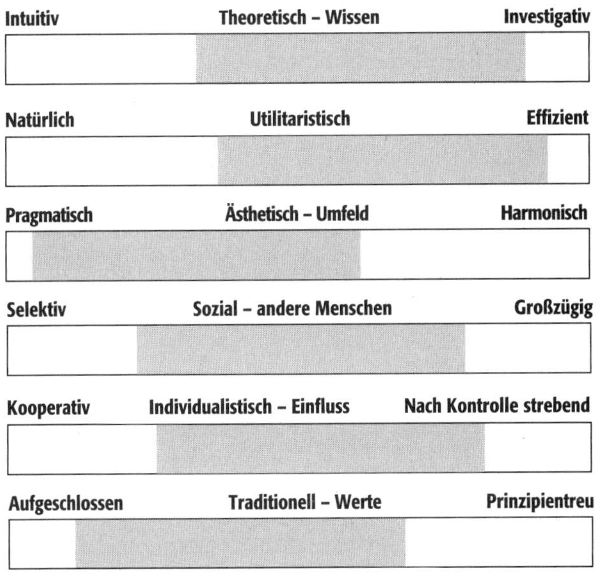

Betrachten wir zunächst einmal seine erste Triebfeder: die theoretische. Dieser Mensch tendiert also weniger zu intuitivem, sondern mehr zu investigativem Denken und Verhalten. Ihm ist es wichtig, nach Wissen zu streben.

Das alles hat im Prinzip nichts mit den vier Farben zu tun.

Theoretische Triebfeder versus blaues Verhalten

Wir müssen uns also den Unterschied zwischen Triebfedern und Verhaltenstypen klarmachen.

Verhalten: *gründlich, genau, analytisch*
Triebfeder: *wissensdurstig; möchte gern etwas Neues lernen*

Wie Sie im obigen Beispiel sehen, ist es wichtig, zwischen Verhalten und Triebfedern zu unterscheiden. Streben nach Wissen ist eine Triebfeder, während Gründlichkeit im Umgang mit Fakten und Details ein Verhalten ist. Aber es gibt keinen Zusammenhang zwischen diesen beiden Aspekten. Ein blauer Theoretiker wird alles wissen wollen und für diese Suche nach Wissen viel Zeit investieren. Ein gelber Theoretiker wird ebenfalls wissen wollen, wie alles funktioniert; aber er geht das vielleicht ganz anders an. Wahrscheinlich würde er sich lieber einen Film anschauen, als ein Buch zu lesen. Und statt sich alles, was er gelernt hat, aufzuschreiben, wird er seine Freunde anrufen, und die müssen sich dann anhören, wie faszinierend es ist, dass der Mond schon so alt ist, wie man Apps baut oder ob es in der New Yorker Kanalisation wirklich Alligatoren gibt. Beide Farbtypen haben das gleiche Verlangen nach Wissen – aber unterschiedliche Methoden, danach zu suchen.

Redseliger Peter

Ich erinnere mich noch an einen Kunden, den ich vor vielen Jahren hatte. Peter war Verkaufsleiter in einem ziemlich großen Unternehmen. Dieser Mann war fast schon eine Karikatur typisch gelben Verhaltens: Er redete ständig über alles und nichts. Er war ziemlich konfus und nervtötend unsystematisch; aber gleichzeitig konnte man unglaublich viel Spaß mit ihm haben. Nur wenige Menschen können eine Geschichte so gut erzählen wie er.

Das Interessante an Peter ist, dass er gleichzeitig auch ein Theoretiker ist, was bedeutet, dass er seine Hausaufgaben gar nicht so schlecht macht, wie man es von gelben Verhaltenstypen normalerweise erwarten würde. Er erwarb tatsächlich einiges an Wissen – aber eben auf seine typisch gelbe Art. Zum Beispiel erzählte er mir, dass er nie irgendetwas wegwerfen konnte, das in seinem Briefkasten gelandet war. Werbung, Informationen von der Gemeindeverwaltung, kostenlose Zeitungen und so weiter – er musste alles erst durchsehen, um festzustellen, ob irgendetwas Interessantes dabei war.

Das trieb seine Frau zum Wahnsinn, weil er überall im Haus Stapel von allen möglichen Sachen herumliegen ließ. Er konnte sie nicht wegwerfen, schaffte es aber auch nicht, alle diese Papiere zu ordnen; und so müllte er sein Zuhause mit lauter Altpapierstapeln zu, bis es eine bedrohliche Ähnlichkeit mit einem Recyclingcenter hatte.

Eines Sonntagmorgens vor vielen Jahren rief er mich an. Da ich immer in aller Herrgottsfrühe aufstehe, störte mich das nicht sonderlich, aber man fragt sich natürlich schon, ob etwas passiert ist, wenn man sonntags um sieben Uhr morgens angerufen wird …

Es war Peter, der rief: »Thomas! Wusstest du, dass der Mond … älter ist als die Erde?!?«

Er schrie mir diese Botschaft in voller Lautstärke ins Ohr, weil er die ganze Nacht mit Kopfhörern herumgesessen und den Discovery Channel geschaut hatte (vermutlich waren dabei auch unermessliche Mengen Kaffee im Spiel gewesen) –, und so hatte er erfahren, dass die Erde ein bisschen jünger ist als ihr eigener Mond. Wirklich faszinierend. Ich musste zugeben, dass ich das vorher nicht gewusst hatte. Da Peter diese Tatsache nun erfahren hatte und gelb wie Wüstensand war, musste er natürlich sofort jemandem davon erzählen. Und wen kannte er, der an einem Sonntagmorgen schon so früh auf den Beinen sein könnte?

Hallo, Thomas.
Theoretische Triebfeder – gelbes Verhalten.

Kreativer Tabellenfan

Aber es gibt auch andere interessante Kombinationen. Zum Beispiel die blaue Übersetzerin, die ich vor vielen Jahren in einem Verlag kennengelernt habe. Sie übersetzte deutsche Computerhandbücher ins Schwedische.

Natürlich arbeitete sie sehr ruhig und systematisch und überließ nichts dem Zufall. Und damit meine ich wirklich *nichts*. Sie erstellte für alles Excel-Tabellen. Interessanterweise trug sie nicht nur sämtliche Details dort ein, sondern sorgte auch dafür, dass die Tabelle gut aussah. Sie hatte ein System dafür, welche Farben sie für verschiedene Arten von Informationen verwendete. Da sie extrem blau war, war das alles sehr gut durchdacht; und sie arbeitete nicht nur mit verschiedenen Farben, nein, es waren Regenbogenfarben in unterschiedlichen Schattierungen. Alle Schriften mussten genau die richtige Größe und Form haben; und wenn sie Headlines brauchte, gab es auch dafür ein System.

Immer wenn sie eine Seite übersetzt und gestaltet hatte, warf sie hinterher noch mal einen genauen Blick darauf, um sicherzugehen, dass sie auch gut aussah. Fühlte sich das alles *richtig* an?

Das ist interessant, nicht wahr? *Sich richtig anfühlen* – das klingt doch eigentlich gar nicht so blau, oder?

Aber diese Frau war eben nicht nur blau, sie war gleichzeitig auch eine Ästhetin. Das bedeutet, dass es ihr wichtig war, wie ihre Arbeit aussah und wie sie sie innerlich erlebte. Sie hatte das Bedürfnis, eine gewisse Harmonie zu schaffen; und die Methode, deren sie sich dabei bediente, war typisch blau.

Der Wunsch, die Handbücher, die sie übersetzte, harmonisch zu gestalten, ist eine ästhetische Triebfeder. Dieses Ziel mithilfe von – elegant gestalteten – Excel-Tabellen zu erreichen, ist typisch blaues Verhalten. Wie Sie inzwischen sicherlich wissen, hätte das bei einem gelben oder grünen Übersetzer ganz anders ausgesehen. Zunächst einmal hätte es dann sicherlich keine Excel-Tabellen gegeben.

Ästhetische Triebfeder – blaues Verhalten.

Es reicht nicht aus, nur Ihre eigenen Farben oder die Ihrer Mitmenschen richtig zu interpretieren. Es gibt noch viel mehr zu beachten; und je mehr Sie darüber lernen, umso bessere Werkzeuge stehen Ihnen zur Verfügung, um einen wirklich guten Dialog mit Ihren Mitmenschen führen zu können. Und mit Ihrem Chef.

Erinnern Sie sich noch an mein Beispiel, in dem es darum ging, wie man lernt, elektrische Leitungen zu verlegen? Das ist genau das Gleiche. Wenn alle Menschen ein paar Grundkenntnisse über Elektrizität erwerben, lernen sie ein bisschen mehr über dieses Thema und dadurch wird alles viel einfacher – auch wenn wir deshalb noch lange nicht alle professionelle Elektriker werden.

Denken Sie nun einmal kurz über Ihre eigenen Triebfedern nach. Denn wenn Sie sich diese inneren Antriebe bewusst machen, können Sie Ihr eigenes Verhalten in den verschiedensten Situationen besser verstehen.

Und Tatsache ist: Wenn einem bewusst wird, wofür man sich leidenschaftlich begeistert, findet man viel leichter zu seiner Motivation. Ich persönlich fühle mich jetzt viel wohler und bin auf eine ganz andere Art und Weise glücklich mit meinem Leben als früher, bevor ich mir über meine eigenen Triebfedern klar geworden war. Vielleicht trifft das ja auch auf Sie zu?

Wenn wir in diesem Zusammenhang nun nochmals über das Thema Führung nachdenken, steht für mich eindeutig fest, dass es Chefs gibt, die diesen Job aus dem falschen Grund übernommen haben. Und gerade in dieser Personengruppe gibt es einen ganzen Haufen schlechter, ja sogar überflüssiger Chefs.

Zwei Chefinnen mit identischem Farbprofil, die aber trotzdem grundverschieden sind

Bei Führungskräften spielen die Triebfedern eine besonders wichtige Rolle. Denn was ein Chef tut, wirkt sich auf sehr viele Menschen aus.

Dafür möchte ich hier gern zwei kurze Beispiele anführen: Im Folgenden sehen Sie die beiden Profile von Tina. Sie ist Vorgesetzte, erkennt Probleme blitzschnell und ist sehr lösungsorientiert.

Tina steht in dem Ruf, gute Ergebnisse zu erzielen, und man respektiert sie in der Firma wegen ihrer Kompetenz; aber niemand arbeitet gerne mit ihr zusammen. Sie gilt als anspruchsvoll, streitlustig, taktlos und ungeschickt im Umgang mit anderen Menschen. Eine ihrer Mitarbeiterinnen bezeichnet sie sogar als kalt und gefühllos.

Tinas Profile

Angepasstes Verhalten

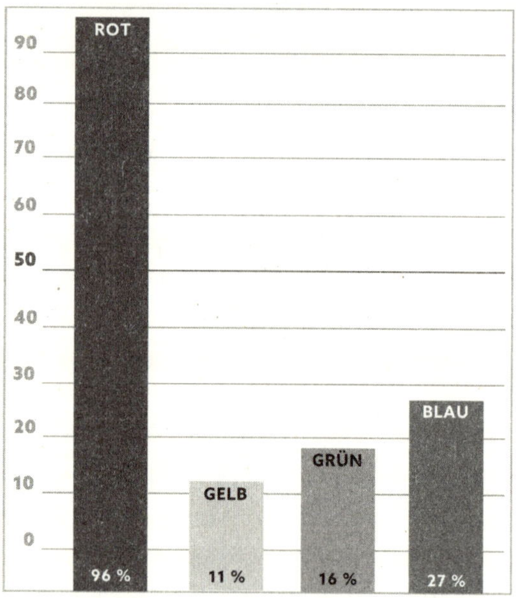

DISG

Grundverhalten

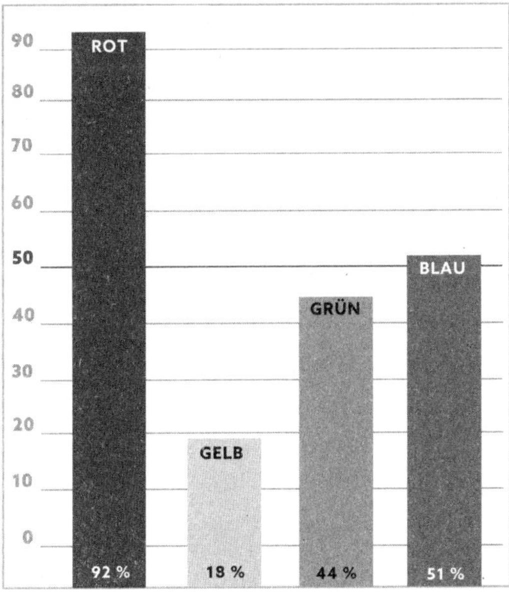

DISG

Also schaltet die Firma einen Unternehmensberater ein und erstellt ein DISG-Profil von ihr. Aha, sagt der Berater, Tina ist extrem rot – das ist das Problem. Der Berater ist zu der sehr weitverbreiteten (aber leider falschen) Annahme gekommen, dass die Ursache für den Konflikt zwischen Tina und ihrem Team ihr rotes Farbprofil ist. Ein großer Fehler.

Wenn wir zusätzlich auch noch Tinas Antriebskraft-Analyse hätten, würden wir sehen, dass sie eine extrem starke utilitaristische Triebfeder und eine außergewöhnlich schwache soziale Triebfeder hat. Das bedeutet, dass finanzielle Ergebnisse ihr sehr viel wichtiger sind, als ihren Mitmenschen zu helfen. Aufgrund dieser Kombination drängt sie ihr Team dazu, mehr Einnahmen zu generieren, und diese Einstellung tritt durch ihren roten Verhaltensstil noch stärker zutage. Das ist gut für die Unternehmensleitung, aber nicht unbedingt gut für die Mitarbeiter, deren Triebfedern nicht alle mit denen von Tina übereinstimmen.

Tinas Triebfedern

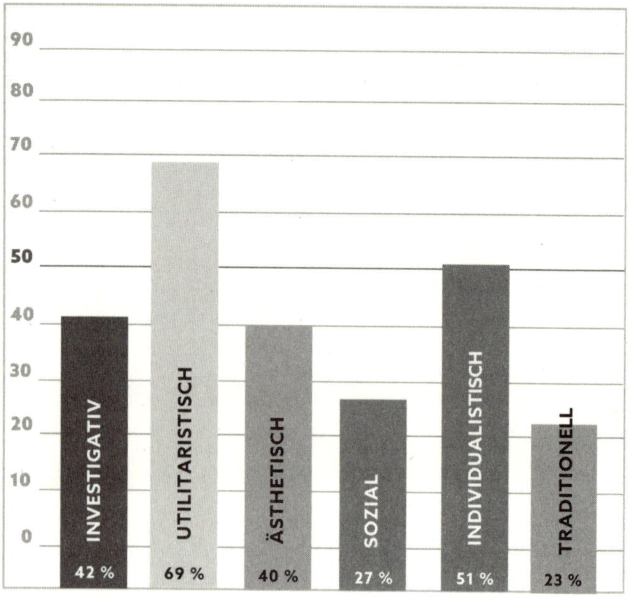

Kommen wir zu Sara. Sie hat genau das gleiche DISG-Profil wie Tina – allerdings mit einem großen Unterschied.

Sara wird von ihrem Team vergöttert. Sie sorgt dafür, dass alle Arbeiten erledigt werden, und zieht ihre Teammitglieder dafür zur Verantwortung. Aber ihr ist auch der Input von ihren Mitarbeitern wichtig; sie trifft demokratische Entscheidungen und interessiert sich aktiv für jedes einzelne Mitglied ihres Teams. Aufgrund ihrer starken sozialen Triebfeder unterstützt sie ihre Mitarbeiter und hilft ihnen, noch besser zu werden; und diese Eigenschaft tritt durch ihren Verhaltensstil noch stärker in den Vordergrund. Sara hat ein ganz anderes Problem als Tina: Sie ist viel zu tolerant gegenüber leistungsschwachen Mitarbeitern. Es fällt ihr einfach schwer, ein Machtwort zu sprechen – trotz ihres roten Verhaltensprofils. Und das ist für manche Mitarbeiter gut, für die anderen aber ausgesprochen ärgerlich.

Saras Triebfedern

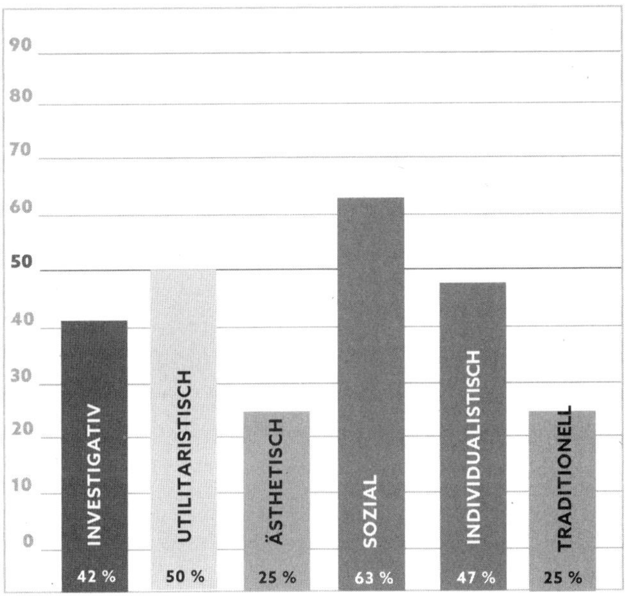

Unsere Triebfedern sind die eigentliche Quelle von Konflikten. Verhaltensweisen sind relativ leicht zu verstehen; aber viele Menschen brauchen einen Bezugsrahmen, um über innere Antriebe und Wertvorstellungen zu kommunizieren. Mit unterschiedlichen Verhaltenstypen kann man sowohl im Hinblick auf Führungskräfte als auch im Hinblick auf private Beziehungen klarkommen; aber wenn es um unterschiedliche Wertvorstellungen und Triebfedern geht, ist es schon schwieriger, Kompromisse zu finden.

Daraus folgt, dass Tina und Sara ein völlig anderes Coaching brauchen, um ihren jeweiligen Teams besser helfen zu können. Und wenn Sie die Möglichkeit hätten, sich Ihren Chef auszusuchen: Für welche von beiden Vorgesetzten würden Sie lieber arbeiten: Tina oder Sara?

Kapitel 14

Der Unterschied zwischen Ihrer Persönlichkeit und Ihrem Verhalten

Muss ich also ein anderer Mensch werden, um meinen Chef zufriedenzustellen?

Davon rate ich Ihnen ganz entschieden ab.

Ihre Persönlichkeit geht wesentlich tiefer als Ihr Verhalten. Sie beruht auf Ihren inneren Antrieben, auf dem, was Sie motiviert, was Sie mögen, auf Ihrer Erziehung, Ihren Erfahrungen, Ihrer Intelligenz und vielen anderen Faktoren.

Fast jeder Wissenschaftler definiert »Persönlichkeit« ein bisschen anders – je nachdem, auf welcher Theorie seine Forschungsarbeit beruht. Die meisten Psychologen bezeichnen mit dem Begriff »Persönlichkeit« psychische Eigenschaften, die zu einem dauerhaften charakteristischen Muster aus Gefühlen, Gedanken und Verhaltensweisen einer Person beitragen. Das bedeutet, dass die verschiedenen Facetten Ihrer Persönlichkeit im Lauf der Zeit und in verschiedenen Situationen relativ konstant sind. Mit »dauerhaft« sind in diesem Zusammenhang mehrere Jahre gemeint. Vielleicht auch viele, viele Jahre. Und mit »charakteristisch« ist das gemeint, was eine Person von einer anderen unterscheidet. Verschiedene Individuen werden je nach ihrer Persönlichkeit unterschiedlich wahrgenommen.

Warum sind Sie zu dem Menschen geworden, der Sie sind?

Die meisten von uns haben wahrscheinlich schon mal über die Frage nachgedacht: Was hat mich zu dem Menschen gemacht, der ich heute bin? Nicht, weil man etwas dagegen tun könnte, sondern ganz einfach, weil man es wissen will. Damit kommen wir zu der Frage nach Vererbung und Umwelt.

Vor langer Zeit hielt man Vererbung für den wichtigsten Faktor: Wer Sie sind, wird durch Ihre DNA bestimmt. Wenn Sie damit geboren wurden, müssen Sie damit leben. Pech gehabt. Nur wenige Dinge lassen sich im Nachhinein schwieriger korrigieren als die eigenen Eltern.

Doch dann setzte sich die Erkenntnis durch, dass es wahrscheinlich genau umgekehrt ist. Irgendjemand entdeckte nämlich, dass Menschen mit denselben Eltern trotzdem sehr unterschiedliche Persönlichkeiten haben können. Das musste also an der Umwelt liegen. (Mit »Umwelt« meine ich alles, was einen Menschen beeinflusst und nichts mit Vererbung beziehungsweise seinen Genen zu tun hat.)

Das schien aber wiederum auch nicht ganz richtig zu sein; denn Personen mit ähnlicher Erziehung und ähnlichem Lernmuster können sich trotzdem zu sehr unterschiedlichen Menschen entwickeln. Ich kann mir gut vorstellen, dass die Forscher sich verzweifelt den Kopf darüber zerbrachen, wie das alles zusammenpasst.

Heute besteht ein ziemlich großer Konsens darüber, dass 40 bis 50 Prozent unserer Persönlichkeit auf genetische Faktoren zurückzuführen sind. Das allernächste Umfeld (das heißt, Ihre Familie) erklärt ungefähr fünf Prozent Ihrer Persönlichkeit; die restlichen 45 bis 55 Prozent lassen sich durch besondere Umwelteinflüsse (also äußere Umgebungsfaktoren) erklären. Diese Erkenntnis beruht auf jahrzehntelanger Forschung. Aber nehmen Sie diese Zahlen trotzdem nicht allzu ernst, denn manchmal ändern sich die wissenschaftlichen Meinungen im Hinblick auf die genauen Prozentsätze im Nachhinein auch wieder! Ich will hier aber nicht näher ins Detail gehen, denn das könnten wahrscheinlich nur die blauen Theoretiker unter meinen Lesern ertragen.

Die einzige Möglichkeit, sämtliche Unklarheiten zu beseitigen, besteht darin, ernsthafte und sehr lange (mindestens 25 Jahre umfassende) Analysen von eineiigen Zwillingen durchzuführen, die bei der Geburt voneinander getrennt wurden. Dadurch kann man viele andere Faktoren ausschließen, die das Ergebnis verfälschen könnten, zum Beispiel unterschiedliche genetische Profile.

Und was für Schlussfolgerungen können wir daraus ziehen?

Ihre Persönlichkeit ist nun einmal so, wie sie ist – ob Ihnen das gefällt oder nicht. Und wahrscheinlich werden Sie jetzt versuchen, die Persönlichkeit anderer Menschen, denen Sie begegnen, zu interpretieren. Das tun Sie aufgrund dessen, was Sie bei diesen Leuten beobachten.

Sie sehen ein bestimmtes Verhalten und bilden sich dann eine Meinung.

Dieser Typ ist ein echter Langweiler. Und warum? Weil er sich total in Details verrennt. Ihre Analyse stützt sich also nicht auf seine Persönlichkeit, sondern auf Ihre Beobachtungen seines *Verhaltens.* Außerdem verhält sich dieser Mensch auch nur *manchmal* so, weil er eben auch von äußeren Faktoren beeinflusst wird.

Verhaltensweisen sind die eine Sache – Persönlichkeit ist etwas ganz anderes.

Stellen Sie sich vor, Sie sitzen bei einem Abendessen und hören Ihrem Sitznachbarn höflich bei dem Unsinn zu, den er Ihnen erzählt. Sie nicken und lächeln, lachen vielleicht auch ab und zu ein bisschen, wenn es Ihnen gerade passend erscheint. Und warum? Weil Sie im Lauf Ihres Lebens ein paar Grundprinzipien über soziale Anpassungsfähigkeit erlernt haben. In Wirklichkeit werden Sie sich nie sonderlich für die Gemeindesteuersituation in Ihrem Land interessieren, die Ihren Tischnachbarn so sehr zu faszinieren scheint. Das heißt, Sie passen Ihr *Verhalten* der Situation an – aber das ändert nichts an Ihrer *Persönlichkeit.*

Haben Sie einen Chef, der in allem furchtbar schnell ist? Der immer sofort eine Antwort haben möchte? Der dauernd wissen will, wie man am schnellsten von A nach C kommt? Wenn ja, versuchen Sie wahrscheinlich, diesen Mann so rasch wie möglich zufriedenzustellen. Sie passen Ihr Verhalten an seines an und antworten ihm so blitzschnell, dass Sie manchmal fast die Hälfte Ihrer Antworten verschlucken; aber trotzdem sind Sie immer noch Sie selbst.

Folgende Erkenntnis ist dabei wichtig:

Wenn jeder Mensch sich ständig an alle anderen Menschen anpasst, dann ist am Ende niemand mehr er selbst. Alles wird zu bloßer Schauspielerei. Was ist, wenn Ihnen Ihr wahres Ich in diesem Chaos völlig verloren geht?

Können wir denn niemals authentisch sein?

Ein Großteil des Verhaltens, das Sie bei anderen Menschen beobachten, ist einfach nur Schauspielerei. Wir alle passen uns ständig an unsere Mitmenschen an – oft ohne darüber nachzudenken. Doch ich möchte Ihnen an dieser Stelle eine ganz besondere Form der Anpassung empfehlen: Wenn Sie das DISG-Modell nutzen, werden Sie mit Ihren Mutmaßungen über Ihre Mitmenschen häufiger richtig liegen. Und dann werden Ihnen auch sehr viel weniger gravierende Fehltritte auf dem rutschigen sozialen Spielfeld unterlaufen;

und die Kommunikation mit anderen Menschen wird reibungsloser ablaufen. Es wird weniger Konflikte geben. Ihr Arbeitsleben wird einfacher. Es gibt weniger Streit am Esstisch, und es wird Ihnen leichter fallen, den richtigen Mitarbeiter für einen bestimmten Posten zu finden. Auch die Teambildung wird besser funktionieren.

Aber das bedeutet ja, andere Menschen und mich selbst zu manipulieren. Da mache ich nicht mit! ... werden Sie jetzt vielleicht denken.

Von mir aus. Jeder kann machen, was er will. Sie können sich sogar sehr viel Zeit sparen, wenn Sie auf der Stelle aufhören, dieses Buch zu lesen. (Das würde sogar eine ganze Menge über Ihre Persönlichkeit aussagen.)

Spaß beiseite. Es gibt viele Motive dafür, sich in bestimmten Situationen an andere Menschen anzupassen. Zum Beispiel weil Sie das Gefühl haben, dass der Dialog mit Ihrem Chef nicht optimal funktioniert. Denn ob Ihnen das nun gefällt oder nicht – Ihr Chef hat nun mal sehr großen Einfluss auf Ihr Leben. Und wenn das nicht der Fall sein sollte, haben wir ein anderes Problem. Unsichtbare Chefs sind wieder eine ganz andere Herausforderung. Doch dazu später mehr.

Spielt Ihr eigenes Farbprofil bei all dem eine Rolle?

Auf jeden Fall. Wenn Sie *Alles Idioten!?* gelesen haben, wussten Sie beim Aufschlagen dieses Buches wahrscheinlich schon ungefähr, welche Farben in Ihrem Profil vorherrschen. Und die spielen natürlich eine enorme Rolle, wenn es darum geht, welche Anpassungen Sie in verschiedenen Situationen vornehmen sollten. Ich vermute, dass Sie bei meiner Beschreibung der vier Farben schon einige Gesichter vor Ihrem geistigen Auge gesehen haben – vielleicht sogar Ihr eigenes.

Wir haben inzwischen die allgemeinen Eigenschaften von Chefs mit verschiedenen Farben durchgesprochen, und das ist schon mal ein guter Anfang. Nun wollen wir herauszufinden versuchen, ob wir uns alle auf die gleiche Weise an unseren jeweiligen Chef anpassen sollten.

Ein kleiner Tipp vorab: Das klappt auf gar keinen Fall!

Wenn Ihr Chef grün ist und Sie gelb sind, müssen Sie einfach ein bisschen langsamer werden und weniger reden.

Wenn Sie dagegen blau sind, sollte Ihre Anpassung an den grünen Chef darin bestehen, mehr Interesse für die Person zu zeigen, die auf dem Chefsessel sitzt. Derselbe Chef – unterschiedliche Verhaltenskorrekturen.

Lassen Sie uns nun also darüber nachdenken, welche Punkte Sie im Umgang mit Ihrem Chef unter Berücksichtigung Ihres eigenen Farbprofils beachten sollten.

Kapitel 15

Wie man sich am besten an das Verhaltensprofil seines Chefs anpasst

Zuallererst: Der rote Chef

Wenn Sie einen roten Chef haben, kommt es darauf an, ob Ihr eigenes Farbprofil ebenfalls rot ist. Als rote Verhaltenstypen werden Sie beide sich bestimmt gut miteinander verstehen. Sie werden kurze und manchmal auch laute Diskussionen miteinander führen. Wahrscheinlich werden Sie sich schnell auf irgendetwas einigen und dann zusammen zum Mittagessen gehen. Und es wird auch keiner von Ihnen lange schlecht gelaunt sein, wenn Sie sich *nicht* einigen können. Die Leute um Sie herum werden sich wahrscheinlich fragen, wie man es schafft, sich um elf Uhr lautstark zu streiten und um zwölf Uhr gemeinsam in die Mittagspause zu gehen. Sollen sie sich doch wundern! Jedenfalls werden Sie sich bei der Kommunikation mit Ihrem Chef nicht groß umstellen müssen. Er wird mit Ihrer … ähm … etwas direkten Art hervorragend zurechtkommen.

Auch wenn Sie gelb sind, werden Sie und Ihr roter Chef erstaunlich gut zusammenarbeiten. Roten Verhaltenstypen gefällt die physische Lebendigkeit der Gelben, und gelbe Mitarbeiter werden wiederum die Fähigkeit der Roten, Entscheidungen zu treffen, als sehr positiv empfinden. Als Gelber redet man bei Entscheidungen nämlich oft im Kreis herum, aber zusammen mit einem roten Verhaltenstyp kommt man weiter. Als Gelber werden Sie Ihren Chef ein bisschen weicher machen, und er wiederum wird wahrscheinlich dafür sorgen, dass Sie etwas ergebnisorientierter werden. Eigentlich gar keine so schlechte Kombination, oder? Die einzige Korrektur, die Sie im Umgang mit Ihrem roten Chef vornehmen müssen, besteht darin, Ihre Zunge im Zaum zu halten. Reden Sie weniger, handeln Sie mehr. Das schaffen Sie schon!

Wenn Sie grün sind, werden Sie vielleicht schon ein paar mehr Schwierigkeiten mit Ihrem roten Chef haben. Seine starke Aufgabenorientiertheit kann für Sie schwer zu ertragen sein, wenn Sie selbst ein subtiler Beziehungsmensch sind. Andererseits: Ein Chef, der gerne Anweisungen erteilt, und ein Mitarbeiter, der gern eine (höflich formulierte) Anweisung entgegennimmt – was kann da schon schiefgehen? Sie müssen Ihre Gefühle eben beiseiteschieben. Sie sollten sie nicht ignorieren; aber es bringt Ihnen nichts, wenn Sie sie bei der Besprechung mit Ihrem Chef zum Ausdruck bringen. Vielleicht müssen Sie auch sehr viel deutlicher werden, beim Thema bleiben und weniger Worte machen. Rote Chefs terrorisieren ihre Mitarbeiter nur selten absichtlich; trotzdem besteht die Gefahr, dass Sie sich als Grüner plattgewalzt fühlen, wenn Ihr Chef so gar nichts von dem begreift, was in Ihrem Kopf vorgeht. Schweigen wird von roten Verhaltenstypen oft als Zeichen der Zustimmung gewertet. Es gibt nur eine einzige Möglichkeit, daran etwas zu ändern: Versuchen Sie, die Dinge beim Namen zu nennen und Ihren Standpunkt klar und deutlich zu erläutern!

Wenn Sie als blauer Mitarbeiter einen roten Chef haben, ist eigentlich alles ganz einfach: Nehmen Sie den Fuß von der Bremse und treten Sie stattdessen auf das andere Pedal (und damit meine ich nicht die Kupplung). Was Sie beide miteinander gemeinsam haben, ist, dass Sie in Ihren Gesprächen immer beim Thema bleiben. Keiner von Ihnen verstrickt sich in irgendwelche emotionalen Abgründe oder will wissen, was der andere an Weihnachten vorhat. Aber als Blauer reden Sie viel zu ausführlich über Hintergründe und

Details. Davon will Ihr roter Chef nichts wissen. Ihn interessiert nur, was Sie in der betreffenden Angelegenheit tun werden. Also konzentrieren Sie sich stärker auf das, was vor Ihnen liegt. Akzeptieren Sie, dass Ihr Chef es zwar gerne sieht, wenn die Aufgaben ordentlich erledigt werden; doch vor allem geht es ihm darum, dass sie *überhaupt* erledigt werden. Für Pläne, die sich bis ins nächste Jahrhundert hinein erstrecken, bekommen Sie keine Pluspunkte. Also reden Sie schneller, und vor allem: Fassen Sie sich kürzer!

Wie passt man sich an einen gelben Chef an?

Wenn Ihr Chef gelb ist und Sie rot, passen Sie immer noch ganz gut zusammen. Sie mögen es beide, wenn ein bisschen was los ist. Wenn Sie zusammenarbeiten, wird immer etwas passieren. Aber achten Sie darauf, sich ein bisschen zurückzuhalten und Ihren Chef mehr reden zu lassen, als Sie es tun! Er kann Sie zwar wahrscheinlich zu neuen Großtaten inspirieren, wird sich dabei aber nicht so kurz und bündig ausdrücken, wie Sie es vielleicht gerne hätten. Sie müssen ihm nur ein paar konkrete Fragen zu Ihrer Aufgabe stellen, dann klappt das schon. Und finden Sie sich damit ab, dass er bei diesem Gespräch vielleicht auch ein bisschen herumalbern und den Clown spielen wird.

Wenn Sie genauso gelb sind wie Ihr Chef, werden Sie viel Spaß miteinander haben, und es wird fast immer etwas zu lachen geben. Je nachdem, wie gut Ihre Selbstwahrnehmung ist, besteht allerdings die Gefahr, dass Sie vor lauter guter Stimmung vergessen aufzuschreiben, worauf Sie sich bei Ihrer Besprechung eigentlich geeinigt haben. Da Sie beide gut reden, aber vielleicht nicht so gut zuhören können, besteht die Gefahr, dass Sie nicht hören, was Ihr Chef sagt. Sie können sich am besten auf ihn einstellen, indem Sie versuchen, ein bisschen öfter den Mund zu halten und zuzuhören. Und genau das erwartet Ihr Chef auch von Ihnen. Hören Sie ihm zu, denn auch er hat fantastische Ideen!

Auch als grüner Mitarbeiter haben Sie etwas mit Ihrem gelben Chef gemeinsam: Sie sind nämlich beide sehr beziehungsorientiert. Ihr gelber Vorgesetzter – der gute Redner – wird Ihnen wortreich und beredsam seine eigene Meinung erläutern; und für Sie – den guten Zuhörer – ist es wichtig, alles, was er sagt, im Auge zu behalten. Ihr Chef wird meistens in der ersten Person sprechen. Wenn er sich noch an sein Führungskräftetraining erinnert, wird er Sie vielleicht auch ab und zu nach Ihrer Meinung fragen – und das ist genau der richtige Augenblick für Sie, um in das Gespräch einzusteigen! Wenn der grüne Anteil in Ihrem Profil extrem hoch ist, besteht nämlich die Gefahr, dass Sie in Besprechungen zu passiv bleiben; und im schlimmsten Fall wird Ihr Chef nicht einmal merken, dass Sie kaum den Mund aufgemacht haben. Also treten Sie einen Schritt vor und machen Sie sich bemerkbar. Und finden Sie sich damit ab, dass Ihr Chef meistens über sich selbst reden wird – auch wenn es bei dem Gespräch eigentlich um Sie geht.

Und was ist, wenn Sie blau sind und einen gelben Chef haben? Hm. Dann müssen Sie sich schon ziemlich große Mühe geben. Denn Sie halten sich gerne an Fakten und Details und denken nach, bevor Sie den Mund aufmachen. Ihr Chef dagegen hört vor allem auf sein Gefühl, redet oft, ohne viel zu sagen, und macht am liebsten einen großen Bogen um Details, ähnlich wie Politiker die Wahrheit zu umschiffen versuchen.

Rein theoretisch hört sich das so an, als würden Sie einander mit diesen gegensätzlichen Eigenschaften gut ergänzen. Und dazu können Sie tatsächlich einen wichtigen Beitrag leisten! Sie müssen sich einfach nur erlauben, ein bisschen spontan zu sein. Sie brauchen nicht unbedingt die ganze Zeit zu lächeln, aber es kann nicht schaden, sich ein bisschen weniger förmlich zu benehmen. Außerdem werden Sie sich wahrscheinlich damit abfinden müssen, dass Sie im

Gespräch mit Ihrem gelben Chef nicht alle Details erwähnen können, über die Sie eigentlich sprechen wollten. Und nicht nur das: Sie schauen am liebsten zurück, während Ihr Vorgesetzter seinen Blick in die Zukunft richtet. Diese beiden Perspektiven lassen sich nicht immer leicht miteinander vereinbaren. Also denken Sie daran, öfter einmal nach vorne zu schauen! Ihr Chef denkt nämlich nicht nur über die kommende Woche, sondern vielleicht sogar schon über den nächsten Herbst nach.

Und wie stellt man sich auf einen grünen Chef ein?

Hoppla! Das ist gar nicht so einfach. Als roter Mitarbeiter werden Sie sich oft sehr lobend über die Vorzüge Ihres grünen Vorgesetzten äußern. Nach dem Motto »Gegensätze ziehen sich an« ist Ihr Bedürfnis, möglichst schnell vorwärtszukommen, eine gute Ergänzung zu dem Wunsch Ihres Chefs, dort zu bleiben, wo Sie gerade stehen. Sie werden mit Ihrem Vorgesetzten wahrscheinlich ziemlich schnell und nur über Dinge sprechen, die relevant sind – jedenfalls in Ihren Augen. Sie haben keine Scheu davor, sich klar und deutlich auszudrücken. Ihr grüner Vorgesetzter ist dabei allerdings genau das Gegenteil von Ihnen.

Die Herausforderung besteht darin, dass Ihr Chef … nun aber mal Ihr Chef ist. Also müssen Sie sich ab und zu ein bisschen mäßigen. Lehnen Sie sich zurück und achten Sie auf eine offene Körpersprache. Verwenden Sie Worte wie »Kooperation«, »zusammen«, »gemeinsam«, »Sicherheit« und »Stabilität«. (Denken Sie daran: Die Gedanken, die Ihnen bei diesem Satz durch den Kopf gegangen sind, sagen genauso viel über Sie aus wie über Ihren grünen Chef!)

Und Sie sollten sich auch darüber im Klaren sein, dass Sie Ihrem Chef nicht einfach das Ruder aus der Hand nehmen können, nur weil für Ihren Geschmack alles viel zu langsam vorwärtsgeht. Wenn Sie glauben, es besser machen zu können als Ihr Chef – dann bewerben Sie sich doch um seine Stelle. Und übernehmen Sie die Verantwortung dafür.

Und was ist, wenn Sie gelb sind und einen grünen Chef haben? Dann wird es keine großen Probleme geben. Sie reden beide gern über Gott und die Welt und über Beziehungen. Als Gelber werden Sie dazu neigen, das Gespräch zu dominieren, was für Ihren Chef ein Problem darstellen kann. Also sagen Sie nicht immer gleich alles, was Ihnen durch den Kopf geht, und denken Sie daran, dass Ihr Vorgesetzter sich höchstwahrscheinlich an alles erinnern wird, was Sie sagen. Vor allem, wenn es um Gefühle geht. Atmen Sie daher lieber erst ein paarmal tief durch und stellen Sie ihm Fragen. Und da Sie weder der beste Zuhörer sind noch das beste Gedächtnis haben – wie wäre es, zu Ihrer nächsten Besprechung ein kleines Notizbuch mitzunehmen?

Reden Sie nach Möglichkeit nicht schlecht über andere Mitarbeiter, es sei denn, jemand hat sich wirklich etwas Schwerwiegendes zuschulden kommen lassen. Damit will ich Ihnen nicht einreden, dass grüne Chefs niemals Klatsch und Tratsch verbreiten; und ich meine damit auch nicht, dass Sie über mögliche Konflikte innerhalb des Teams schweigen sollten. Aber Ihrem grünen Chef wird es nicht gefallen, wenn Sie sich in einer Weise äußern, die zu Reibereien innerhalb der Gruppe führen kann. Mit so etwas möchte er sich nicht befassen müssen, also ist es besser für Sie, sich eine positive Einstellung zu bewahren – die Sie natürlich ohnehin schon haben. Sie sind ja schließlich gelb!

Wenn Sie selbst grün sind und einen grünen Chef haben, werden Sie sich sicher und geborgen und von Ihrem Vorgesetzten bestens verstanden fühlen. Sie sind sich beide einig darüber, dass alles seine Zeit braucht und dass das auch völlig in Ordnung ist; daher werden Sie nichts überstürzen, wenn es nicht unbedingt sein muss.

Ihr Chef wird sich mehr wie Ihr Freund als wie ein Kollege oder Chef fühlen.

Und nun kommen wir zu euch, die ihr blau seid und einen grünen Chef habt. Diese Kombination dürfte eigentlich ganz gut funktionieren. Keiner von Ihnen ist der Meinung, dass irgendetwas furchtbar dringend ist. Sie legen beide mehr Wert auf Qualität als auf Tempo. Während Ihr grüner Chef jedoch sehr fürsorglich und vielleicht ein bisschen zu persönlich ist, werden Sie sich eher bemühen, Ihre Beziehung zueinander streng professionell zu halten. Daran ist auch nichts auszusetzen; aber wenn Sie sämtliche Versuche Ihres Chefs, über Freizeitaktivitäten und ähnliche Themen zu sprechen, abwehren, könnte er sich ein bisschen zurückgewiesen fühlen.

Wenn Sie es schaffen, ein bisschen lockerer zu werden und Ihrem Chef etwas mehr von Ihrem wahren Wesen zu zeigen, können Sie dabei eine Menge gewinnen. Und Ihre Beziehung zueinander wird sich dadurch auf jeden Fall verbessern.

Ihr Chef hat Vertrauen zu Ihnen; also brauchen Sie *nicht* jedes Mal alle Details aufzuzählen. Ein grüner Vorgesetzter hat zwar sehr viel mehr Geduld als ein roter oder gelber; aber es gibt Grenzen. Und fragen Sie ihn unbedingt, was er von dem hält, was Sie gerade gesagt haben! Erwarten Sie aber nicht sofort eine direkte Antwort.

Und so passt man sich an einen blauen Chef an

Wenn Sie in erster Linie rot sind und Ihr Chef hauptsächlich blau ist, haben Sie tatsächlich ziemlich viele Gemeinsamkeiten. Sie brauchen nicht übermäßig vorsichtig mit dem zu sein, was Sie sagen, solange Sie Ihren Chef nicht kritisieren. Kritik an seinem Vorgesetzten zu üben ist wahrscheinlich niemals ein guter Schachzug; aber wenn Sie tatsächlich andeuten sollten, dass die Qualitätsstandards Ihres Chefs nicht besonders hoch sind, wird Ihre Beziehung ernsthaft darunter leiden.

Konkrete Themen können Sie dagegen in völlig neutralem Ton besprechen. Aber denken Sie daran: Während Sie am liebsten aus der Kurve heraus beschleunigen möchten, wird Ihr Chef in solchen Situationen garantiert abbremsen. Es ist also vor allem Ihr unterschiedliches Tempo, das Sie voneinander trennt. Sie glauben, die Vorbereitungen locker im Nachhinein treffen zu können, während Ihr Chef sie lieber im Voraus erledigen möchte. Abgesehen davon, dass Ihr Chef in diesem Punkt wahrscheinlich recht hat, wäre es für Sie am besten, nicht ganz so stark aufs Gaspedal zu treten, wenn Sie bei ihm gut angesehen bleiben möchten. Es wird ihn vielleicht nicht unbedingt verärgern, dass Sie ihn mit Ihrem Tempo stressen. Aber er könnte sehr nervös werden, wenn er das Gefühl hat, dass Sie sich unvorsichtig verhalten.

Nun ein paar Worte an die gelben Mitarbeiter unter Ihnen. Ehrlich gesagt: Ein blauer Chef könnte das Beste sein, was Ihnen je passiert ist. Er kann aber auch der Grund dafür sein, dass Sie endlich Ihren Schreibtisch ausräumen und eine Karriere als Zirkusartist beginnen. Denn Sie haben nicht das Geringste miteinander gemeinsam. Sorry.

Die einzige Gemeinsamkeit besteht darin, dass Sie beide am selben Ort arbeiten und in gewisser Weise voneinander abhängig sind. Aber denken Sie einmal darüber nach: Auch wenn Sie beim Lesen des Kapitels über die blauen Chefs eine Gänsehaut bekommen haben, können Sie von so jemandem doch eine ganze Menge lernen. Und es liegt auf der Hand, dass Sie beide sich hervorragend ergänzen. Als gelber Mitarbeiter müssen Sie nur daran arbeiten, ein bisschen mehr in die blaue Richtung zu tendieren. Überlegen Sie einmal, ob Sie wirklich so viel über sich selbst reden müssen. Ob Sie ihm unbedingt diese Geschichte vom letzten Frühjahr erzählen müssen. Ob es relevant ist, über Ihren letzten Krankenhausaufenthalt zu sprechen, wenn Sie gerade zusammen Ihre Kaffeepause genießen.

Es könnte Ihnen auch guttun, bei der Arbeit ein bisschen gründlicher zu sein. Ich weiß, dass Sie nicht gern über so langweilige Dinge reden; aber später, wenn niemand zuhört, können Sie mir ja stillschweigend recht geben. Außerdem wäre es doch schön, nicht alles im Kopf behalten zu müssen, sich keine Gedanken über alle Dinge machen zu müssen, die Sie eventuell vergessen haben, und für alles ein System zu haben – oder etwa nicht? Ihr Chef kann Ihnen in solchen Dingen weiterhelfen. Wenn Sie sich trauen, ihn danach zu fragen.

Und da ich hoffe, dass auch Ihr Chef dieses Buch liest, können Sie ihn vielleicht dazu ermutigen, ein bisschen lockerer zu werden und sich nicht ganz so ausschließlich auf die Stellen nach dem Komma zu fixieren. Gemeinsam können Sie Wunder bewirken!

Und wenn Sie grün sind und einen blauen Chef haben? Dann haben Sie genau die gleiche Sehnsucht nach Ruhe und Frieden und das gleiche Bedürfnis, stets Vorsicht walten zu lassen. Natürlich konzentriert sich Ihr Chef stärker auf die vorliegende Aufgabe als Sie; aber das muss kein Problem sein. Meistens wird er sich nicht in Ihre Arbeit einmischen. Zumindest nicht, solange Sie qualitativ hochwertige Arbeit liefern. Und das wollten Sie doch ohnehin, oder etwa nicht?

Nur in einem Punkt kann Ihre Beziehung zueinander ein bisschen schwierig werden: Blaue Chefs können sich ziemlich kritisch anhören, wenn sie irgendetwas entdecken, was ihnen nicht gefällt. Dann wird Ihr blauer Chef Ihre Arbeit womöglich gnadenlos kritisieren; und leider hat er wahrscheinlich auch sehr gute Gründe dafür. Denken Sie daran, seine Worte nicht allzu persönlich zu nehmen! Es geht hier nicht darum, was für ein Mensch Sie sind, sondern darum, was Sie getan (oder nicht getan) haben. Für Ihren blauen Chef ist das ein großer Unterschied; doch für Sie wird sich seine Kritik wahrscheinlich trotzdem eher unangenehm anfühlen.

Aber keine Angst: Ihr Chef will sie nicht skalpieren; er will nur, dass Sie in Zukunft ein bisschen genauer auf die Details achten. Und das ist doch eigentlich nicht so schlimm, oder?

Wenn er Ihnen negatives Feedback gibt und Sie wissen, dass er damit recht hat, sagen Sie bitte nicht, dass es nicht Ihre Schuld war. Versuchen Sie nicht, zu behaupten, Sie hätten nichts davon gewusst. Denn dann wird Ihr Vorgesetzter einfach die Notizen aus der Besprechung hervorholen, in der Sie die entsprechenden Details vereinbart hatten. Sie werden sich da nicht so leicht herauswinden können. Blaue Chefs wollen keine ausweichenden Antworten hören. Sie wollen, dass die Arbeit ordnungsgemäß erledigt wird.

Und wie ist es, wenn Sie selbst blau und mit einem blauen Chef gesegnet sind? Na, dann herzlichen Glückwunsch! Sie achten beide genau auf Details und wissen, wie wichtig es ist, dass alles seine Ordnung hat. Sie schätzen klare Regeln und Vorschriften darüber, wie die Arbeit erledigt werden soll. Sie sammeln gerne Daten und beschaffen sich alle Detailinformationen, bevor Sie eine Entscheidung treffen. Daher werden Sie den Entscheidungsfindungsprozess Ihres Vorgesetzten besser verstehen als andere Verhaltenstypen. Genau wie Sie geht auch Ihr Chef nicht gerne Risiken ein. Und Sie müssen sich bei ihm auch nicht mit Gefühlen und ähnlichem Unsinn herumschlagen.

Der Perfektionismus, zu dem Sie beide neigen, wird Ihre Zusammenarbeit jedoch nicht unbedingt erleichtern. Denn vielleicht haben Sie unterschiedliche Vorstellungen davon, was »genau« bedeutet. Das kann Ihre Arbeit manchmal völlig zum Stillstand bringen. Wenn Sie beide mit voller Kraft auf die Bremse treten – wer soll dann den nächsten Schritt vorwärts wagen? Also helfen Sie Ihrem Chef, aus den Startlöchern zu kommen. Und vergessen Sie nicht, dass auch Sie sich vorwärtsbewegen müssen. Sie können nicht alle Verteidiger sein, irgendjemand muss schließlich auch den Ball ins Tor schießen.

Kapitel 15

Wo soll ich anfangen?

Wie immer sollte man zuallererst daran denken, welche Farben man selbst in seinem Profil hat. Wenn Sie nur eine Farbe haben – ganz einfach. Wenn Sie zwei haben, wissen Sie hoffentlich, welche das sind. Denken Sie ein paar Minuten lang über Ihre Stärken und Schwächen nach und überlegen Sie, ob Ihr Chef Sie so wahrnimmt, wie Sie sich selbst wahrnehmen.

Als Nächstes sollten Sie sich überlegen, wie der Dialog zwischen Ihnen beiden funktioniert. Zum Beispiel, ob es Situationen gibt, in denen die Kommunikation besser klappen könnte; aber versuchen Sie sich auch Situationen ins Gedächtnis zu rufen, in denen alles so gelaufen ist, wie es sollte!

Wenn zwischen Ihnen und Ihrem Chef immer alles gut funktioniert hat – können Sie anhand der Beispiele, die ich oben angeführt habe, erkennen, welches Muster dieser guten Kommunikation zugrunde liegt? Und wenn der Dialog zwischen Ihnen bisher schiefgelaufen ist – gibt es dafür Erklärungen, die mit Ihren eigenen Farben zusammenhängen? Und falls ja: Haben Sie das Farbprofil Ihres Chefs richtig eingeschätzt?

Kapitel 16

Das fehlende Puzzleteil – wenn weder Farben noch Triebfedern eine ausreichende Erklärung liefern

Wenn wir die Farbprofile und Triebfedern eines Menschen richtig interpretiert haben, sind dann alle Probleme gelöst? Nein. Ich hasse es, ein Spielverderber zu sein, und wünschte, es wäre tatsächlich so einfach. Aber die Farben – das Verhaltensprofil eines Menschen – sind leider nur eine von vielen verschiedenen Dimensionen. Und auch die Triebfedern, über die wir weiter oben gesprochen haben, sind nur *ein* wichtiger Faktor. Es gibt noch viele andere Aspekte: zum Beispiel Erfahrung, Motivation, der allgemeine Hintergrund eines Menschen, seine Kultur und so weiter. Man muss also sehr, sehr viele Dinge berücksichtigen, um ein effizienter Kommunikator zu sein.

Führung ist ein Kommunikationsprozess; wenn Ihr Chef das nicht verstanden hat, kann eine Menge schiefgehen. Und Chefs, die immer nur ihren eigenen Weg gehen, egal, wohin er führt, verpassen etwas sehr Wichtiges. Es ist naiv und manchmal auch einfach nur dumm, die Unterschiede zwischen seinen Mitarbeitern nicht zu berücksichtigen. Das ist ein wichtiger Bestandteil jeder Führungsrolle, und wenn ein Chef das ignoriert, muss man sich fragen, ob er wirklich am richtigen Platz ist.

Einige Chefs haben das begriffen, andere nicht. Viele Vorgesetzte versuchen wahrscheinlich, ihr Bestes zu tun; aber ohne die richtigen Werkzeuge ist es schwierig, ein Haus zu bauen, auch wenn man noch so große Begeisterung für diese Arbeit mitbringt. Mit ein bisschen Glück haben Sie einen Chef, der sowohl Ihr Farbprofil als auch Ihre Triebfedern berücksichtigt. Schon allein damit kommen Sie beide ein ganzes Stück weiter.

Doch dann gibt es natürlich auch noch unterschiedliche Entwicklungsstufen.

Gerade als Sie dachten, Sie hätten alles begriffen …

Schauen wir uns nun mal eine Situation an, in der wir weder mit Farbprofilen noch mit Triebfedern weiterkommen.

Stellen Sie sich vor, Sie sind im Begriff, eine Aufgabe zu erledigen, die auf Ihrer langen To-do-Liste steht. Manchmal schaffen Sie das innerhalb von fünf Minuten; manchmal brauchen Sie aber auch mehrere Stunden, um mit etwas fertig zu werden, das doch eigentlich gar nicht so kompliziert sein sollte. Manchmal sitzt man da, starrt auf seinen Bildschirm und versucht, irgendetwas zu erledigen, wovon man genau weiß, wie es geht – aber man kann sich einfach nicht dazu aufraffen. Und in anderen Fällen geht die gleiche Arbeit seltsamerweise kinderleicht.

Wie kommt das?

Es hängt davon ab, auf welcher Entwicklungsstufe Sie gerade stehen, von Ihrem Reifegrad.

Dieses Modell des situativen Führens wurde Mitte der 1970er-Jahre von den Amerikanern Paul Hersey und Ken Blanchard entwickelt. Aus ihren Forschungsarbeiten über Lernstile zogen die beiden verschiedene Schlussfolgerungen, die sie schließlich zu der Erkenntnis brachten, dass es nicht nur *einen* »besten« Weg gibt, Menschen zu führen. Vielmehr hängt der richtige Weg von einer ganzen Reihe verschiedener Faktoren ab. Effektive Führung ist teils aufgabenbezogen, teils personenbezogen. Nach Meinung von Hersey und Blanchard sind die besten Chefs diejenigen, die es schaffen, jeden Mitarbeiter in der Situation zu betrachten, in der er sich zum jeweiligen Zeitpunkt befindet. Und in dieser Hinsicht bin ich genau ihrer Meinung.

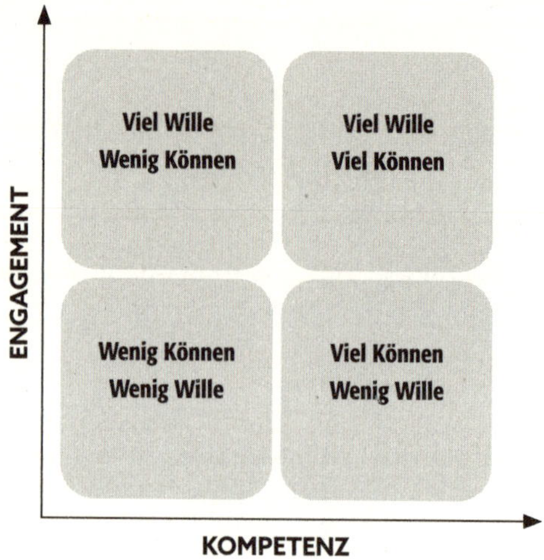

Hersey und Blanchard untersuchten die Kompetenz (Fähigkeit, Wissen, Qualifikation) und das Engagement einer Person, das sie wiederum in Motivation *(Will ich das?)* und Selbstvertrauen *(Kann ich das?)* unterteilten. Wenn Ihr Vorgesetzter weiß, wie viel von diesen beiden Faktoren bei Ihnen jeweils vorhanden ist, wenn Sie vor einer bestimmten Aufgabe stehen, dann weiß er auch, was für eine Führung Sie benötigen. Das ist ein sehr kluges Instrument, denn es erspart einem eine Menge Rätselraten.

Hersey und Blanchard bezeichneten dieses Modell als »situatives Führen«. Effektive Führung variiert also je nach Aufgabe, Engagement und Kompetenz des Mitarbeiters.

Das ist die Theorie.

Wenn Sie das verstanden haben, wissen Sie, was Ihr manchmal vielleicht ein bisschen desinteressierter Chef nicht begriffen hat. Und genau das ist der Grund, warum Ihr Chef manchmal überhaupt keinen Beitrag zu Ihrer beruflichen Weiterentwicklung leistet. Aber es gibt auch eine gute Nachricht: Wenn Sie das Problem erkannt haben, können Sie es selbst lösen. Dazu brauchen Sie Ihren Chef gar nicht. Die meisten Probleme können Sie ganz allein in den Griff bekommen – und zwar unabhängig davon, was für ein Farbprofil Sie haben oder von welchen Triebfedern Sie sich motivieren lassen.

Ihr Chef wird dabei also mehr oder weniger überflüssig sein. Sie können selbst über Ihre berufliche Weiterentwicklung bestimmen. Sie müssen nur beschließen, aktiv die Verantwortung für Ihre eigene Zukunft zu übernehmen.

Einen Schritt näher an der Lösung des Rätsels: Das passiert, wenn man neu in seinem Job ist

Stellen Sie sich vor, Sie treten gerade eine neue Stelle an. Sie haben sich um diesen Posten beworben und, was noch besser ist, Sie haben ihn tatsächlich bekommen! Herzlichen Glückwunsch! Aber was passiert jetzt? Volle Kraft voraus? Oder gibt es ein paar Dinge, die Sie beachten sollten?

Ja, die gibt es, und genau damit wollen wir uns jetzt beschäftigen.

Erste Stufe: Viel Wille, wenig Können

Hohes Engagement (Motivation + Selbstvertrauen), aber wenig Kompetenz (für diese spezielle Aufgabe).

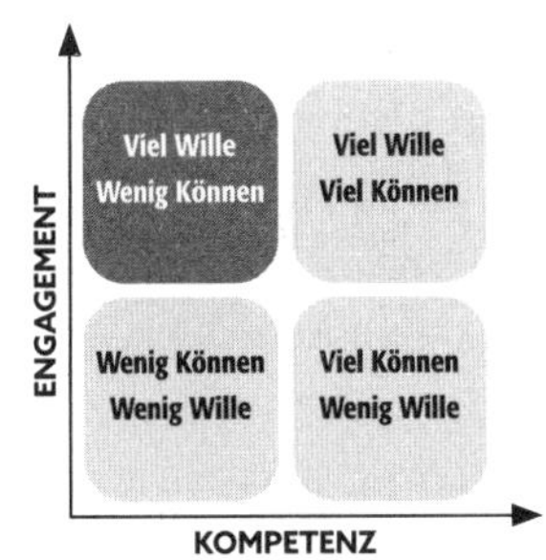

Der glückliche Anfänger, der auf alles schießt, was sich bewegt

Wenn Sie eine neue Stelle antreten und noch keine Erfahrung auf dem betreffenden Gebiet haben, sind Sie normalerweise sehr engagiert und motiviert für Ihre neue Aufgabe. Voller Selbstvertrauen beginnen Sie, alles anzupacken, was getan werden muss. Das wird richtig Spaß machen. Was kann daran denn so schwer sein? Man braucht doch einfach nur loszulegen! Aber irgendwo im Hinterkopf ist Ihnen natürlich schon bewusst, dass Sie so etwas noch nie gemacht haben; und das sollte Ihnen zu denken geben. Doch selbst wenn Sie sich darüber im Klaren sind, dass Sie für die anstehenden Aufgaben vielleicht nur *wenig Kompetenz* mitbringen, beunruhigt Sie das nicht. Sie machen trotzdem weiter. Und warum? Weil Sie so *viel Engagement* haben! Alles fühlt sich großartig an.

Sie rufen Freunde und Verwandte an, sprechen mit Nachbarn und Ihrer Familie – Sie haben einen neuen Job! Vielleicht ist das Ihre erste Führungsposition? Sie beginnen eine neue Karriere. Sie fühlen sich ungeheuer inspiriert! Und natürlich gratulieren Ihnen alle.

Irgendjemand wird Sie vielleicht fragen, worum es bei Ihrem neuen Job eigentlich geht. Sie antworten, dass er aus vielen verschiedenen Aufgaben besteht und Sie noch keinen genauen Überblick darüber haben; aber es wird bestimmt großen Spaß machen, sich da einzuarbeiten. Aber wie werden Ihre Arbeitstage aussehen? Das wissen Sie auch noch nicht; aber mit Ihrer grenzenlosen Energie werden Sie wie ein Tornado durch das Unternehmen fegen. Was kann denn schon Schlimmes passieren?

Sie nehmen sich alles Mögliche vor, stürzen sich in sämtliche Projekte, weil sie Ihnen interessant vorkommen und Sie keine Ahnung haben, wie lange die Arbeit daran dauern wird. Sie arbeiten abends, nachts und am Wochenende – weil das alles so einen Riesenspaß macht. Und nichts, wirklich gar nichts kann Sie aufhalten.

Dieses Phänomen bezeichnet man als *unbewusst inkompetent.*

Zweite Stufe: Wenig Können, wenig Wille

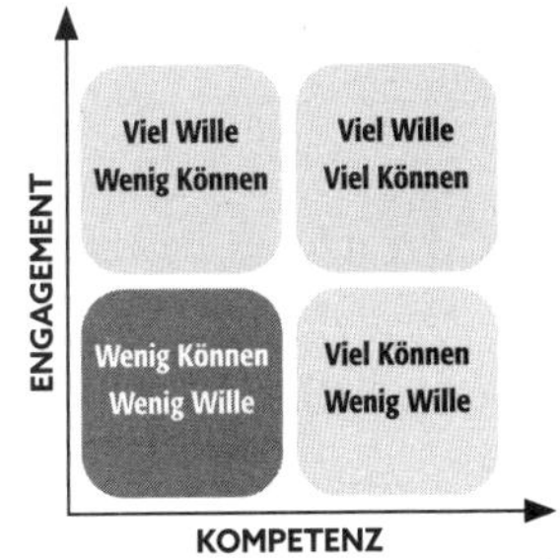

Wenig Engagement (Motivation + Selbstvertrauen) und wenig Kompetenz (für diese spezielle Aufgabe).

Der Mitarbeiter, der festgestellt hat, dass nichts klappt, und kurz davor ist, das Handtuch zu werfen

Wenn Sie eine neue Stelle antreten, tun Sie das normalerweise mit jeder Menge Energie, Motivation und Selbstvertrauen. Sie sind überall mit dabei. Mischen bei jedem Projekt mit. Haben in allen Arbeitsabläufen Ihre Finger drin.

Doch nach einer Weile sind Sie mit dem Kopf ein paarmal zu oft gegen eine Wand gelaufen. Sie haben festgestellt, dass das alles doch nicht ganz so einfach ist, wie Sie dachten. Es ist schwierig, für alles Zeit zu finden, und eigentlich haben Sie auch nicht die richtigen Instrumente dazu. Sie wissen nicht, wen Sie fragen sollen; und die Leute, die Sie vielleicht fragen könnten, scheinen alle voll und ganz mit ihrer eigenen Arbeit beschäftigt zu sein. Sie können nicht mal Ihren eigenen Chef finden und fangen an, sich zu fragen, ob Sie sich nicht vielleicht doch ein bisschen übernommen haben.

Nach einer Weile merken Sie, dass Sie an den falschen Dingen arbeiten; es gelingt Ihnen nicht, bei Ihrer Tätigkeit so richtig in Gang zu kommen; und bald haben Sie die vielen Überstunden satt. Was Sie anfangs inspirierend fanden, ist jetzt einfach nur noch mühsam und beschwerlich. Alle anderen scheinen zu wissen, wie man es richtig macht – nur Sie nicht. Das ist nicht der Job, um den Sie sich beworben hatten; der Chef ist dumm, und außerdem regnet es. Die Probleme nehmen kein Ende.

Jetzt besteht die Gefahr, dass Sie anfangen, anderen Leuten die Schuld zu geben und nach Sündenböcken zu suchen. An manchen

Tagen wird es Ihnen tatsächlich so vorkommen, als seien Sie von Idioten umgeben. Vor allem aber sind Sie völlig verwirrt. Das bisschen Arbeit, das Sie zustande bringen, ist falsch, und nichts fühlt sich mehr gut an.

Im allerschlimmsten Fall passiert das, bevor Ihr Probevertrag in einen unbefristeten Arbeitsvertrag übergeht. Und wer weiß – vielleicht sollten Sie ja sowieso lieber das Handtuch werfen. Das hier ist wahrscheinlich nicht der richtige Job für Sie.

Jetzt sind Sie *bewusst inkompetent.*

Dritte Stufe: Viel Können, wenig Wille

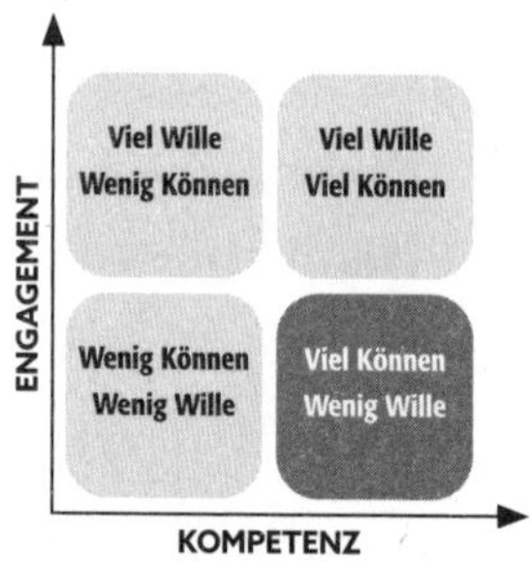

Geringes oder mittelgroßes Engagement (Motivation + Selbstvertrauen), aber hohe Kompetenz (für diese spezielle Aufgabe).

Der Mitarbeiter, der allmählich immer mehr Einblick in seine Arbeit gewinnt, aber trotzdem immer noch zu zögerlich ist

Gibt es keine andere Wahl, als das Handtuch zu werfen? Nein, so ist es natürlich nicht. Man muss sich nur bewusst machen, was auf dieser Entwicklungsstufe abläuft. Der Trick besteht darin, nicht aufzugeben, sondern weiterzukämpfen – hoffentlich mit professioneller Unterstützung von Ihrem Vorgesetzten. Das ist eine ganz normale Phase, wir alle landen ab und zu im Graben.

Wenn Sie trotzdem weiterkämpfen – und dem heftigen Wunsch widerstehen, einfach alles stehen und liegen zu lassen, morgens zu spät zu kommen, lange Mittagspausen einzulegen und abends zeitig nach Hause zu gehen –, werden Sie feststellen, dass Sie allmählich lernen, wie die Arbeit gemacht werden muss, auch wenn es schwierig ist. Man muss einfach nur das Positive an der Situation sehen.

Zum Beispiel wissen Sie jetzt wahrscheinlich aus eigener Erfahrung genau, was alles *nicht* funktioniert.

Und wenn Sie jetzt nicht aufgeben, wird nach einer Weile alles leichter. Also bleiben Sie dran, und Sie werden merken, wie der Druck langsam nachlässt. Allmählich gewinnen Sie Ihre Motivation zurück, weil Ihnen die Aufgaben nun schon ein bisschen leichter von der Hand gehen. Die Qualität Ihrer Arbeit verbessert sich, und alles macht wieder ein bisschen mehr Spaß.

Natürlich gibt es immer noch Aufgaben, bei denen Sie sich unsicher fühlen. Das können ganz kleine Hürden sein. Vielleicht finden Sie zum Beispiel einen Zettel auf Ihrem Schreibtisch, auf dem steht: NILSSON *ANRUFEN.* Sie spüren ein flaues Gefühl in der Magengrube, weil Sie genau wissen, worum es geht. Unter der Überschrift steht: *Sie ist stinksauer auf Sie.*

Na schön. Es war sowieso höchste Zeit, diese unangenehme Sache zu klären. Sie wissen, was Nilsson will, Sie wissen, was Sie ihr sagen müssen, und Sie haben die Kompetenz, ihre Nummer zu wählen.

Es ist nur so, dass … Sie jetzt lieber erst mal eine Tasse Kaffee trinken würden. Sie können Janelle ja auch später noch anrufen.

Vielleicht nach dem Mittagessen. Oder vielleicht auch lieber erst morgen?

Für dieses Verhalten gibt es einen ganz einfachen Grund: Ihr Selbstvertrauen ist noch nicht stark genug, um mit einer wütenden Nilsson umgehen zu können. In anderen Situationen wäre das vielleicht kein Problem gewesen. Aber gerade heute … nein. Sie haben nicht genügend Vertrauen zu Ihren eigenen Fähigkeiten, um zum Telefonhörer zu greifen.

Diese dritte Entwicklungsstufe bezeichnet man als *unbewusst kompetent.*

Vierte Stufe: Viel Wille, viel Können

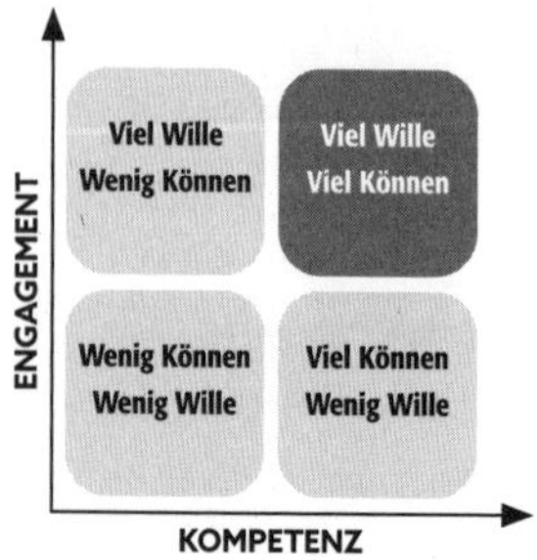

Hohes Engagement (Motivation + Selbstvertrauen) und hohe Kompetenz (für diese spezielle Aufgabe).

Der Mitarbeiter, der gut allein zurechtkommt und allmählich immer kreativer wird

Und schließlich wird alles gut. Da Sie nicht zu den Leuten gehören, die so leicht aufgeben, haben Sie sich durchgekämpft und Ihr Bestes gegeben. Sie haben inzwischen an so vielen verschiedenen Projekten gearbeitet und so vieles hat gut geklappt, dass Sie nicht nur kompetenter und motivierter sind – Sie haben auch Ihr Selbstvertrauen zurückgewonnen. Jetzt fühlt sich wieder alles ganz gut an und es fällt Ihnen vielleicht sogar schwer, zu verstehen, warum Sie anfangs so furchtbar niedergeschlagen waren.

Sie erledigen alles in der dafür vorgesehenen Zeit, suchen sogar noch nach weiteren Aufgaben und schlafen nachts wieder gut. Der Stress hat Sie nicht mehr im Griff und Sie fühlen sich stark und kreativ. Vielleicht fangen Sie sogar an, sich nach einem neuen Job umzusehen, weil Sie das Gefühl haben, für neue Herausforderungen bereit zu sein.

Jetzt sind Sie *bewusst kompetent.*

Wie lange dauert dieser Entwicklungsprozess?

Man kann nicht genau sagen, wie viel Zeit zwischen Stufe eins und Stufe vier verstreicht. Das hängt davon ab, wie schwierig die Arbeit ist. Es ist ein großer Unterschied, ob man lernen muss, Produkte auf dem polnischen Markt zu verkaufen, oder ob es einfach nur darum geht, die neue Kaffeemaschine zu bedienen. Und in meiner obigen Beschreibung bin ich von jemandem ausgegangen, der *neu in seinem Job ist*. In Wirklichkeit ist die Situation aber normalerweise viel komplizierter.

Außerdem ging es mir letzten Endes nur darum, Ihnen klarzumachen, dass das hier ein logischer Prozess ist, der mehr oder weniger *jedes Mal abläuft, wenn Sie irgendetwas lernen, das Sie vorher nicht wussten*. Wenn man sich am Anfang ungeheuer viel Mühe gibt, ist das ein Zeichen dafür, dass man sich für seine Aufgabe engagiert; daran ist eigentlich nichts auszusetzen. Und wenn man während dieses Prozesses irgendetwas vermasselt, dann gehört das eben dazu.

Damit will ich sagen, dass mit Ihnen alles in Ordnung ist.

Sie reagieren negativ auf Rückschläge, was zu Frustration führen kann. Und wenn Sie Ihren Job dann allmählich erlernen, gewinnen Sie Ihr Engagement zurück. Sie müssen sich nur den Glauben daran bewahren, dass das so kommen wird.

Es gibt wissenschaftliche Untersuchungen zu diesem Thema; und wenn man seine Motivation und vielleicht sogar sein Selbstvertrauen verloren hat (Stufe zwei), muss man diesen Glauben an sich selbst zunächst wieder aufbauen. Es ist schwierig, sich stark zu fühlen, wenn man weiß, dass man für eine bestimmte Aufgabe nicht kompetent ist. Auch diese Kompetenz muss also erst aufgebaut werden, bevor man sich wieder wohl in seiner Haut fühlt.

Wie immer gibt es auch bei dieser Regel Ausnahmen; aber wenn Sie bei der Arbeit an einer bestimmten Aufgabe Ihren Elan verlieren, ist es gut zu wissen, dass es dafür eine ziemlich einfache Lösung gibt: Lernen Sie von Anfang an genau, wie man die Arbeit richtig macht. Schummeln Sie nicht. Nehmen Sie keine Abkürzungen, ignorieren Sie die Aufgabe nicht und schieben Sie sie auch nicht irgendjemand anderem zu. Lernen Sie von Anfang an genau, wie man seine Sache richtig macht. Dann werden Sie sich bei der nächsten Aufgabe gleich viel stärker fühlen.

Und was ist mit den Tagen, an denen Sie sich am liebsten die Decke über den Kopf ziehen würden?

Wenn Ihr Chef das hier liest und den Eindruck hat, dass einige seiner Mitarbeiter an ihrem Arbeitsplatz einfach nicht zurechtkommen, liegt das vielleicht schlicht und einfach daran, dass diese Mitarbeiter sich noch irgendwo zwischen den oben beschriebenen vier Entwicklungsstufen bewegen. Das bedeutet nicht unbedingt, dass mit diesen Leuten irgendetwas nicht stimmt. (Ab und zu bekomme ich Anrufe von Chefs, die meinen, dass sie offensichtlich den falschen Kandidaten eingestellt haben. Normalerweise erinnere ich sie dann daran, dass das vielleicht einfach nur eine Phase eines ganz natürlichen Entwicklungsprozesses ist.) Selbst wenn der neue Mitarbeiter seinem Vorgesetzten anfangs das Blaue vom Himmel herunter versprochen hat (Stufe eins) und der Chef seinen fragwürdigen Versprechungen von enormen Spitzenleistungen tatsächlich Glauben geschenkt hat, wird dieser Mitarbeiter früher oder später im Graben landen. Das ist ein ganz normaler Teil dieses Prozesses, und die Aufgabe des Chefs besteht nun darin, ihn wieder aufzurichten.

Denn das schafft nicht jeder Mitarbeiter allein. Die meisten brauchen dabei Hilfe. Und in dieser Hinsicht kann ein guter Chef ungeheuer nützlich sein. Natürlich nur, wenn der Mitarbeiter das zulässt. Man kann nur dann geführt werden, wenn man geführt werden *will*.

Ich möchte an dieser Stelle nicht zu weit ausholen; aber wahrscheinlich haben Sie in meinen Ausführungen inzwischen schon eine gewisse Logik erkannt.

Ein komplizierteres Problem liegt vor, wenn Ihr Chef nicht merkt, dass Sie sich irgendwo zwischen diesen verschiedenen Entwicklungsstufen befinden und dass Ihnen (obwohl Sie behauptet haben, die Arbeit zu beherrschen) in Wirklichkeit die nötigen

Werkzeuge dazu fehlen. Schlechte Chefs machen es sich in solchen Situationen leicht.

Fred hat doch gesagt, er weiß, was er tut – jetzt soll er selbst sehen, wie er zurechtkommt.

Aber wer zum Teufel will schon zugeben, dass es ihm an Motivation oder Selbstvertrauen fehlt? Wie viel Spaß macht es, zu seinem Chef zu gehen und zuzugeben, dass man gerade dabei ist, fürchterlichen Mist zu bauen?

Gute Chefs lösen dieses Problem, schlechte Chefs nicht

Die Sache ist die, dass Sie Ihren Chef eigentlich nicht brauchen, um bei Ihrer Arbeit weiterzukommen. Es gibt nämlich Möglichkeiten, das auch ganz allein zu schaffen. Zunächst einmal müssen Sie sich darüber klar werden, an welchem Punkt des oben beschriebenen Entwicklungsprozesses Sie stehen; und sobald Sie das herausgefunden haben, werden Sie auch erkennen, woran es Ihnen fehlt. Vielleicht brauchen Sie neues Wissen oder jemanden, der Ihnen Mut macht. Manchmal hat Ihr Chef die Antwort; doch in erstaunlich vielen Fällen wissen Sie sie selbst. Oder die Lösung liegt bei einem Ihrer Kollegen. Gemeinsam können Sie zumindest einen Teil der Schwierigkeiten genauso gut analysieren wie ein abwesender (oder womöglich gar desinteressierter) Chef.

Wenn Sie offen mit Ihren Kollegen reden können, dann können Sie sich auch untereinander austauschen und gegenseitig unterstützen – vermutlich genauso gut wie jeder Chef. Höchstwahrscheinlich werden Sie das sogar besser können als er, weil Sie Probleme frühzeitiger erkennen. Stellen Sie sich nur einmal vor, wie viel Zeit

Sie sparen würden, wenn Sie nicht mehr warten müssten, bis Ihr Chef Zeit hat, Ihnen zuzuhören!

Wenn Sie das Problem richtig angehen, wird Ihr Chef in dieser Situation tatsächlich völlig überflüssig sein.

Findet dieser Entwicklungsprozess nur bei der Arbeit statt?

Nein. Eigentlich geschieht das jedes Mal, wenn Sie sich eine neue Aufgabe vornehmen. Und zwar nicht nur am Arbeitsplatz. Man kann diesen Prozess auch bei Freizeitaktivitäten beobachten.

Schauen Sie sich nur einmal an, wie es in den Gärten der Menschen aussieht. Oder in ihren Wohnungen und Häusern! Überall unvollendete Projekte, die irgendwann einmal mit großer Begeisterung angegangen worden sind. Und warum? Weil die Leute einfach irgendetwas anfangen, ohne sich darüber im Klaren zu sein, wie schwierig es ist; und wenn sie dann nicht mehr weiterwissen, verlieren sie das Interesse und verlegen sich auf etwas anderes. So kann das jahrelang weitergehen, und manch einer bekommt am Ende vielleicht sogar Besuch vom Team einer Fernsehsendung, das ihm einen Ausweg aus seinem Heimwerkeralbtraum zeigt.

Wie man sein Auto in einen Graben steuert

Hier eines meiner Lieblingsbeispiele für dieses Phänomen: eine Geschichte, die einem guten Freund von mir tatsächlich passiert ist. George ist ein roter Geschäftsmann, der gerne folgende Story zum Besten gibt: Er hat seinen Führerschein schon seit über 20 Jahren und hält sich für einen sehr guten Autofahrer. (Da ich schon öfter bei ihm auf dem Beifahrersitz saß, kann ich bestätigen, dass er auch ein sensationell *schneller* Fahrer ist.) George hatte jahrzehntelang eine Limousine gefahren und glaubte genau zu wissen, wie das geht.

Dann kaufte die Familie ein zweites Auto, einen sehr großen SUV. Und was macht man mit einem sehr großen SUV? Natürlich fährt man damit im Gelände herum. Dafür ist er ja schließlich da. George ist schon immer ein Mann der Tat gewesen; also sprang er in den Wagen, um eine kleine Spritztour durch unwegsames Gelände zu machen.

Er fühlte sich in seinem neuen Fahrzeug auf Anhieb sicher und ließ den Motor aufheulen, um einen eleganten Satz über den ersten Graben zu machen, der ihm unterkam. Nur leider blieb der Geländewagen an der Kante des Grabens hängen, und das war das Ende seiner Tour.

Ich war leider nicht dabei und kann daher nur vermuten, was in dem Auto damals alles gesprochen wurde. Doch wie George mir hinterher erzählte, kam ihm eine glasklare Erkenntnis, als das Fahrzeug in dem Graben feststeckte: Er hatte geglaubt, im Hinblick auf Geländefahrten bereits auf der vierten Entwicklungsstufe zu sein. Leider war er nicht auf die Idee gekommen, dass es ein kleiner Unterschied ist, ob man mit einem sehr großen Geländewagen über einen Graben setzt oder mit einer Limousine eine Bundesstraße entlangfährt. Eigentlich ist das sogar ein ziemlich großer Unterschied. In beiden Fällen geht es darum, ein Fahrzeug zu lenken; aber man stößt dabei auf sehr unterschiedliche Herausforderungen.

Jedenfalls landete George bei dieser Erkenntnis nicht nur direkt im Graben, sondern auch direkt auf der zweiten Entwicklungsstufe. Er fluchte und schrie und belegte seinen neuen Geländewagen mit allen möglichen Schimpfnamen. Wie kann eine Autofirma einen so großen SUV bauen, der an einem stinknormalen kleinen Graben scheitert? Sosehr er sich auch bemühte, er bekam den Wagen nicht mehr aus dem Graben heraus.

Nach einer Weile kam ein Bauer mit einem alten Geländewagen aus den 1970er-Jahren und schleppte seinen SUV aus dem Schlamm heraus. Als Nächstes erklärte er George, wie er bei Geländefahrten das Mitteldifferential benutzen könne und dass es besser sei, einen Graben diagonal zu durchqueren, als geradeaus durch den Schlamm zu fahren. Das war die dritte Stufe: Jetzt begann George zu lernen, wie man einen SUV richtig fährt; doch da dieser Vorfall sein Selbstvertrauen beschädigt hatte, fuhr er anschließend gleich wieder nach Hause.

Später fuhr er noch mal auf demselben Weg in den Wald, ließ seine Geländetour aber diesmal etwas behutsamer angehen. Auf diese Weise konnte er die schlimmsten Hindernisse umgehen. Und inzwischen könnte man sagen, dass George sich auf der vierten Stufe seiner Entwicklung befindet: Er hat seine Motivation und sein Selbstvertrauen zurückgewonnen und ist auf diesem Gebiet jetzt ziemlich kompetent – jedenfalls solange es sich um ein relativ flaches Feld handelt.

Wie soll man also nun vorgehen?

Woran können Sie erkennen, auf welcher Entwicklungsstufe Sie sich befinden? Das ist gar nicht so kompliziert, wie Sie vielleicht denken. Schauen Sie sich einfach das Diagramm mit den vier Stufen erneut an und beantworten Sie sich dann folgende Fragen:

1. Worin besteht die Aufgabe?

2. Welche Kompetenzen habe ich für diese spezielle Aufgabe? (Aber bitte eine ehrliche Antwort; wenn Sie bei dieser Frage angeben, lügen Sie sich nur selbst in die Tasche!)

3. Fühle ich mich motiviert dazu, diese Aufgabe zu bewältigen? Wird sie mir Spaß machen? Spüre ich einen Energieschub, wenn ich darüber nachdenke, oder finde ich die Aufgabe einfach nur anstrengend und ermüdend?

4. Wie steht es mit meinem Selbstvertrauen? Glaube ich wirklich, diese Aufgabe ohne größere Probleme bewältigen zu können? Oder schlottern mir schon beim Gedanken daran die Knie?

Schon bei dieser kurzen Analyse wird Ihnen vieles klarer werden. Der Sinn dieser vier Fragen besteht darin, sich klarzumachen, was für Unterstützung Sie brauchen, um bei einer bestimmten Aufgabe weiterzukommen.

Wenn Sie sich zum Beispiel auf Entwicklungsstufe eins befinden, brauchen Sie keine aufmunternden Worte, sondern klare Anweisungen dazu, wie die Aufgabe ausgeführt werden soll.

Wenn Sie auf Stufe zwei feststecken, helfen weder wütende noch anfeuernde Worte. Was Sie jetzt brauchen, ist jemand, dem Ihre Situation am Herzen liegt und der Ihnen auf ruhige und systematische Weise weiterhilft.

Auf der dritten Stufe (auf der Sie eigentlich schon wissen, wie man mit der Aufgabe fertigwird, aber aus irgendwelchen Gründen immer noch davor zurückscheuen) müssen Sie zu hören bekommen, dass Sie die nötige Kompetenz haben, dass Sie es schaffen werden. Ihr Selbstvertrauen muss gestärkt werden.

Und sobald Sie die vierte Stufe erreicht haben, wird es Sie fast schon nerven, wenn Ihnen jemand sagt, dass Sie ein cleverer Bursche sind. Jetzt wollen Sie hören, was für gute Ergebnisse Sie erzielen und was für einen Beitrag Sie zum Unternehmenserfolg leisten.

Kapitel 17

Umgeben von überflüssigen Chefs

Aber was ist mit den Chefs? Tragen die denn gar keine Verantwortung?

Doch, natürlich. Sie tragen sogar am meisten Verantwortung. Eigentlich sollte Ihr Vorgesetzter Sie aus dieser manchmal mühsamen Endlosschlaufe immer wiederkehrender Frustrationen herausführen. Aber er weiß nun einmal nicht, wie es in Ihrem Kopf aussieht. Die Aspekte dieses Entwicklungszyklus, bei denen es um Ihre Motivation oder Ihr Selbstvertrauen geht, beruhen schließlich auf Emotionen. Und was in Ihrem tiefsten Inneren vorgeht, ist von außen nicht unbedingt erkennbar. Also ist es für einen Vorgesetzten nahezu unmöglich herauszufinden, wie Sie sich fühlen und was Sie in einer bestimmten Situation empfinden. Auch wenn ich in diesem Buch schon öfter sehr streng mit Ihrem Chef ins Gericht gegangen bin, müssen wir trotzdem eine Antwort auf die zentrale Frage finden:

Soll es von Ihrem Vorgesetzten abhängen, ob Sie Erfolg haben, oder nicht?

Ich habe bereits mehrfach gesagt, dass Sie dazu keine Hilfe von Ihrem Chef brauchen. Manchmal ist es einfach keine Lösung, auf den Chef zu warten. Sie werden gezwungen sein, selbst mit der Situation zurechtzukommen.

Führen hat nichts mit Gedankenlesen zu tun

Dass der Chef es *hätte wissen müssen*, dass es *besser gewesen wäre*, wenn er in der Lage gewesen wäre, *in meinen Kopf hineinzuschauen und mein Anliegen zu verstehen* – das mag ja alles stimmen. Aber da das Konzept des Gedankenlesens wahrscheinlich ein Mythos ist, werden wir andere Lösungen finden müssen. Haben Sie das Gefühl, ignoriert, nicht gesehen oder schlicht und einfach nicht genügend wertgeschätzt zu werden, hätten aber gerne Hilfe von Ihrem Vorgesetzten? Nun, dafür gibt es eine fast schon lächerlich einfache Lösung.

Gehen Sie zu Ihrem Chef und sagen Sie: *Wissen Sie, so funktioniert das nicht. Können wir darüber reden?*

In der Sekunde, in der Sie sich tatsächlich dazu aufraffen, zeigen Sie, dass Sie ein erwachsener Mensch sind und zur Lösung des Problems beitragen möchten. Für mich ist es ein Beweis persönlicher Reife, wenn jemand die volle Verantwortung für seine Situation übernimmt. Und manchmal bedeutet »volle Verantwortung« eben auch, um Hilfe zu bitten.

Wir sprechen hier über Ihre Situation, über Ihre Arbeit – eine Arbeit, mit der Sie vielleicht acht oder neun Stunden pro Tag beschäftigt sind. Was wäre es wert, all die Knoten zu entwirren, die Ihnen dabei Probleme bereiten?

Was können Sie selbst in so einer Situation tun?

Wenn Sie einen guten Chef haben, wird er auf Sie zukommen und Lösungsmaßnahmen vorschlagen. Ihm ist aufgefallen, dass Sie bei Ihrer Arbeit mit Problemen zu kämpfen haben, und er ist dazu da, Sie zu unterstützen und dafür zu sorgen, dass Sie weiterkommen. Aber – und das ist unglaublich wichtig – wenn Ihr Chef Ihnen nicht so hilft, wie Sie es gerne hätten, ist er deshalb noch lange kein Idiot. Vielleicht fällt es ihm einfach nur schwer, zu verstehen, wo Ihr Problem liegt.

Also geben Sie Ihrem Chef eine Chance.

Bitten Sie ihn um ein Gespräch.

Setzen Sie sich mit ihm zusammen.

Erklären Sie ihm, was los ist.

Und dann sagen Sie: *Ich brauche Ihre Hilfe.*

Mit einem wirklich guten Chef – einer echten Führungspersönlichkeit – sind Sie nach diesen Worten bereits auf dem Weg zu einer Lösung. Nur leider werden erschreckend viele Chefs Ihnen gar nicht zuhören. Stattdessen werden sie innerlich aufstöhnen: *Schon wieder so ein Jammerlappen, der nicht selbstständig denken kann.*

Bei manchen Chefs habe ich die Hoffnung inzwischen schon aufgegeben. Sie sind zwar zu den richtigen Lippenbekenntnissen in der Lage: Zum Beispiel werden sie garantiert lauthals verkünden, dass ihnen klar ist, dass Mitarbeiter wahrgenommen und unterstützt werden wollen. Aber in der Praxis tun sie leider nichts dafür. Entweder sie haben nicht die nötige Energie oder sie nehmen sich nicht die Zeit dafür. Oder sie wissen gar nicht, was sie für ihre Mitarbeiter tun können; also stecken sie einfach den Kopf in den Sand.

Das sind die Leute, die ich als »überflüssige Chefs« bezeichne.

Sie haben einen Job, in dem bestimmte Erwartungen an sie gestellt werden; sie werden dafür bezahlt, dass sie Verantwortung für Aufgaben übernehmen, die sie geflissentlich ignorieren. Das ist nicht zu akzeptieren. Und einige dieser Leute werden sich leider wahrscheinlich erst dann ändern, wenn es für Sie zu spät ist.

Wenn ich solche Leute in meinen Führungskräfte-Seminaren habe, sagen sie oft alles, wovon sie genau wissen, dass ich es hören will. Denn sie sind kluge Schüler und ihnen ist klar, dass es in ihrem eigenen Interesse liegt, bei meinem Programm gut abzuschneiden.

Als Führungskräfte-Coach habe ich im Lauf der Zeit Tausende von Chefs kennengelernt: Manche waren gut, andere erschreckend inkompetent. Einige von ihnen haben sich durch das, woran wir miteinander gearbeitet haben, tatsächlich verbessert; anderen war das alles sch...egal. Viel zu vielen haben meine Ausführungen offensichtlich gut gefallen, ohne dass sie es geschafft hätten, irgendetwas zu verändern. Sie machen einfach so weiter wie immer. Sie sind weiterhin Chef, führen ihre Mitarbeiter jedoch nicht wirklich. Solche Vorgesetzte wird es leider immer geben.

Was brauchen Mitarbeiter von ihrem Arbeitgeber? Sie müssen motiviert werden, wenn es schwierig wird; sie müssen Selbstvertrauen aufbauen können; sie brauchen Schulung und Anleitung, um ihre Kompetenz zu verbessern. Interessant ist, dass all diese Lösungen bereits in Ihrem Unternehmen vorhanden sind. Da der Chef ohnehin nicht der ultimative Fachmann ist, sollte er auch nicht das Nadelöhr sein, das verhindert, dass ein bestimmter Mitarbeiter weiterkommt. Und viele Chefs geben ihren Mitarbeitern ohnehin nicht das, was sie brauchen. Sie führen eigentlich gar nicht. Warum sind sie dann überhaupt Chefs?

Es ist immer noch Ihre Entscheidung!

Was für Schlussfolgerungen können wir daraus ziehen? Dass jeder Mensch auf etwas andere Weise an sich selbst arbeiten muss, je nachdem, worin sein Ziel besteht. Dabei kommt es wie immer auf Ihr Einsichtsvermögen an. Sie können nun mal nicht Ihren Chef ändern, sondern nur sich selbst – das ist die Realität.

Wie Sie inzwischen vielleicht schon festgestellt haben, kann man dieses Buch aus zwei Perspektiven lesen: vom Standpunkt des Mitarbeiters und vom Standpunkt des Chefs aus. Es gibt also Hoffnung. Ich habe vor, auch Ihrem Chef ein paar wichtige Erkenntnisse mit auf den Weg zu geben. Aber ich möchte trotzdem noch einmal nachdrücklich betonen, was ich zu Beginn meines Buches geschrieben habe:

Auch Sie tragen eine Verantwortung dafür, dass die Kommunikation mit Ihrem Vorgesetzten so gut wie möglich funktioniert. Schließlich sind wir erwachsene Menschen; wir können nicht einfach mit dem Finger auf den Chef zeigen und sagen, dass *er die alleinige Verantwortung für alles trägt und dass Sie das alles nichts angeht.* Denn das wäre gleichbedeutend damit aufzugeben.

Wenn Sie am Ende mit einer ruinierten Karriere und einem leeren Bankkonto dastehen, bringt Ihnen die Erkenntnis, dass Sie etwas dagegen hätten tun können, nichts mehr. Wenn Sie wirklich einen katastrophalen Chef haben, müssen Sie eine Entscheidung treffen. Um Ihrer selbst willen: Wollen Sie im Graben liegen bleiben und auf bessere Zeiten hoffen oder anfangen, die Lösung des Problems selbst in die Hand zu nehmen?

Hoffentlich haben Sie inzwischen eine gewisse Vorstellung davon gewonnen, woran es Ihnen fehlt. Jetzt können Sie zu Ihrem Chef gehen und die zwei magischen Worte aussprechen: *Ich brauche …* (und dann ergänzen Sie, was Sie von ihm benötigen).

Fangen Sie einfach mit diesen zwei Worten an: *Ich brauche …*

Darauf wird niemand antworten können: *Nein, Sie brauchen kein …*

Und außerdem: In Ihrem Team, Ihrer Gruppe, Ihrer Abteilung oder Ihrem Unternehmensbereich können Sie sich in 99 Prozent der Fälle gegenseitig das geben, was jeder Mitarbeiter braucht. Sie können sich einfach selbst führen. Und Sie können sich auch *gegenseitig* führen.

Meine eigenen Schlussfolgerungen

Wenn ich all diese Erkenntnisse bereits gehabt hätte, als ich zum ersten Mal Chef war – wäre die Situation dann anders ausgegangen?

Und ob! Zunächst einmal hätte ich dann viel eher begriffen, welches Wissen und welche Kompetenzen mir fehlten. Ich bin damals tatsächlich auf der ersten Entwicklungsstufe in meinen neuen Job eingestiegen: mit viel Energie und ohne jede Ahnung. Wenn mir damals jemand gesagt hätte, dass ich von nichts eine Ahnung hätte und klare Anweisungen bräuchte, um Chef sein zu können – dann hätte ich zugehört. Aber niemand hat mir irgendetwas gesagt. Alle (auch ich selbst) haben erwartet, dass ich es allein schaffe.

Meine Vorgesetzten hätten mir sagen müssen, dass es meine Verantwortung ist, meine Arbeit zu erledigen; und sie hätten sich auch vergewissern müssen, dass ich dieses Feedback verstehe und danach handele. Stattdessen haben sie mich einfach mir selbst überlassen; aber ich hatte eigentlich gar keine Ahnung davon, was ich tat, und das war zweifellos meine eigene Schuld. Leider hat es sich auf viele Menschen in meinem damaligen Unternehmen auf unterschiedliche Weise negativ ausgewirkt.

Als ich meine Motivation und schließlich auch mein Selbstvertrauen verlor, war es zu spät. Nichts hätte die Situation mehr retten können. Ich erklärte der Geschäftsleitung einfach, dass ich diese 13 unglücklichen Menschen nicht länger führen wolle. Wenn mich damals irgendjemand gecoacht und mir erklärt hätte, was eine nützliche Führungskraft tun muss, hätte mir das schon sehr weitergeholfen.

Thomas, hör auf, den Leuten zu sagen, dass sie das Problem selbst lösen sollen. Hör ihnen genauer zu. Mach Vorschläge. Erkläre ihnen, was sie besser machen können. Lerne, den Unterschied zwischen Motivation und fehlender Kompetenz zu erkennen. Das sind zwei völlig verschiedene Dinge.

Irgendjemand hätte sich mit mir zusammensetzen und ein Machtwort sprechen müssen, damit ich endlich in die Startlöcher kommen würde. Irgendjemand hätte dafür sorgen müssen, dass auch ich meinen Teil der Verantwortung übernehmen würde. Und er hätte mir auch die Werkzeuge dazu in die Hand geben müssen, die mir damals noch fehlten.

Gebe ich gerade wirklich anderen die Schuld an dem Dilemma? Vielleicht tue ich das tatsächlich.

Aber eine wichtige Lektion kann man aus meinen obigen Ausführungen doch ableiten: Wenn ich diesen Entwicklungsprozess richtig verstanden hätte, wäre ich viel früher zu meinem eigenen Chef gegangen und hätte ihn um eine Besprechung gebeten.

Ich hätte mich mit ihm zusammengesetzt.

Ihm die Situation erklärt.

Und dann gesagt: *Ich brauche Ihre Hilfe.*

Damals, mit meinen 24 Jahren, war ich ein schlechter Chef. Und nicht nur das: Ich war sogar einer von diesen völlig überflüssigen Chefs. Meine Mitarbeiter wären viel besser ohne mich zurechtgekommen.

Doch am Ende habe ich etwas daraus gelernt. Ich habe angefangen, in den Spiegel zu schauen und dort nach Lösungen zu suchen. Und letzten Endes ist aus mir, glaube ich, doch noch ein guter Chef geworden.

Machen Sie nicht die gleichen Fehler wie ich! Warten Sie nicht darauf, dass irgendjemand Ihre Probleme erkennt. Beurteilen Sie die Situation anhand dessen, was wir bis hierher besprochen haben, und ziehen Sie Ihre eigenen Schlüsse daraus. Übernehmen Sie die Kontrolle über Ihre eigene Entwicklung. Alles, was Sie ohne fremde

Hilfe schaffen, wird Ihr Selbstvertrauen und Ihre Motivation stärken. Und egal, woran es Ihnen fehlt: Gehen Sie zu Ihrem Chef und fragen Sie ihn danach.

Fangen Sie dieses Gespräch mit den einfachen zwei Worten *Ich brauche …* an.

Denken Sie daran, was ich zu Beginn dieses Buches gesagt habe: *Achten Sie bei der Wahl Ihres Jobs nicht auf Ihren Arbeitgeber, sondern auf Ihren Chef!* Das Leben ist zu kurz, um es mit der Arbeit für einen schlechten, gemeinen, unwissenden oder schlichtweg desinteressierten Chef zu vergeuden. Sie haben etwas Besseres verdient.

Und nun kommt es auf *Sie* an.

Warnhinweis!

Wenn Sie keine Führungsposition innehaben, ist der zweite Teil dieses Buches nicht für Sie gedacht. Denn in diesem Teil werde ich eine ganze Reihe von Geheimnissen rund um das Thema Führung lüften, über die nur ein Chef Bescheid wissen sollte. Wenn Sie in Teil 2 meines Buches einsteigen, wird sich für Sie eine Tür öffnen, die Sie nie wieder schließen können. Vielleicht werden Sie dann sogar herausfinden, was Ihre Chefs wirklich über ihre Mitarbeiter denken.

Das Weiterlesen erfolgt auf eigene Gefahr.

Teil 2

Umgeben von faulen Mitarbeitern

Kapitel 18

Warum es Ihren Mitarbeitern so schwerfällt, ihre Arbeit zu machen

Willkommen zu Teil 2 meines Buches! Wie Ihnen sicherlich schon aufgefallen ist, habe ich dieses Buch aus zwei verschiedenen Perspektiven geschrieben, weil ich sowohl Chefs als auch Mitarbeiter dazu anregen möchte, ihr Arbeitsleben aus unterschiedlichen Blickwinkeln zu betrachten. Als Vorgesetzter werden Sie Ihre Führungsqualitäten durch die Lektüre dieses Buches auf jeden Fall weiterentwickeln können. Dass Sie es überhaupt zur Hand genommen haben, zeigt, dass Sie neugierig sind. Ihnen ist klar, dass das Chefsein mit vielen Herausforderungen einhergeht, und Sie besitzen genügend Einsichtsvermögen, um zu erkennen, dass Sie dieses Handwerk noch besser erlernen können.

Und wer weiß, vielleicht stehen Sie ja vor der gleichen Herausforderung wie viele andere Chefs: Ihre Leute arbeiten einfach nicht genug. Ich weiß, dass viele Menschen es nicht gerne sehen, wenn ein Chef sein Team kritisiert, also will ich das für Sie tun: Manche Mitarbeiter geben sich einfach nicht genug Mühe, ihre Arbeit richtig zu erledigen. Einige Ihrer Teammitglieder sind sicherlich sehr leistungsfähig – mit denen gibt es keine Probleme. Aber eine wissenschaftliche Untersuchung, die vor ein paar Jahren von mehreren Unternehmen in der EU durchgeführt wurde, hat erschreckende Zahlen ergeben:

- Nur 10 Prozent aller Mitarbeiter können als Topperformer eingestuft werden.

- Ungefähr 70 Prozent kann man (mit ein bisschen Optimismus) als durchschnittlich leistungsfähig betrachten.

- Und bei rund 20 Prozent lassen die Leistungen eindeutig zu wünschen übrig.

Das klingt bitter, ich weiß. Aber wollen Sie mir etwa widersprechen? Wie sieht es denn in *Ihrem* Team aus? Wissen Sie überhaupt, wie viel Arbeit Ihre Mitarbeiter jeden Tag schaffen?

Wenn Sie ein Vertriebsteam führen, haben Sie mit besonders großen Schwierigkeiten zu kämpfen. Einem Bericht zufolge – zugegebenermaßen aus den USA stammend, aber wahrscheinlich sieht es in Europa auch nicht viel anders aus – beschäftigt sich ein durchschnittlicher Vertriebsmitarbeiter ungefähr 90 Minuten pro Tag mit Marketing (Kundengespräche, Kundenbesuche, Erstellung und Nachverfolgung von Angeboten). Und was machen diese Leute in ihrer restlichen Arbeitszeit? Raten Sie mal! Einige von ihnen brauchen zu Beginn ihres Arbeitstags erst mal ein paar Stunden, um überhaupt in die Gänge zu kommen. Andere verzetteln sich mit Papierkram, und wieder andere könnten wahrscheinlich nicht mal erklären, was mit all den vielen Arbeitsstunden passiert ist.

Vielleicht gehören Sie zu den Chefs, die ihre Führungsaufgabe sehr ernst nehmen und es dadurch tatsächlich zu einem deutlich höheren Prozentsatz an leistungsfähigen Mitarbeitern gebracht haben. Das ist durchaus möglich. Naturgemäß gibt es da von Unternehmen zu Unternehmen enorme Unterschiede. Aber vielleicht wissen Sie, dass manche Mitglieder Ihres Teams viel zu langsam arbeiten. Wenn man nur einen flüchtigen Blick auf sie wirft, machen sie einen sehr geschäftigen Eindruck; aber wenn man ein bisschen genauer hinschaut, sieht man, dass sie eigentlich nur herumtrödeln. Einige von ihnen scheinen sogar … richtige Faulpelze zu sein.

Faule Mitarbeiter: Ein seltsames Phänomen

Sie haben ihnen erklärt, was sie im Rahmen ihres Jobs tun müssen. Sie haben die Arbeitsplatzrichtlinien und die Erwartungen, die an sie gestellt werden, kommuniziert; und daraufhin haben sie genickt und gesagt, ihnen sei klar, was von ihnen erwartet werde. Eigentlich scheint also alles in Ordnung zu sein. Trotzdem sind Ihre Mitarbeiter nicht so engagiert, wie Sie es sich erhofft hatten. Nach einiger Zeit stellen Sie vielleicht sogar fest, dass das eine oder andere Teammitglied überhaupt nicht das tut, was es tun sollte.

Woher kommt das? Wo liegt das Problem?

Sicherlich haben Sie schon verschiedene Managementratgeber gelesen – vielleicht um Ihren Führungsstil zu verbessern oder weil Sie herausfinden wollten, was mit diesem arbeitsunlustigen Teil Ihrer Mitarbeiter eigentlich los ist. Bücher und Vorträge zum Thema Führung sind tatsächlich eine gute Möglichkeit, um auf neue Ideen zu kommen. Es inspiriert einen dazu, neue Denkansätze auszuprobieren und mit besseren Führungsmethoden zu arbeiten. Daran ist nichts auszusetzen.

Ich selbst lese unglaublich viel über dieses Thema, weil meine Arbeit nun mal darin besteht, Chefs bei ihrer Führungstätigkeit zu unterstützen. Das ist mein Spezialgebiet. Damit beschäftige ich mich nun schon seit über 20 Jahren. Ich behaupte nicht, alles über Führung zu wissen; aber ich weiß schon eine ganze Menge. Vor allem habe ich in dieser Hinsicht selbst viele Fehler gemacht, die mir zu neuen Erkenntnissen verholfen haben. Und um ehrlich zu sein: Einige dieser Erkenntnisse waren schon ziemlich schmerzhaft.

Die Struktur unserer Unternehmenswelt bringt naturgemäß einen Problemkomplex mit sich: Wenn man Karriere machen will, muss man Chef werden. Natürlich ist unsere Auffassung von Unternehmenshierarchien in den letzten 20 Jahren etwas moderner geworden; aber es ist auch heute immer noch weitaus üblicher, innerhalb einer Firma linear nach oben aufzusteigen als seitwärts, wenn man sich eine erfolgreiche Karriere aufbauen möchte.

Warum sitzen Sie eigentlich im Chefsessel?

Für mich ist es offenkundig, dass viele der heutigen Vorgesetzten diese Position gar nicht bewusst angestrebt haben. Es ist einfach passiert, und ich brauche wohl kaum darauf hinzuweisen, dass das nicht der optimale Grund dafür ist, die Verantwortung eines Vorgesetzten mit allem, was dazugehört, auf seine Schultern zu laden. Das Argument: *Ich habe es nicht geschafft, mich rechtzeitig davonzuschleichen, als man mich fragte, ob ich diesen Job übernehmen will,* ist nicht gut genug. Sie sollten schon genau wissen, warum Ihnen dieser Posten erstrebenswert erscheint. Denn wenn Sie das Gefühl haben, von lauter Schnarchnasen umgeben zu sein, die von ihrer Arbeit längst nicht so begeistert sind wie Sie selbst, ist es gut zu wissen, warum Sie diese Herausforderung überhaupt angenommen haben. Und wenn Sie alle Mitarbeiter, die keine optimalen Leistungen erbringen, für Faulpelze halten, brauchen Sie tatsächlich Hilfe. Natürlich gibt es Schlafmützen, die immer nur das Allernötigste tun. Aber die Gründe, warum es mit diesen Menschen so weit gekommen ist, sind oft komplizierter, als Sie sich vielleicht vorstellen.

Der Grund, warum Sie eine führende Position angenommen haben, könnte in Ihren inneren Antrieben liegen. Vielleicht hat Sie das Zuckerbrot einer Gehaltserhöhung gelockt; vielleicht gefällt Ihnen aber auch die Macht, die dieser Posten Ihnen über andere Menschen verleiht. Oder Sie glauben, in dieser Machtposition tatsächlich etwas bewirken zu können. Einen echten Beitrag zum Unternehmenserfolg zu leisten. An keinem dieser Motive ist etwas auszusetzen; aber aus Erfahrung weiß ich, dass viel zu viele Chefs keine ehrliche Antwort auf die Frage geben können: *Warum haben Sie diesen Posten angenommen?* Manchmal werde ich geradezu mit leeren Phrasen überschüttet, wenn ich diese Frage stelle:

> *Es ist mir wichtig, etwas zu bewirken.*
> *Ich wollte mich selbst überflüssig machen.*
> *Dadurch kann ich einen wichtigen Beitrag leisten.*
> *Ich möchte, dass meine Mitarbeiter sich weiterentwickeln.*
> *Ich möchte, dass mein Team endlich effizienter arbeitet.*
> *Meine Vorgesetzten waren der Meinung, dass ich diese Stellung annehmen sollte.*

Die wahre (wenn auch vielleicht ein bisschen materialistisch klingende) Antwort lautet häufig:

> *Ich habe den Posten wegen der Gehaltserhöhung angenommen.*
> *Es wäre falsch gewesen, Nein zu sagen – wie hätte denn das ausgesehen?*
> *Meine Frau/mein Mann/meine Eltern meinten, ich solle Karriere machen.*
> *Mich haben die Vergünstigungen gereizt.*
> *Es macht Spaß, zu sagen, dass man Chef ist.*

Oder – vielleicht die schlechteste Antwort von allen:

> *Ich weiß es nicht.*

Kapitel 18

Mission Statement

Selbst im Schwedischen benutze ich den englischen Begriff »Mission Statement«. Ich habe mir das nicht selbst ausgedacht; aber so ein Statement kann man für jedes beliebige Aufgabengebiet in einem Unternehmen formulieren: Verkäufer, Kundendienstmitarbeiter oder zum Beispiel auch Chef. Der Sinn eines Mission Statements besteht darin, zu erklären, welchen Zweck eine bestimmte Rolle in einem Unternehmen erfüllt. Und auf diese Frage müssen Sie unbedingt eine Antwort finden! Das ist in Ihrer Rolle als Chef und Führungskraft ungeheuer wichtig. Sie müssen sich sagen können: *Das ist der Grund, warum ich heute früh aufgestanden bin!*

Wie gesagt: Wenn wir nicht einmal uns selbst den Zweck unseres Tuns erklären können, wie sollen wir ihn dann jemand anderem erklären können? Wenn Sie nicht wissen, warum *Sie* jeden Morgen aufstehen, warum sollte es dann irgendjemand anderem in Ihrem Unternehmen wichtig sein, sich jeden Tag aufs Neue aus seinem Bett zu quälen und zur Arbeit zu gehen?

Ich weiß, dass es auch noch genügend andere Beispiele gibt; aber nehmen wir mal ein Vertriebsteam: Wenn diese Mitarbeiter dem Kunden nicht erklären können, wozu ein Verkäufer da ist, kann genauso gut jeder seine Waren online bestellen. Wozu braucht man im 21. Jahrhundert überhaupt noch Verkäufer? Solche Leute nützen dem Kunden nur dann etwas, wenn sie ein bisschen mehr zu bieten haben als den reinen Warenwert.

Das Gleiche gilt für die Chefs eines Unternehmens. Es ist also schon ziemlich sinnvoll, wenn die Topmanager einer Firma sich einmal zusammensetzen und versuchen, ein paar Ziele zu definieren: Was sollen wir eigentlich hier? Sollen wir gute Vorbilder sein, sollen wir professionell sein, sollen wir gute Zuhörer sein oder an vorderster Front stehen?

Egal, worin diese Ziele bestehen – es ist immer eine gute Idee, ein paar Zeilen darüber zu Papier zu bringen. Hier ein Beispiel dafür aus einem Unternehmen, mit dem ich zusammenarbeiten durfte:

> *Als Chef und Führungskraft sollte ich die Verantwortung dafür übernehmen, meine Mitarbeiter zu inspirieren und zu fördern, damit sie die von uns gesetzten Ziele erreichen.*
>
> *Ich möchte als geradlinige, glaubwürdige und professionelle Führungskraft wahrgenommen werden.*

Diese Zielsetzung wurde innerhalb von mehreren Sitzungen mit einem Managementteam formuliert, dem es darum ging, etwas gegen die offensichtlichen Mängel und das negative Klima in der Abteilung zu tun: Die Mitarbeiter sahen ihre Chefs nicht als Vorbilder; außerdem waren sie der Meinung, dass ihre Vorgesetzten nicht genügend Verantwortung übernehmen würden. Es fehlte an Inspiration, und das Führungsteam empfand die Kommunikation als zu vage. Bei diesen Besprechungen kamen wir immer wieder auf die Frage zurück: *Wie können wir unsere Mitarbeiter dazu motivieren, uns zuzuhören? Wozu sind wir eigentlich da?*

Haben Sie auch so ein Mission Statement für sich selbst? Es muss nicht unbedingt so formell sein wie im obigen Beispiel; aber wenn nicht einmal *Sie selbst* wissen, wozu Sie da sind – wie wollen Sie dann Ihren Mitarbeitern eine Richtung vorgeben? Woher sollen Ihre Leute wissen, was sie von Ihnen erwarten können, wenn Sie selbst keine Ahnung davon haben?

Überlegen Sie sich, was Sie anderen Menschen in Ihrer Rolle als Chef vorleben wollen. Schreiben Sie auch auf, *wem* Sie es vorleben wollen, und versuchen Sie, in ein paar Worten zu beschreiben, wie Sie von Ihren Kollegen und Mitarbeitern gesehen werden möchten.

Stellen Sie sich vor, Sie betreten eines Abends mit Ihrer Familie ein Restaurant. An einem Tisch sitzt eine Ihrer Mitarbeiterinnen mit ihrer Familie. Sie sieht Sie nicht, und genau in dem Augenblick, als Sie an ihrem Tisch vorbeigehen, hören Sie zufällig mit, wie sie zu ihrer Familie sagt: *Mein Chef ist so …*

Wie sollte dieser Satz weitergehen?

Mein Chef ist so *klug, kompetent, erfahren, vorausschauend, inspirierend, loyal, positiv, ein guter Zuhörer, gründlich, visionsbegabt* – oder was?

Überlegen Sie sich einmal, wie Sie wahrgenommen werden möchten. Das könnte durchaus ein Teil Ihres Mission Statements sein.

Eines sollten Sie wissen: Wenn Sie nicht als schlechter oder gar völlig überflüssiger Chef gesehen werden wollen, brauchen Sie ein paar übergeordnete Ziele. Und es ist eine gute Idee, damit bei sich selbst anzufangen. Das Schlimmste, was passieren kann, ist natürlich, dass Sie zu dem Schluss kommen, Ihrem Team eigentlich gar nichts Besonderes bieten zu können. Dann ist es wirklich an der Zeit, Ihre Führungsrolle ernster zu nehmen.

Und das Interessante daran ist: Sobald Sie damit anfangen, werden Sie auch sehr viel weniger Faulpelze um sich herum haben. Das kann ich Ihnen versprechen!

Beliebt – oder respektiert?

Wenn es also schwierig wird und besonders viele Anforderungen an Sie gestellt werden, sollten Sie sich daran erinnern, warum Sie diesen Job angenommen haben. Denken Sie mindestens einen Abend lang darüber nach, vielleicht zusammen mit Ihrem Partner oder einem Mentor Ihres Vertrauens! Damit will ich Ihnen keine Angst einjagen, aber es ist ein guter Rat. Finden Sie heraus, was Sie dazu motiviert hat, ausgerechnet diesen Posten anzunehmen: Chef zu werden.

Unerklärlicherweise haben viele Vorgesetzte (sogar *viel zu viele*, wenn Sie mich fragen) das Bedürfnis, gemocht zu werden – vor allem dann, wenn sie zum Chef ihrer ehemaligen Kollegen befördert worden sind. Eigentlich ist das ja auch ganz logisch. Wer will nicht gemocht werden? Die meisten Chefs würden die Frage, ob sie von ihren Mitarbeitern lieber *gemocht* oder *nicht gemocht* werden wollen, mit *gemocht werden* beantworten. Wenn wir die Wahl haben, ziehen wir es natürlich alle vor, beliebt zu sein!

Aber so ein Wunsch kann mit Sicherheit zu mehr Faulheit in Ihrem Team führen. Denken Sie einmal darüber nach: Wenn Sie sich bei Ihren Standpunkten und Entscheidungen immer von dem Gedanken leiten lassen, wie sich das wohl auf Ihre Beliebtheit auswirkt, wird Ihre Karriere als Chef ein ziemlich steiniger Weg sein. Sie werden sofort einlenken, wenn jemand einmal die Beherrschung verliert oder Ihnen zu verstehen gibt, dass er mit Ihnen als Chef unzufrieden ist. Wenn Sie Angst davor haben, dass die Leute plötzlich aufhören zu reden, sobald Sie den Pausenraum betreten, dann haben Sie ein Problem. (An dieser Stelle ein kleiner Hinweis: Als Chef entgehen Ihnen ohnehin viele Informationen über das, was in Ihrem Team passiert. Das bringt Ihre Führungsposition nun einmal mit sich.)

Einige Ihrer Mitarbeiter werden es ausnutzen, wenn sie merken, wie wichtig Ihnen die Sympathien Ihres Teams sind. Jemand, der keine Lust hat, seine Arbeit ordentlich zu erledigen, könnte dann zum Beispiel mit seiner Drückebergerei durchkommen. Solche Leute werden Sie mit allen möglichen komischen Anliegen abzulenken versuchen – von seltsamen Arbeitszeitwünschen bis hin zu der Frage, wer eigentlich am nächsten beim Eingang parken darf.

Verstehen Sie mich bitte nicht falsch: Ich habe kein Problem damit, dass Sie in Ihrer Position als Chef gemocht werden wollen.

Aber wenn Sie sich bei Ihren Entscheidungen allzu sehr von diesem Wunsch leiten lassen, werden *Sie* Probleme bekommen.

Warum? Weil man nicht immer beliebt sein kann. Man kann es nicht immer allen recht machen. Das ist eine utopische Vorstellung, ein Hirngespinst. Vergessen Sie es.

Respektiert – oder beliebt?

Wenn wir nun einmal die Perspektive wechseln und uns überlegen, was es bedeutet, respektiert zu werden, werden wir auf ein interessantes psychologisches Phänomen stoßen. Was bedeutet es eigentlich, von seinen Mitarbeitern respektiert zu werden? Ich spreche hier nicht von der idiotischen Einstellung, dass »respektiert« das Gleiche bedeutet wie »gefürchtet« – das ist einfach nur dumm und hat nichts mit echter Führung zu tun.

Nein, respektiert zu werden bedeutet, dass man Sie wegen Ihrer Kompetenz schätzt und dass Sie in dem Ruf stehen, eine faire Führungskraft zu sein, die ihre Aufgabe gut beherrscht. Man schätzt Sie für das, was Sie tun, und Ihre Mitarbeiter haben Vertrauen zu Ihnen. Zum Beispiel, weil Sie schwierige Entscheidungen treffen und dann auch dazu stehen.

Jemandem, der respektiert werden will, ist bewusst, dass er auch hin und wieder Entscheidungen treffen muss, die seinen Mitarbeitern nicht gefallen. Manchmal muss man den Mut haben, ein Machtwort zu sprechen und sich gegen bestimmte Mitglieder seines Teams durchzusetzen. Zum Beispiel gegen Faulpelze, die morgens zu spät kommen, mittags zu lange Pause machen und abends zu früh nach Hause gehen. Um respektiert zu werden, müssen Sie bereit sein, von diesen leistungsschwachen Mitarbeitern mehr zu verlangen; und manchmal müssen Sie vielleicht auch selbst die Ärmel hochkrempeln und das eine oder andere erledigen.

Denken Sie einmal an Ihre Schulzeit zurück. Erinnern Sie sich an die Lehrerinnen und Lehrer, die Sie heute wegen ihres damaligen Umgangs mit den Schülern schätzen.

Wer kommt einem da in den Sinn? Der coole Lehrer, der seine Mütze verkehrt herum trug und immer zu allen Kindern nett sein wollte? In dessen Unterricht immer Chaos herrschte und der nie etwas dagegen unternahm, weil *Jungs halt nun mal so sind?* Dem es egal war, ob man seine Hausaufgaben gemacht hatte oder nicht?

Oder erinnern Sie sich noch gerne an den Lehrer, der eher ein bisschen bestimmt oder vielleicht sogar streng aufgetreten ist und Disziplin forderte? Dem es nicht schwerfiel, Kritik zu üben, wenn Sie etwas falsch gemacht hatten? Der *Stopp* sagte, wenn es in der Klasse zu laut wurde, und notfalls auch nicht davor zurückschreckte, Ihre Eltern anzurufen, wenn Sie sich in der Schule danebenbenommen hatten?

Die meisten Menschen werden heute, im Erwachsenenalter, den Lehrern am dankbarsten sein, die sie gefordert und dafür gesorgt haben, dass sie mit den bestmöglichen Noten von der Schule abgingen. Natürlich ist das auch eine Frage der Generation, aber ich denke, Sie werden mir zustimmen.

Als Führungskraft beliebt sein zu wollen, ist ein gefährlicher Wunsch. Denken Sie einmal darüber nach, warum die Anerkennung anderer Menschen für Sie so eine wichtige Rolle spielt!

Respektiert werden zu wollen – und zwar im positiven Sinn –, ist ein sehr viel sichererer Weg. Und das Komische daran ist, dass die Menschen, die Respekt vor einem haben, einen auch mögen – nur entwickelt sich das eben nicht in der Reihenfolge, die Sie sich vielleicht vorgestellt hatten.

Kapitel 18

Ein Beispiel

Angenommen, Sie selbst bekommen einen neuen Chef. Was für Erwartungen haben Sie an den neuen Vorgesetzten? *Hoffentlich ist er nett!*

Und dann kommt der »Neue«. Er stellt sofort klar, dass Sie von ihm alles haben können, worum Sie ihn bitten. Er ist auch sehr locker, was die Arbeitszeiten betrifft, und es macht ihm nichts aus, wenn seine Mitarbeiter nicht so viel leisten, wie sie eigentlich sollten. Termine werden nicht ernst genommen. Solange alle glücklich sind, ist Ihr neuer Chef zufrieden. Die Leute sollen schließlich Spaß an der Arbeit haben.

Er lobt jeden und überschüttet auch Sie mit seinen Schmeicheleien. Er hebt jede noch so kleine Leistung hervor. Jeder bekommt Beifall und Komplimente. Jede Woche gibt es Eiscreme und Luftballons. Man braucht kaum etwas dafür zu tun, dass einem dieser nette Mann, der tatsächlich alle Mitarbeiter so zu akzeptieren scheint, wie sie sind, anerkennend auf die Schulter klopft. Sie sind überglücklich. Was für ein toller Chef! Da haben wir wirklich Glück gehabt.

Doch schon bald tauchen Probleme auf. Die Leute in Ihrer Abteilung fangen an zu machen, was sie wollen; keiner übernimmt mehr Verantwortung für irgendetwas, weil es nicht von ihm erwartet wird. Jeder darf tun, was ihm am meisten Spaß macht. Was für ein fantastischer Chef, bei dem Sie sich Ihre Arbeit selbst aussuchen können! Und der auch kein Problem damit hat, wenn Sie freitags lieber zu Hause »arbeiten« möchten.

Doch plötzlich merkt Ihr Chef, dass ihm die Dinge entgleiten. Die ganze Abteilung droht wie ein Kartenhaus zusammenzubrechen. Vielleicht hat inzwischen auch die Geschäftsleitung reagiert und nachgefragt, was sein Team während der Arbeitszeit eigentlich tut. Da ändert er blitzschnell seinen Ton. Jetzt ist er sehr gründlich und fängt an, Disziplin und Qualität einzufordern. Er kontrolliert alles, sitzt Ihnen ständig im Nacken und verlangt, dass Sie ein bisschen schneller arbeiten. Die Freitage zu Hause können Sie vergessen, und Sie haben jetzt auch keine Zeit mehr, Ihre Kinder von der Kita abzuholen. Plötzlich hat Ihr einst so gemütlicher Chef sich in einen richtigen Despoten verwandelt.

Was ist da passiert?

Gibt es noch eine zweite Chance?

Na schön, versuchen wir es noch einmal. Sie bekommen also eine neue Chefin. Diese Frau spricht mit allen Mitarbeitern und macht sich mit den Aufgaben jedes Einzelnen vertraut. Sie führt mit jedem Vieraugengespräche und schreibt sich alles genau auf. In der Kaffeepause nörgeln Sie hinter ihrem Rücken über sie: *Igitt, die steckt ihre Nase aber auch wirklich in alles rein. Man fühlt sich auf Schritt und Tritt überwacht.* Sie will genau wissen, was an diesem Arbeitsplatz alles nicht gut läuft. Solche Probleme klärt sie sofort. Sie kontrolliert jede Woche genau nach, was ihre Mitarbeiter alles erledigt haben. Natürlich passt sie diese Nachfassaktionen an die Kompetenz und Erfahrung des jeweiligen Teammitglieds an; aber sie behält alle Mitarbeiter genau im Auge und hat alles im Griff. Bei jeder Abweichung von dem, was eigentlich geleistet werden sollte, spricht sie mit dem betreffenden Mitarbeiter, und es werden Lösungen erarbeitet. Faulpelze fordert sie sofort auf, bei ihrer Arbeit ein bisschen mehr Tempo vorzulegen.

Bei einer Besprechung fragen Sie die neue Chefin vorsichtig, ob sie etwa allen ihren Mitarbeitern misstraue; diese Frage beantwortet sie mit »Nein«. Aber sie weist auch darauf hin, dass sie ihre Aufgabe sehr ernst nimmt. Nach der Besprechung und immer wenn sie gerade nicht in der Nähe ist, fängt das Team an, sie mit Ausdrücken zu beschimpfen, die ich an dieser Stelle nicht wiederholen möchte.

Denn jetzt sind alle gestresst und fragen sich, ob diese Frau sich überhaupt um die Gefühle ihrer Mitarbeiter schert.

Doch nach ein paar Monaten beginnt die Arbeit des Teams komischerweise ein bisschen reibungsloser zu laufen. Man merkt, dass die Dinge, über die man sich früher immer geärgert hatte – schlecht durchdachte Arbeitsabläufe, unzureichende interne Kommunikation oder was auch immer –, plötzlich gut funktionieren.

Und eines Tages verkündet Ihre strenge Chefin, dass sie ihre ganze Truppe zu einem Abendessen in einem Luxusrestaurant einlädt, weil Sie sich so große Mühe gegeben haben, alles, was in Ihrer Abteilung nicht richtig lief, in Ordnung zu bringen. Bei diesem Essen drückt sie Ihnen allen ihre aufrichtige Wertschätzung für Ihr Engagement aus. Sie weiß, dass sie ab und zu ein bisschen streng war; aber jetzt ist sie sehr stolz auf Sie.

Danach nimmt sie den Druck etwas zurück, weil ja inzwischen alles besser läuft. Jeder hält sich an die vereinbarten Arbeitsabläufe. Jetzt kann sie die Sache ein bisschen lockerer angehen. Sie passt ihren Führungsstil an die Situation an.

Glauben Sie mir: Diese neue Chefin wird in Ihren Augen eine Heldin sein. Sie werden es als Privileg empfinden, mit einem solchen Profi zusammenzuarbeiten. Sie haben Respekt vor ihr, und deshalb werden Sie sie auch mögen.

Und was ist mit den Faulpelzen?

Die Schlussfolgerung aus dieser Geschichte liegt auf der Hand: Es ist eine gute Strategie, am Anfang Druck zu machen und die Zügel dann ein bisschen zu lockern.

Umgekehrt funktioniert es längst nicht so gut: Wenn der Chef zuerst sehr großzügig ist und dann plötzlich übermäßige Strenge an den Tag legt, werden die Mitarbeiter wütend – das ist ein psychologischer Effekt, den es schon immer gegeben hat. Wir müssen einfach akzeptieren, dass das nun mal so ist.

Im Umgang mit Faulpelzen kann man gar nicht konsequent genug sein. Man muss ihnen einfach eine Zeit lang ein bisschen auf die Finger klopfen. Aber das geht vorbei. So geht man eben mit Menschen um, die wahrscheinlich genau wissen, was sie tun sollten, es sich in ihrem Job aber vielleicht ein kleines bisschen zu bequem gemacht haben.

Kapitel 19

Wie man die Farben seiner Mitarbeiter richtig einschätzt

Ich gehe davon aus, dass Sie dieses Buch von Anfang an gelesen haben. Dann wissen Sie auch, was gemeint ist, wenn ich über die Farben eines Menschen spreche: Rot, Gelb, Grün oder Blau. Vielleicht sind Sie sogar schon mal über mein Buch *Alles Idioten!?* gestolpert. Auch diese Lektüre sollte Ihnen – als Chef – ein paar hilfreiche Informationen für den Umgang mit anderen Menschen vermittelt haben.

Aber ich möchte Ihnen trotzdem noch ein paar Tipps dazu geben, wie man verschiedene Verhaltensweisen schnell und mühelos den vier Farbprofilen zuordnen kann.

Hier ein Beispiel dazu: Angenommen, Sie haben einen Mitarbeiter, der Ihnen über den Fortgang des neuesten Projekts berichtet. Sie ahnen schon, dass diese Neuigkeiten nicht ausschließlich positiv sein werden, möchten der für das Projekt verantwortlichen Person aber die Möglichkeit geben, die Fortschritte aus ihrer Sicht darzustellen.

Sara (ein roter Verhaltenstyp) berichtet

»Es ist leider gar nicht so gelaufen, wie ich wollte. Wir liegen zwar gut im Zeitplan, das stimmt, aber wir sollten inzwischen schon die nächste Phase erreicht haben. Eigentlich müssten wir eine Woche vor dem Termin fertig sein – aber nicht, wenn die Leute weiter so herumtrödeln. Einige sind richtig lahme Enten. Sosehr ich auch versuche, sie ein bisschen auf Vordermann zu bringen, sie arbeiten einfach nicht schneller. Aber ich habe ein paar Ideen, was man dagegen tun könnte.

Das hier dürfte ein profitables Projekt sein. Ich habe es geschafft, so zu verhandeln, dass keine Geldstrafen zu befürchten sind, und es würde mich nicht wundern, wenn Sie dabei mindestens zwölf Prozent einsparen könnten.

Übrigens, haben Sie nicht noch eine andere Aufgabe für mich? Irgendwie bin ich zurzeit nicht richtig ausgelastet.«

Ihre Analyse: Saras Bericht ist ziemlich kurz und bündig. Sie geht auf die Punkte ein, die sie für am wichtigsten hält: Zeitplan und Budget. Sie sagt, dass sie mit ihrem Projekt gut in der Zeit und weit unter dem Budget liegt. Trotzdem hätte sie sich ein besseres Ergebnis gewünscht. Sie scheint also ziemlich anspruchsvoll zu sein und ständig Druck zu machen. Sie äußert sich kritisch über einige Mitglieder des Teams, bleibt dabei aber stets sachlich. Wie den anderen bei all dem zumute ist oder ob sich jemand überlastet fühlt, darüber erfahren wir nichts. Wahrscheinlich hat Sara sie nicht danach gefragt – und wenn das so ist, hat ihr auch garantiert niemand etwas darüber gesagt.

Sie wird das Projekt zu einem profitablen Abschluss bringen und das hört sich großartig an. Sara scheint nicht ganz so zufrieden mit den Fortschritten zu sein, die das Projekt macht; trotzdem hätte sie gerne noch mehr zu tun. Da die anderen »herumtrödeln«, langweilt sie sich. Das Beste, was Sie tun können, ist, ihr ein bisschen mehr Arbeit zu geben. Falls ihr das zu viel werden sollte – was nicht sehr wahrscheinlich ist –, wird sie Ihnen schon rechtzeitig Bescheid sagen.

Und falls es irgendwelche Probleme mit dem Projekt geben sollte, erwähnt sie sie nicht. Sie rechnet also fest damit, die Situation rechtzeitig in den Griff zu bekommen, sodass sie nicht mit Ihnen darüber zu sprechen braucht.

Bertil (ein gelber Verhaltenstyp) berichtet

»Wir haben alle Hände voll mit dem Projekt zu tun und jeder ist sehr engagiert. Ob wir uns über Weihnachten wohl ein paar Tage freinehmen können? Ich dachte, ich fahre in die Alpen, wenn unser Antrag auf Weihnachtsgeld durchkommt. Mir gefällt die Dynamik in unserem Team sehr gut. Ich habe übrigens ein paar Ideen zu einem Nebenprojekt, können wir mal darüber reden? Aber ich denke, wir werden das, was wir aus dieser Initiative gelernt haben, auch noch für ganz andere Dinge nutzen können. So könnten wir in Zukunft noch bessere Ergebnisse erzielen. Man weiß ja nie, was am Ende eines so großen Projekts alles passieren kann. Wissen Sie, ich arbeite rund um die Uhr daran. Meine Frau findet, dass ich zu viel arbeite, aber so ist das nun mal, wenn man so engagiert ist wie ich. Vielleicht sollte ich über Weihnachten ein paar Tage Urlaub im sonnigen Süden machen. Einige Leute in unserem Team arbeiten ein bisschen langsam; aber normalerweise gehe ich dann einfach zu ihnen hinüber und bringe sie mit ein paar aufmunternden Worten auf Trab. In unserer Gruppe gibt es einen Mann, ich kann mir seinen Namen einfach nicht merken – vielleicht heißt er Chris? –, der scheint sich hier irgendwie nicht so richtig zu Hause zu fühlen, also dachte ich mir, ich gehe mal mit ihm essen … Oder heißt er Peter? Wissen Sie, wen ich meine? Dieser Typ, der so aussieht, als hätte er nur Excel-Tabellen im Kopf? Ich habe mal versucht, ihn ein bisschen auszuhorchen, aber da hat er mich einfach nur angestarrt, als hätte ich Soße am Kinn, echt komisch, aber egal – Björn vielleicht? Jedenfalls sitzt der nicht gern mit den anderen Leuten aus unserer Gruppe zusammen. Ich bin zwar nicht auf dem neuesten Stand, aber ich glaube, wir halten uns mehr oder weniger gut an das Budget. Waren Sie schon mal in den Alpen?«

Ihre Analyse: Okay … Bertil denkt laut. Er braucht nur die Klappe an der Vorderseite seines Gesichts zu öffnen und schon kommt ein ganzer Wortschwall heraus. Schweigen kann er nicht ertragen. Es darf keine Sekunde vergehen, ohne dass irgendetwas gesagt wird. Bertil benutzt bestimmt 80 Prozent mehr Wörter, als wirklich notwendig sind. Doch obwohl er viel mehr redet als Sara, erfährt man wesentlich weniger. Und bei dem, was man erfährt, kann man nicht einmal sicher sein, ob es auch wirklich so ist. Bertil selbst weiß es nämlich nicht.

Außerdem scheint er wahllos von einem Thema zum anderen zu springen, sodass es schwer ist, seinen Gedankengängen zu folgen. Man hört nur einen einzigen langen Bewusstseinsstrom-Monolog – ein Wirrwarr aus Gedanken, hinter dem sich schlechte Nachrichten sehr gut verschleiern lassen, falls es welche geben sollte.

Bertil ist sich ziemlich sicher, dass sie mit dem Projekt rechtzeitig fertig werden. So hört es sich jedenfalls an, aber auch das kann er nicht mit Sicherheit sagen. Er ist einfach nicht gut informiert. Der Typ, dessen Namen er sich nicht merken kann, weiß wahrscheinlich ganz genau, was Sache ist. Aber da Bertil diesen Mann – George – für einen komischen Kauz hält, fragt er ihn wahrscheinlich nicht danach.

Bertil arbeitet vielleicht genauso viel wie Sara. Der Unterschied besteht darin, dass Sara nicht davon spricht (dass sie viel arbeitet, liegt schließlich auf der Hand), sondern stattdessen nach noch mehr Arbeit verlangt, während Bertil es schafft, seiner Frau die Klage über seine vielen Überstunden in den Mund zu legen. Auf diese Weise vermittelt er seinem Chef auf elegante Art und Weise, dass er sich allmählich überarbeitet zu fühlen beginnt; aber er ist keiner, der sich beschwert.

Margareta (ein grüner Verhaltenstyp) berichtet

»Ja, ich habe das Gefühl, dass es mit dem Projekt recht gut vorangeht. Ich bin mir zwar nicht ganz sicher, denn ich hatte noch keine

Zeit, mich mit allen Leuten zusammenzusetzen und ausführlich mit ihnen zu reden. Aber sie scheinen viel Freude an ihrer Arbeit zu haben. Anscheinend hat jeder seinen Platz innerhalb des Projekts gefunden, und soweit ich das beurteilen kann, kommen auch alle gut miteinander aus. Obwohl es unheimlich viel zu tun gibt – wir arbeiten alle sehr hart –, ist die Atmosphäre gut. Wir lassen es schön langsam anlaufen und gehen sehr systematisch vor. Ich versuche so oft wie möglich bei meinen Mitarbeitern die Runde zu machen und wirklich auf alle ihre Bedürfnisse einzugehen. Der Einzige, um den ich mir Sorgen mache, ist Stefan. Er scheint ein bisschen unter Druck zu stehen; vielleicht kann ich ihm ein paar von seinen Aufgaben abnehmen, falls das zu einem Problem werden sollte. Schließlich arbeite ich nicht jeden Sonntag, also kann ich noch ein bisschen zusätzliche Arbeit in meinem Terminplan unterbringen.«

Ihre Analyse: Hm. Was hören Sie hier eigentlich? Eine extrem fürsorgliche Projektleiterin, deren größte Sorge darin besteht, dass die Mitarbeiter aufgrund des enormen Arbeitspensums bei diesem Projekt an Burn-out leiden könnten. Und ganz nebenbei lässt Margareta – genau wie Bertil – die Bemerkung fallen, dass auch sie zu viel zu tun zu haben glaubt. Doch statt zu sagen, dass ihre Familie sich deshalb Sorgen macht, zeigt sie Anzeichen einer Opfermentalität, indem sie darauf hinweist, dass sie noch ein paar freie Sonntage übrig hat. Sie hofft natürlich, dass Sie sagen werden: »Aber das ist doch nicht nötig!« Sie traut sich auch nicht, um eine zusätzliche Arbeitskraft zu bitten. Andererseits wissen wir nicht, wie gut dieses Projektteam tatsächlich vorwärtskommt; da sie ein sehr empathischer Mensch ist, wird sie jeden Seufzer eines Mitarbeiters als Anzeichen eines drohenden beruflichen Burn-outs deuten.

Außerdem: Wie geht es mit dem Projekt voran? Sie verliert kein Wort über das, wonach Sie wahrscheinlich gefragt haben: Zeitpläne, Budget, Effizienz. Sie werden also wohl noch einmal nachhaken müssen.

George (ein blauer Verhaltenstyp) berichtet

»Die Zahlen, die ich Ihnen heute früh geschickt habe, umfassen alle Daten bis gestern Abend um 21 Uhr. Danach kann ich Ihnen nur noch eine ungefähre Einschätzung geben. Neue Berichte kommen erst wieder gegen 15 Uhr herein. Meines Erachtens sind wir mit unserem Projekt etwas im Verzug, da so viele neue Parameter hinzugekommen sind, die wir nicht berücksichtigen konnten.

Also habe ich den Kunden angeschrieben und ihn gebeten, es in Zukunft besser zu machen. Wir können unmöglich gute Arbeit leisten, wenn diese Leute ständig ihre Konditionen ändern. Nach sieben Mahnungen haben sie schließlich versprochen, eine zusätzliche Kraft für die Qualitätskontrolle einzustellen. Das haben sie auch getan – wie Sie sehen, habe ich Sie bei den Mails in CC gesetzt –, aber dieser neue Mitarbeiter hat keine Erfahrung mit unserem Berichtssystem. Deshalb habe ich vorgeschlagen, mich am Freitagnachmittag um 16 Uhr mit ihm zu treffen und ihm zu erklären, wie das Ganze funktioniert.

Bei der Budgetdiskrepanz in Zeile 12 geht es um Retouren. Ich habe mögliche Retouren bei dem neuesten Material mit einkalkuliert und für das nächste Jahr eine Überprüfung eingeplant, um diesem Fehlbetrag von 159 Dollar nachzugehen.

Lena fällt es ziemlich schwer, ihre Aufgaben zu bewältigen, also muss ich sie schulen lassen. Ein externer Kurs für die Software, die wir nutzen, kostet ungefähr 200 Dollar ohne Mehrwertsteuer, doch ich rechne damit, dass ich die Firma dazu überreden kann, uns einen kleinen Rabatt zu geben. Vielleicht sind es dann nur noch 178 Dollar. Sind Sie damit einverstanden, diese Summe in Lenas Schulung zu investieren? Sie arbeitet seit über zehn Jahren hier. Ich wäre Ihnen dankbar, wenn Sie den Vertrag für das Schulungsprogramm in Ihrer Eigenschaft als Lenas offizieller Vorgesetzter unterzeichnen könnten.

Außerdem möchte ich an dieser Stelle feststellen, dass …«

Ihre Analyse: Ticktack, ticktack … Damit können wir George und seinen Bericht wieder sich selbst überlassen.

Er spricht nur über Details und prüft immer alles genau nach. Zum Beispiel hat er sich einen Fehlbetrag von 159 Dollar notiert, den er später nachverfolgen möchte. Und er will versuchen, einen Rabatt für Lenas Kurs herauszuschlagen. Er hat sich genau über ihren Hintergrund informiert und festgestellt, dass es sich lohnt, etwas in sie zu investieren.

Ich kann unmöglich auf all seine Ausführungen eingehen; aber wenn Sie seinen Bericht noch einmal durchlesen, werden Sie feststellen, dass die Menschen in seinem Team ihm eigentlich ziemlich egal sind. Vergleichen Sie seinen Bericht einmal mit Margaretas Äußerungen! George erwartet allen Ernstes, dass jemand an einem Freitagnachmittag um 16 Uhr zu einem Mini-Softwarekurs zu ihm kommt. Falls dieser Gesprächspartner das Treffen absagen sollte, wird George darüber sicherlich sehr überrascht sein.

Details, Details, Details. Aber wie kommt das Projekt in seiner Gesamtheit voran? Das wissen Sie nicht und ich weiß es auch nicht. Weiß George es? Ja, vielleicht. Aber er ist nicht in der Lage, die großen Zusammenhänge zu sehen. Eigentlich spricht er nur über Einzelheiten. Und über Probleme.

Das war kompliziert!

Was kann man daraus lernen? Dass Sie in Ihrer Gruppe wahrscheinlich viele verschiedene Leute haben, die sehr unterschiedliche Prioritäten setzen.

Und da Sie vermutlich ein viel beschäftigter Mensch sind, habe ich hier eine Checkliste für Sie erstellt, die Ihnen zeigt, was Sie von den vier Farbtypen erwarten können. Wenn Sie das im Auge behalten, werden Sie weit kommen.

	ROT	**GELB**	**GRÜN**	**BLAU**
Verhalten	Hat Schwung und ist direkt	Optimistisch und spontan	Rücksichtsvoll und verständnisvoll	Bedächtig und korrekt
Ist	Geschäftsmäßig	Stets auf dem Präsentierteller	Dezent	Formell
Arbeitsstil	Sorgfältig Ehrgeizig Formell Effektiv Genau	Engagiert Umgänglich Flexibel Wirkt anregend Ist wortgewandt	Herzlich Locker Freundlich Zwanglos Unauffällig	Strukturiert Systematisch Spezialisiert Methodisch Schweigsam
Arbeitstempo	Schnell und entschlossen	Schnell und spontan	Langsam und konstant	Langsam und systematisch
Prioritäten	Die Aufgabe und das Ergebnis	Beziehungen und Einfluss	Gute Beziehungen aufrechterhalten	Die Aufgabe und die Arbeitsmethode
Angst vor	Kontrollverlust	Prestigeverlust	Konfrontationen	Sich lächerlich zu machen
Verhalten unter Stress	Diktiert die Bedingungen und wird herrschsüchtig	Wird ironisch und angriffslustig	Gibt nach und stimmt zu	Zieht sich zurück; Vermeidungsverhalten
Wünscht sich	Ergebnisse	Inspiration	Stabilität	Methoden
Erwartet von Ihnen folgendes Verhalten	Direkt	Anregend	Nett	Genau

	ROT	GELB	GRÜN	BLAU
Wäre gerne	Derjenige, der entscheidet	Derjenige, der bewundert wird	Derjenige, der gemocht wird	Derjenige, der korrekt ist
Ärgert sich über	Ineffizienz und Unentschlossenheit	Passivität und Routine	Unsensibles Verhalten und Ungeduld	Überraschungen und Effekthascherei
Sehnt sich nach	Erfolg und Kontrolle	Status und Flexibilität	Ruhe, Frieden und enge zwischenmenschliche Beziehungen	Glaubwürdigkeit und Zeit, sich vorzubereiten
Zeigt sich	Geschäftsmäßig	Elegant	Freundlich	Gesetzestreu
Lebt	Im Hier und Jetzt	In der Zukunft	In der Vergangenheit (als alles noch besser war)	In seinen Gedanken
Vertraut auf	Bauchgefühl	Anerkennung	Sich selbst	Fachleute
Findet Folgendes schwierig	Still sitzen	Einsamkeit	Unvorhersehbarkeit	Dringendes

Kapitel 20

Zuckerbrot oder Peitsche – wie motivieren Sie Ihre Mitarbeiter?

Eines der Themen, auf die ich stets eingehe, wenn ich im Rahmen eines Führungskräfte-Trainings eine Gruppe von Managern coache, ist die Frage nach der Verantwortung für andere Menschen. Außerdem interessiert mich, wie sie ihre jetzigen oder zukünftigen Mitarbeiter sehen.

Bereits im Jahr 1960 schrieb Douglas McGregor ein Buch mit dem Titel *The Human Side of Enterprise*. Darin versuchte er unter anderem herauszufinden, wie Arbeitsmotivation, Führung und Management funktionieren. Er entwickelte zwei Theorien, die er Theorie X und Theorie Y nannte und die zwei verschiedene Einstellungen zum Thema Arbeitsmotivation beschreiben.

Nach Meinung von Douglas McGregor gibt es zwei konträre Vorstellungen davon, wodurch Menschen motiviert werden, und diese Vorstellungen gehen mit zwei unterschiedlichen Managementstilen einher. Theorie X hebt hervor, wie wichtig strenge Überwachung, externe Belohnungen und Strafen sind, während Theorie Y die Arbeitszufriedenheit in den Vordergrund stellt und die Mitarbeiter dazu ermutigt, Aufgaben ohne direkte Überwachung anzugehen.

Theorie X geht von folgenden Prämissen aus:

- Menschen haben eine instinktive Abneigung gegen Arbeit und versuchen, sie nach Möglichkeit zu vermeiden.

- Menschen müssen gezwungen, kontrolliert, beherrscht und unter Androhung von Strafen dazu gebracht werden, ihre Arbeit zu machen.

- Menschen ziehen es vor, geführt zu werden, weil es ihnen an Ehrgeiz fehlt und sie lieber keine Verantwortung übernehmen möchten.

Eine Theorie-X-Führungskraft geht also davon aus, dass ihre Mitarbeiter sich nicht für gute Arbeitsergebnisse engagieren, dass sie klare Anweisungen und strenge Überwachung brauchen und sich nur dann anstrengen, wenn es unbedingt sein muss. Es gibt nur eine einzige Möglichkeit, sie dazu zu bringen, ihre Arbeit zu erledigen: Man muss sie ständig kontrollieren, immer wieder antreiben und darf niemals locker lassen. Man kann sich auf niemanden verlassen, und wenn der Chef einmal nicht genau hinschaut, kommt die Arbeit völlig zum Erliegen.

Das ist eine ziemlich gute Definition von Faulpelzen. Und bei dieser Einstellung ist es eigentlich auch kein Wunder, dass es so viele davon gibt.

Was halten Sie von dieser Theorie? Hört sie sich modern an? Nein?

Natürlich fühlt sich diese Einstellung furchtbar veraltet an. Wenn ich sie erwähne, schütteln die meisten Chefs nur den Kopf. Ich frage dann normalerweise: *Wer hält das für eine gute Einstellung?* Und niemand hebt die Hand. Niemand möchte etwas damit zu tun haben.

Aber beachten Sie: Es geht hier lediglich um eine Einstellung. Es geht darum, wie *Sie Ihre Mitarbeiter sehen,* und nicht darum, wie *sie tatsächlich sind.* Natürlich gibt es Menschen, die im Arbeitsleben am falschen Platz sind; es liegt auf der Hand, dass nicht jeder gut in seinem Job ist. Manche Menschen sind für bestimmte Aufgaben völlig ungeeignet; und einige dieser Mitarbeiter sind tatsächlich Faulpelze ohne die geringste Motivation. Das ist eine Tatsache. Überall auf der Welt gibt es Menschen, die nicht wissen, wie sie ihre Arbeit machen sollen; und viele dieser Mitarbeiter sind schlicht und einfach inkompetent.

Aber darum geht es bei Theorie X nicht. Es geht darum, wie Sie Ihre Mitarbeiter *sehen*. Um *Ihre Sichtweise*.

Theorie Y dagegen besagt:

- Unter günstigen Umständen können Menschen durchaus den Wunsch haben, Verantwortung zu suchen und zu übernehmen.

- Menschen halten Kommunikation und Engagement für wichtig.

- Wenn Menschen ihre Arbeit selbst steuern und kontrollieren können, braucht man keine externe Kontrolle und keine Strafen.

Eine Theorie-Y-Führungskraft geht davon aus, dass man seine Mitarbeiter sehr wohl dazu motivieren kann, mit einem Minimum an Anweisungen zu arbeiten, dass sie in einem hohen Ausmaß in der Lage sind, sich selbst zu steuern und zu kontrollieren, und dass sie den Wunsch haben, ihre Arbeit gut zu machen. Die Aufgabe einer Führungskraft besteht darin, ihnen dabei zu helfen. Mitarbeiter haben Fantasie und können sehr innovativ sein, wenn der Chef nur bereit ist, diese Fähigkeiten in ihnen freizusetzen.

Im Grunde geht es darum, ob Sie als Chef es tatsächlich wagen, die Mitarbeiter ihre Probleme selbst lösen zu lassen. Wenn Sie ihnen ein bisschen Freiheit geben, wird ihre Kreativität ein Betätigungsfeld finden.

Noch einmal: Es geht nicht darum, dass alle Ihre Mitarbeiter Verantwortung übernehmen wollen, wenn man ihnen nur eine Chance dazu gibt. Oder dass sie alle erfolgreich sein möchten und ein instinktives Gespür für gute Arbeit haben.

Nein, nicht jeder ist wirklich gut in seinem Job; das wissen wir alle. Aber Ihre Einstellung gegenüber Ihren Mitarbeitern wirkt sich darauf aus, wie Sie mit ihnen umgehen.

Ihre Sicht auf Ihre Mitarbeiter zeigt sich in Ihrem Führungsstil.

Wenn ich Chefs frage, was sie von Theorie Y halten – raten Sie mal, wie viele dieser Manager dann sagen, dass sie sich davon leiten lassen?

Ja, Sie haben richtig geraten: *alle*.

Und warum auch nicht? Chefs sind genauso schlau wie andere Menschen auch. Sie wissen, dass es keine andere Antwort auf diese Frage gibt, es sei denn, man will wie ein Idiot dastehen.

Doch wenn wir dann innerhalb von zwölf Monaten insgesamt vielleicht zehn oder fünfzehn Tage lang mein Führungskräfte-Programm durcharbeiten, kommt nach und nach die Wahrheit ans Licht: Ihre positive Meinung zu Theorie Y ist oft nur ein reines Lippenbekenntnis. Viele Menschen vertrauen niemandem außer sich selbst. Sie kontrollieren und überwachen alles und misstrauen jedem, dem sie begegnen. Wenn sie wollen, dass etwas gut gemacht wird, machen sie es lieber selbst!

Deshalb bitte ich Sie, dieses Buch jetzt einmal beiseitezulegen und sich vor den nächsten Spiegel zu stellen. Atmen Sie dreimal tief durch; und dann schauen Sie sich in die Augen und überlegen: *Welche Theorie kommt meiner eigenen Sichtweise am nächsten: Theorie X oder Theorie Y?*

Es ist nicht meine Aufgabe, Sie dazu zu bringen, Ihre Meinung zu ändern. Sie können denken, was Sie wollen. Ich will nur, dass Sie sich ganz sicher sind, wie Sie wirklich zu dieser Frage stehen.

Denn über eines müssen Sie sich im Klaren sein: Egal, was für eine Einstellung Sie dazu haben, egal, ob Sie an Theorie X oder Theorie Y glauben – Ihre Einstellung wird sich in Ihrem Führungsstil niederschlagen. Ihre Mitarbeiter werden es spüren. Darauf sollten Sie vorbereitet sein.

Wenn Sie davon ausgehen, dass Sie einen Haufen müder Faulpelze und unprofessioneller Schlafmützen führen, werden diese Leute merken, was Sie von ihnen halten. Und das wird dazu führen, dass es in Ihrem Team noch mehr leistungsschwache Mitarbeiter gibt, als Sie für möglich gehalten hätten. Es ist eine sich selbst erfüllende Prophezeiung.

Niemand will ein Versager sein. Niemand will schlechte Arbeit leisten. Gut, natürlich gibt es tatsächlich ein paar solcher Menschen. Aber nur die wenigsten Mitarbeiter gehen morgens ins Büro und denken: *Heute werde ich so viel Chaos verursachen, wie ich nur kann. Das wird lustig werden.* Wenn etwas schiefgeht, geschieht das nur selten mit Absicht. Die Leute haben ihren Job einfach nicht richtig gelernt.

Gehen Sie davon aus, dass jeder in dem, was er tut, gut sein *will.*

Wenn Sie noch keine Führungskräfte-Schulung absolviert haben

Haben Sie schon mal an einer Schulung für Führungskräfte teilgenommen? Nein? Dann wissen Sie, wovon ich rede. Woher sollen Sie wissen, wie diese Arbeit gemacht werden soll, wenn es Ihnen niemand gesagt hat? Außerdem haben viele Vorgesetzte selbst so wenig Ahnung von richtiger Führung, dass sie ihren Nachwuchskräften eigentlich nur schlechte Führungspraktiken vermitteln können.

Einige dieser Chefs geben sich gerne tough. Vielleicht sagen sie so etwas Ähnliches wie: *Hier praktizieren wir Management by Pilzzucht!*

Natürlich erwarten sie dann von Ihnen, dass Sie fragen, was das bedeutet.

Die Antwort wird ungefähr folgendermaßen lauten: *Bewirf sie mit Scheiße und lass sie im Dunkeln!* Und dann folgt womöglich auch noch ein prustendes *Ha, ha, ha!*.

Das alles wird Ihnen nicht weiterhelfen. Und wenn Sie dann auch noch so geschmacklos sein sollten, diese brillanten Kommentare an Ihre Mitarbeiter weiterzugeben, können Sie mit peinlichem Schweigen rechnen, wenn Sie das nächste Mal einen Fuß in die Kantine setzen. Ihre Leute werden Sie für einen unsensiblen Idioten halten.

Und wenn Sie tatsächlich schon mal an einer Führungskräfte-Schulung teilgenommen haben (oder gar an mehreren), wissen Sie, dass vieles von dem, was dabei behandelt wird, gar nichts mit Führung zu tun hat. Man lernt, wie man Geschäftspläne erstellt, Termine plant und mit Stress umgeht; man erfährt etwas über Zeitmanagement, Personalbeschaffung, Arbeitsrecht und vieles andere mehr. Lauter sinnvolle Sachen – aber sie haben eigentlich nicht viel mit Mitarbeiterführung zu tun. Natürlich ist es schön, ein gutes Vorbild zu sein; aber das reicht nicht aus. Sie müssen mehr wissen. Sehr viel mehr.

Führung ist nichts für Schwächlinge. Das ist wirklich ein harter Kampf.

Wie können Sie eine Aufgabe erfüllen, für die Sie nie ausgebildet worden sind?

Wir alle brauchen Instruktionen, Schulungen, Inspiration, Ideen und Gedanken von Menschen, die mehr Erfahrung haben als wir, wenn wir uns über unsere Rolle in einem Unternehmen klar werden möchten. Wir brauchen irgendetwas, das uns als Ausgangspunkt dient.

Es wäre unehrlich von mir, wenn ich behaupten würde, dass es ausreicht, ein Buch darüber zu lesen. Man muss sich mit anderen Chefs zusammensetzen, über die täglichen Herausforderungen sprechen, Erfahrungen austauschen und voneinander lernen. Und nicht nur das: Man muss auch eine ganze Reihe von Szenarien meistern, Situationen aus verschiedenen Blickwinkeln betrachten und sich die Meinungen und Ideen anderer Leute anhören. Schließlich gibt es nicht nur einen einzigen Weg zur Lösung eines Problems.

Und Pädagogik ist ebenfalls ein wichtiger Aspekt.

Es gibt drei Dinge, an die man sich nach einer Schulung erinnert: an den Anfang, an das Ende und an das, was man selbst dabei gesagt hat. Vor allem an Letzteres.

Wenn Sie sich aktiv an einer Schulung beteiligen, ist Ihre Chance, etwas daraus zu lernen, viel größer. Je aktiver Sie sind, umso mehr werden Sie davon profitieren. Und genau deshalb reicht es nicht aus, einfach nur ein Buch über dieses Thema zu lesen. Sie brauchen eine Schulung, die ihren Zweck wirklich erfüllt. Wenn Sie bisher noch keine Führungskräfte-Schulung genossen haben, sollten Sie dieses Buch weglegen, zu Ihrem eigenen Chef gehen und ihm erklären, dass Sie so etwas brauchen. Mit herzlichen Grüßen von mir.

»Ich habe aber keine Zeit, eine Schulung für Führungskräfte zu besuchen ...«

Natürlich haben Sie viel zu tun. Aber wenn Sie glauben, in einem ganzen Jahr nicht mal sechs oder acht Tage von Ihrem Arbeitsplatz abwesend sein zu können, haben Sie ein Problem. Ein echtes Problem. Und zwar ein ganz anderes als das, woran Sie jetzt denken.

Folgendes sollten Sie sich merken: Es kommt nicht darauf an, was passiert, wenn Sie da sind, sondern darauf, was passiert, wenn Sie *nicht* da sind.

Aber was wäre, wenn die Leute hören, dass ich an einer Führungskräfte-Schulung teilgenommen habe? Wie peinlich!

Ja, was würde wohl passieren, wenn Ihre Mitarbeiter mitbekommen, dass Sie einen Kurs besucht haben, um zu lernen, wie Sie ihnen bei ihrer Arbeit besser helfen können? Glauben Sie, die Leute würden das schlecht finden? Was für ein Schwachsinn!

Viel zu viel zu tun – oder doch nicht?

Wir haben heutzutage nicht weniger Zeit als früher. Das ist ein Irrglaube. Vergessen Sie es. *Oh doch,* werden Sie jetzt vielleicht denken. *Früher war es einfacher, alles zu erledigen. Früher gab es mehr Zeit.*

Nein, nein, nein. Wir hatten früher genauso viel Zeit wie heute. Der Unterschied liegt nur darin, was wir mit unserer Zeit anfangen. Ihr Erfolg als Vorgesetzter hängt davon ab, wie gut es Ihnen gelingt, bei Ihrer Zeiteinteilung die richtigen Prioritäten zu setzen. Sie werden es sowieso nicht schaffen, alles zu erledigen, also vergessen Sie es! Sie müssen sich einfach nur darüber klar werden, was aus Ihrem Terminkalender gestrichen werden sollte. Und da gibt es wahrscheinlich eine ganze Menge; man braucht nur die Augen offen zu halten.

Jonas, der fürsorgliche Chef

Und nun möchte ich Ihnen von einem Mann erzählen, den ich vor ein paar Jahren kennengelernt habe.

Jonas' Stress hatte fast schon stratosphärische Ausmaße angenommen. Schließlich kam er mit seinem großen Problem zu mir: Er hatte nicht genügend Zeit für seine viele Arbeit. Ob ich ihm vielleicht helfen könne?

Jonas beschrieb seinen Arbeitstag folgendermaßen: Er stand schon um fünf Uhr morgens auf. Auf diese Weise konnte er am frühen Morgen seine E-Mails checken, weil er tagsüber keine Zeit dazu hatte. Um sieben Uhr kam er in der Firma an. Dann fing er an, sich damit zu beschäftigen, welche Probleme am Vortag entstanden waren, und korrigierte die Fehler, die einige seiner Mitarbeiter gemacht hatten. Als um acht Uhr die ersten Mitarbeiter eintrafen, bildete sich rasch eine lange Schlange vor Jonas' Bürotür. Immer mehr Mitarbeiter brauchten seine Hilfe. Die Probleme, die gelöst werden mussten, nahmen kein Ende. Jeder hatte Fragen und Jonas brachte immer alles sofort in Ordnung. Er versprach, sich dieses oder jenes Problem anzuschauen und wegen Frage X nochmals auf diesen oder jenen Mitarbeiter zuzukommen. Er versprach, Problem Y genauer unter die Lupe zu nehmen, und sagte zu, dass er auf jeden Fall mit Kunde Z telefonieren würde.

Jonas musste fast 30 Mitarbeiter im Auge behalten. Schon allein das war viel zu viel; aber es war nicht das eigentliche Problem. Das Hauptproblem war seine Einstellung zu seiner eigenen Führungsaufgabe, zu seiner Rolle als Chef.

Wenn es gegen 16 Uhr etwas ruhiger wurde – um diese Zeit gingen seine Mitarbeiter nämlich nach Hause –, kam Jonas endlich dazu, seine eigentliche Arbeit zu machen. Er saß bis mindestens 19 Uhr in seinem Büro, während die meisten seiner Mitarbeiter pünktlich nach Hause gingen. (Da er ihnen die meisten ihrer Probleme abgenommen hatte, war das für sie auch gar kein Problem.)

Wenn Sie selbst Vorgesetzter sind, haben Sie beim Lesen von Jonas' Geschichte vielleicht ein komisches Gefühl im Magen, weil Ihnen dieser Zustand irgendwie bekannt vorkommt. Und wenn Sie *kein* Chef sind, denken Sie wahrscheinlich, dass Jonas keinen Grund hat, sich zu beklagen. Schließlich wird er genau dafür gut bezahlt.

Aber Jonas wurde eigentlich nicht dafür bezahlt, die Arbeit anderer Leute zu erledigen. Doch das tat er tatsächlich, und zwar teilweise deshalb, weil er nie genau darüber nachdachte, wofür er eigentlich seine Zeit investierte.

Ich fragte ihn, ob er eine Idee habe, wie er das Problem lösen könne. Mit tiefen, blauschwarzen Schatten unter den Augen vertraute er mir an, dass er inzwischen darüber nachdenke, morgens schon um sechs Uhr zur Arbeit zu gehen. Er brauche einfach nur etwas früher aufzustehen. Dann hätte er ein bisschen mehr Zeit, um seine eigene Arbeit zu erledigen, bevor alle anderen in der Firma ankämen. Vielleicht könnte er dann abends nach Hause gehen, bevor seine Kinder schlafen.

Doch ich hörte etwas ganz anderes aus seinen Worten heraus. Ich fragte ihn, worin seiner Meinung nach das wahre Problem bestehe.

»Zu wenig Zeit«, seufzte er entmutigt.

Statt Jonas ein paar brutale Wahrheiten zu sagen – nämlich dass er seine Zeit für die falschen Dinge nutzte –, fragte ich ihn, worin er seine Aufgabe als Chef sehe. Seine Antwort war belustigend und erschreckend zugleich.

»Ich muss ständig alles für alle Leute tun.«

Ich weiß heute noch, dass ich ihn damals angestarrt habe wie ein Auto. Ich wusste nicht recht, wie ich auf seine Antwort reagieren sollte. Als ich meine erste Überraschung überwunden hatte, bat ich ihn, ans Whiteboard zu gehen und aufzuschreiben, was er gerade gesagt hatte.

Jonas war ein gehorsamer Chef, der es gewohnt war, jede Aufforderung zu befolgen, egal, von wem sie kam. Also schrieb er in Großbuchstaben an die Weißwandtafel: *Ich muss ständig alles für alle Leute tun.*

Als er sich wieder hinsetzte, fragte ich ihn, was mit ihm los sei. Er verstand meine Frage nicht. Da zeigte ich auf die Tafel und bat ihn, seine eigene Aussage zu analysieren.

Jonas kratzte sich am Kinn und gab zu, dass das vielleicht doch nicht ganz so vernünftig war.

Daraufhin stand ich auf und unterstrich ein paar seiner Wörter. *Ich muss ständig alles für alle Leute tun.*

Nur einen Herzschlag vom Herzinfarkt entfernt

Jonas sank in seinem Stuhl zurück wie ein geplatzter Luftballon. Und ich weiß noch genau, dass dieser Mann – er war damals wohl Anfang 30 – sich die Hand auf die Brust legte, als er sagte, dass er eben einfach *noch mehr* arbeiten müsse.

Aber manchmal ist noch mehr Arbeit nicht die Lösung. Es geht darum, wie Sie Ihre Rolle als Chef und Führungskraft sehen. Worin besteht eigentlich Ihre Aufgabe in dem Chefsessel, in dem Sie gerade sitzen? Auf diese Frage müssen Sie eine Antwort finden; erst dann kann Ihnen klar werden, was Sie tun sollen. Wenn Sie den Sinn Ihrer Rolle als Vorgesetzter erkennen, wissen Sie, wofür Sie Ihre Zeit investieren sollten.

Kann Ihre Aufgabe tatsächlich darin bestehen, ständig alles für alle Leute zu tun? Nein, natürlich nicht. Das ist eine unmögliche Sichtweise und das weiß Jonas inzwischen auch.

Die Arbeit seiner Mitarbeiter zu übernehmen, war etwas, was Jonas wirklich gut konnte. Und manchmal muss tatsächlich auch der Chef die Ärmel hochkrempeln und mit anpacken – das ist völlig richtig. Man kann nicht einfach nur dasitzen und Chef sein. Aber wenn man Mitarbeiter mit bestimmten Aufgabengebieten hat, ist es dann nicht besser, wenn sie diese Aufgaben selbst erledigen?

»Aber«, gab Jonas zu bedenken, »sie sind doch gar nicht richtig dafür geschult. Sie wissen nicht, wie man das macht!«

Aha! Da haben wir endlich eine sinnvolle Aufgabe für Jonas. Sorgen Sie dafür, dass Ihre Leute wissen, wie die Arbeit gemacht werden soll. Das ist sicher besser, als all diese Aufgaben selbst erledigen zu müssen. Denn daraus lernen die Mitarbeiter doch nichts, oder?

Jonas ärgerte sich vor allem über einen seiner Mitarbeiter namens Kenneth. Ich fragte ihn, was für ein Problem er mit diesem Mann habe. »Tja, wissen Sie, dieser Kenneth macht seine Arbeit überhaupt nicht.«

Er macht sie nicht? Warum nicht?

Jonas breitete verzweifelt die Arme aus und rief: »Genau das frage ich mich auch!« Wie sich herausstellte, hatte Jonas schon alles Mögliche mit Kenneth versucht. Er hatte ihn gecoacht, ihm seine Arbeit zu erklären versucht, Kritik geübt und schließlich ziemlich viele von Kenneths Aufgaben selbst übernommen. Und das, obwohl Jonas fast 30 Leute unter sich hatte! Und es bei jedem dieser Mitarbeiter andere Problembereiche gab. Das waren unheimlich viele Aufgaben, die Jonas zusätzlich zu seiner eigenen Arbeit schultern musste.

Ich beschloss, das Leiden dieses armen Chefs zu verkürzen, so gut ich konnte. »Wenn ich Kenneth jetzt anrufen und ihn bitten würde, mir seine fünf wichtigsten Aufgaben am Arbeitsplatz zu nennen, was würde er dann antworten?«

»Das kann ich Ihnen sagen«, antwortete Jonas. »Er wird nur unsinniges Zeug vor sich hin murmeln. Er wird nicht mal in der Lage sein, diese Frage zu beantworten!« Sein Gesichtsausdruck sagte mir: *Jetzt sehen Sie, womit ich mich herumschlagen muss.*

»Er weiß also nicht, was er tun soll?«

»Genau.«

»Und das macht Sie wütend.«

»Allerdings.«

»Na gut. Dann frage ich jetzt *Sie*, Jonas: Was sind Kenneths fünf wichtigsten Aufgaben an seinem Arbeitsplatz?«

Da schaute Jonas mich an, blinzelte ein paarmal … und fing an, unsinniges Zeug vor sich hin zu murmeln.

Vorhang.

Ich sagte: »Okay. *Kenneth* weiß also nicht, was er tun soll, und *Sie* wissen es auch nicht. Aber das Ganze macht Sie fuchsteufelswild? Habe ich das wirklich richtig verstanden?«

»Na ja, von dieser Seite habe ich es noch nie betrachtet«, antwortete Jonas.

Als ich ihn fragte, wie lange das schon so gehe, musste ich mich wirklich beherrschen, um meine Reaktion auf seine Antwort zu verbergen: »Sieben Jahre.«

Sieben Jahre!

Das ist genau das, was ich meine. Manchmal muss man eine Situation aus der Vogelperspektive betrachten und neu bewerten. Ich will hier nicht überheblich klingen. Natürlich war es für mich einfacher, die Situation an Jonas' Arbeitsplatz richtig einzuschätzen. Ich war ja auch nicht so wie er in die täglichen Arbeitsabläufe eingespannt. Jonas begann nun, eine Prioritätenliste für Kenneth zu erstellen. Kenneth freute sich sehr darüber, fand plötzlich mehr Sinn und Orientierung in seiner Arbeit – und musste sich keine Kritik mehr für Dinge gefallen lassen, die er (ohne es zu wissen) so lange versäumt hatte.

Aus all dem kann man eine ganz einfache Schlussfolgerung ziehen: Lassen Sie jeden seine eigene Arbeit machen. Ihre Aufgabe als Chef besteht darin, dafür zu sorgen, dass Ihre Mitarbeiter alles haben, was sie brauchen, um genau das zu tun.

Kapitel 21

Führungskraft oder Spezialist – Ihre Aufgabe als Chef

Es kann durchaus vorkommen, dass Sie als Chef von Ihren Mitarbeitern eine Einstellung übernehmen, der zufolge der Chef all ihre Probleme lösen soll. Dass die Aufgabe des Chefs darin besteht, für seine Mitarbeiter da zu sein. Genau das habe ich in meiner ersten Führungsposition erlebt.

Diese Einstellung ist richtig und falsch zugleich.

Richtig in dem Sinn, dass der Chef jedem Mitarbeiter die allerbesten Bedingungen bieten sollte, um seine Aufgaben erfüllen zu können. Die richtigen Anweisungen, die richtige Schulung, die richtigen Nachfassaktionen, genügend Zeit für seine Arbeit, gutes Feedback, ausreichend Lob und alle nötigen Werkzeuge und Hilfsmittel, um nur ein paar wichtige Aspekte zu nennen.

Aber gleichzeitig ist diese Einstellung auch falsch, denn die Aufgabe des Chefs besteht nicht darin, anderen Leuten ihre Arbeit abzunehmen, sondern darin, dafür zu sorgen, dass die soeben genannten Voraussetzungen erfüllt sind. Aber die eigentliche Arbeit muss jeder Mitarbeiter selbst erledigen, so langweilig das manchmal auch sein mag. Als Chef kann man nicht darüber verhandeln, wer für diese Arbeit zuständig ist.

Sowohl Chefs als auch deren Mitarbeiter tappen manchmal in eine unselige Falle, die darin besteht, dass die Mitarbeiter Aufgaben an den Chef delegieren und dann überprüfen, ob diese auch erledigt wurden. Das ist nicht akzeptabel und vor allem auch nicht besonders effizient. Denn wenn alle Aufgaben von einer einzigen Person erledigt werden sollen, wird am Ende alles zusammenbrechen wie ein Kartenhaus, weil alle auf den Chef warten. Und wenn der Chef alles macht, wozu brauchen wir dann überhaupt noch Mitarbeiter?

Viele Chefs – wie Jonas im obigen Beispiel – haben ihre Aufgabe völlig missverstanden. Bitte verstehen Sie mich nicht falsch: Natürlich gibt es Gründe dafür, dass diesen Vorgesetzten das bisher nicht klar geworden ist; aber jetzt ist es an der Zeit, dieses verhängnisvolle Muster zu durchbrechen.

Schauen Sie sich einmal folgendes Diagramm an:

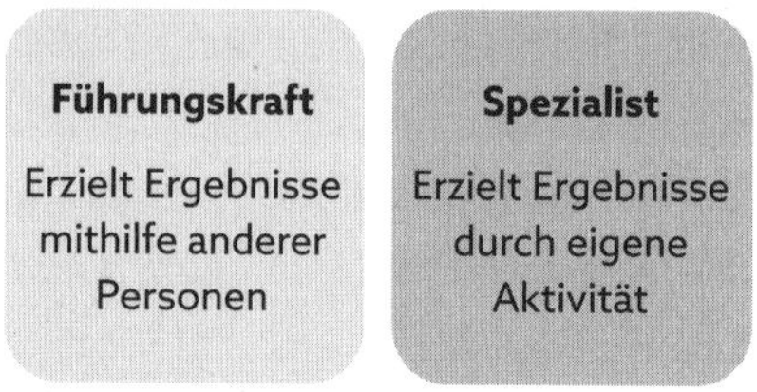

Der Alltag eines Chefs lässt sich in zwei Bereiche aufteilen. (An alle Unternehmensberater, die dies mit wachsender Verärgerung lesen: Mir ist durchaus bewusst, dass man das obige Diagramm auch sehr viel komplizierter gestalten könnte.)

Auf der linken Seite des Diagramms dreht sich alles um das Führen an sich: also Tätigkeiten wie Mitarbeiter anleiten, schulen, nachfassen, Mitarbeitergespräche führen, Teambesprechungen leiten, Motivation aufbauen, unterstützen, Probleme anhören, helfen, wenn der Mitarbeiter um Hilfe bittet, Feedback geben (positives oder negatives) und vieles andere mehr. Das Ziel dieser Tätigkeiten besteht darin, dass die Mitarbeiter ihre Aufgaben erledigen können, statt dass der Chef das tun muss.

Viele Menschen sind immer noch der Meinung, dass der Chef alles am besten können sollte. Das erlebe ich oft, und zwar in den verschiedensten Arbeitsumfeldern – vor allem, wenn es um technische Fragen geht. Doch das ist sehr ungünstig, weil der Chef dadurch zu einer Art Flaschenhals wird: Er ist der Einzige, der diese Fragen beantworten kann. Solche Vorgesetzte mischen sich in alles ein und kontrollieren viele Details, weil sie sich für die Einzigen halten, die etwas von dem Problem verstehen.

Wir wollen alles so machen wie immer – dann kann nichts schiefgehen

Aber in Wirklichkeit läuft es oft folgendermaßen:

Der beste Mechaniker wird zum Chefmechaniker und schließlich zum Leiter der Werkstatt.

Der beste Sachbearbeiter in der Buchhaltung wird zum Abteilungsleiter und hat zehn weitere Sachbearbeiter unter sich.

Der beste Arzt wird zum Chefarzt und schließlich zum Leiter der Klinik.

Der beste Berater wird zum Leiter der Beratergruppe.

Die beste Reinigungskraft wird zur Teamleiterin für die Reinigungskräfte.

Der beste Ingenieur wird technischer Direktor.

Diese Liste ließe sich noch lange fortsetzen – und wahrscheinlich gibt es auch viele Beispiele dafür, dass am Ende der schlechteste Fachmann die Leitung des Teams übernimmt. Die Umstände, unter denen bestimmte Leute zu Führungskräften befördert werden, sind oft so undurchsichtig, dass man nur darüber spekulieren kann, wie es um den gesunden Menschenverstand der Unternehmensleitung bestellt ist.

Aber eigentlich will ich damit Folgendes sagen: Unsere Welt wird immer schnelllebiger. Niemand kann mehr alles, was getan werden sollte, selbst erledigen. Ich kenne heute kaum noch jemanden, der um 17 Uhr tatsächlich mit allem fertig ist. Es gibt immer mehr zu tun; daher muss man Prioritäten setzen.

Nur Sie selbst können entscheiden, wie Sie sich Ihre Arbeitszeit als Führungskraft und als Spezialist aufteilen wollen. Wo stehen Sie im Jahreszyklus? Gibt es Termine einzuhalten? Wie sieht es mit den Zielebenen Ihres Unternehmens aus? Wie viele Mitarbeiter stehen Ihnen zur Verfügung? Wie kompetent sind sie? Wie viel Erfahrung haben sie und wie selbstständig können sie arbeiten?

Kennen Sie die Antworten auf diese Fragen überhaupt? Wenn nicht, finden Sie sie heraus. An späterer Stelle in diesem Buch werde ich Ihnen ein paar Tipps dazu geben, wie man das anstellt. Aber nehmen Sie diese Aufgabe um Himmels willen ernst!

Das Risiko einer falschen Fokussierung besteht darin, dass Sie sich in folgender Situation wiederfinden:

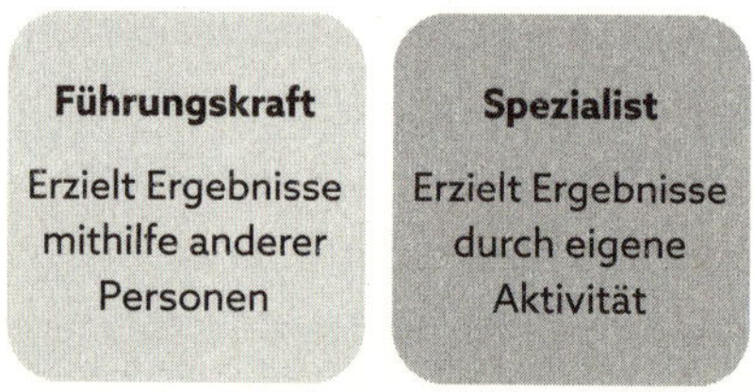

Vielleicht liegt die Aufteilung Ihrer Arbeitszeit zwischen Führungskraft und Spezialist bei 50/50. Oder bei 40/60. Vielleicht auch bei 60/40. Das kommt darauf an. Vielleicht können Sie diese Frage nicht einmal genau beantworten. Ich bitte Sie, ernsthaft darüber nachzudenken! Versuchen Sie sich eine Art Ziel zu setzen, wie Sie sich Ihre Zeit von nun an einteilen wollen.

Wie würde die optimale Aufteilung in Ihrer speziellen Situation aussehen? 50/50? 60/40? 30/70?

Kehren Sie noch einmal zu Ihrem Mission Statement zurück und denken Sie darüber nach. Das Wichtige dabei ist, dass Sie sich persönlich mit Ihrer Situation auseinandersetzen und eine aktive Entscheidung treffen: *So will ich es haben.*

Das ist auf alle Fälle besser als die Antwort: *Es hat sich einfach so ergeben.*

Bitte beachten Sie dabei Folgendes: Ich sage nicht, dass Sie so *viel* Führung wie möglich in Ihrer Agenda haben sollten. Aber es sollte *genügend* Führung dabei sein.

Und was ist, wenn man nicht das richtige Gleichgewicht findet?

Ich bin froh, dass Sie diese Frage stellen. Denn dann wird Folgendes passieren:

- Es wird viele Ad-hoc-Lösungen geben – alle paar Minuten muss ein neues Feuer gelöscht werden –, und Sie werden immer der Feuerwehrmann Ihres Teams sein. Herzlichen Glückwunsch!

- Außerdem laufen Sie dann Gefahr, ein universeller Problemlöser zu werden. Sie werden immer wieder dieselben Fragen vom selben Mitarbeiter beantworten müssen. Niemand wird jemals etwas richtig lernen. Ihre Mitarbeiter werden nicht ihr eigenes Gehirn anstrengen, sondern sich auf Ihres verlassen.

- Sie werden sehr aktiv sein, aber nicht besonders vorausschauend handeln können. Sie werden reagieren, statt zu agieren. Man wird Sie dafür kritisieren, dass Sie nicht nach vorne schauen. Aber wie sollen Sie das tun? Sie sehen ja kaum den Wald vor lauter Bäumen.

- Sie lösen die Probleme Ihrer Mitarbeiter – das ist gut. Aber wenn Sie alle Antworten wissen, werden die Mitarbeiter mit der Zeit völlig abhängig von Ihnen, und Sie können Ihr Büro niemals verlassen, ohne ständig auf Ihr Handy zu schauen. Sie geben Ihren Mitarbeitern nicht den Freiraum, den sie brauchen, um die Initiative zu ergreifen und sich weiterzuentwickeln.

Immer noch nicht überzeugt? Hier kommt das wichtigste Argument dafür, diese Situation gleich jetzt und hier in Ordnung zu bringen: Sie werden sonst *zu viel arbeiten*. Sie werden der Erste sein, der morgens zur Arbeit kommt, und der Letzte, der abends wieder geht. Wenn das so ist, brauchen Sie jetzt nur noch eines zu tun: Ihre Lieben zu Hause zu fragen, was sie von diesem Arrangement halten.

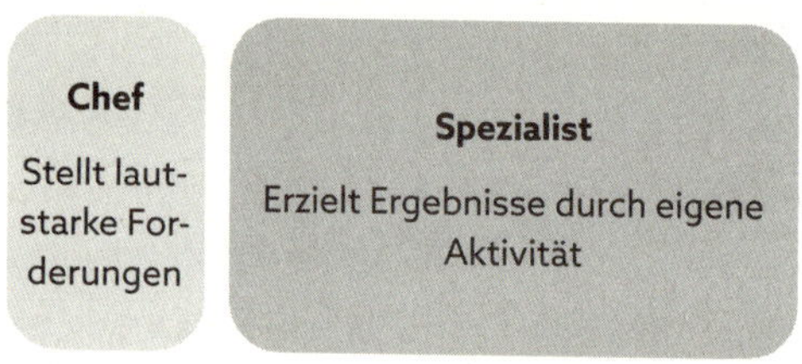

Außerdem werden Sie für eine gut durchdachte und motivierende Mitarbeiterführung dann am Ende gar keine Zeit mehr haben. Ihre ganze Zeit wird dafür draufgehen, Chef zu sein. Sie werden viel herumschreien und strenge Anweisungen geben, aber nicht viel tun können, um Ihre Mitarbeiter anzuspornen und zu ermutigen; und die Idee, ihnen ein guter Resonanzboden zu sein, können Sie vergessen. Niemand ist mit der Situation zufrieden – Sie wahrscheinlich auch nicht. (Falls Sie überhaupt Zeit haben, darüber nachzudenken.)

Kapitel 21

Wie man sich als Chef überflüssig macht

Vor vielen Jahren hatte ich mal einen Chef, der diese Kunst wirklich perfekt beherrschte. Immer wenn ich ihm ein Blatt Papier entgegenhielt und ihn um Hilfe bat, steckte er die Hände in die Taschen und schaute mich fragend an. Dann wollte er wissen, ob ich selbst eine Idee dazu hätte. Jedes Mal das Gleiche. Ein paarmal musste ich mir wirklich auf die Zunge beißen, um nicht laut zu schreien. Das war furchtbar frustrierend. Manchmal wollte ich nur eine schnelle Antwort. Konnte er mir die denn nicht einfach geben?

Er hätte es gekonnt. Wahrscheinlich sogar jedes Mal.

Aber er war schlau genug, es nicht zu tun. Stattdessen erklärte er mir, wenn wir beide an derselben Aufgabe arbeiten würden, dann sei einer von uns überflüssig. Und er versicherte mir, dass *er* nicht diese überflüssige Person sei.

Ein ziemlich harter Brocken, so ein Chef? Kann schon sein. Nicht sonderlich charmant? Vielleicht. Aber viele Jahre später verstand ich, dass dieser Vorgesetzte völlig recht gehabt hatte. Von ihm lernte ich, mit jeder Aufgabe erst mal so weit wie möglich allein klarzukommen, bevor ich ihn um Hilfe bat. Irgendwann wurde mir klar, dass ich mich von ihm abhängig machte, wenn ich bei jeder Kleinigkeit zu ihm ging, um eine schnelle Antwort zu bekommen und nicht selbst denken zu müssen.

Was würde passieren, wenn ich eines schönen Tages Hilfe bräuchte und er nicht da wäre? Was sollte ich dann tun?

Für mich war das eine wichtige Lektion.

Meine Aufgabe war es, meine Arbeit auf die bestmögliche Art und Weise zu erledigen. Seine Aufgabe war es, mich anzuleiten. Und das tat er auch. Aber er weigerte sich, mir meine Arbeit abzunehmen.

Ich wurde viel besser in meinem Job, weil er mich stets mit sanfter Gewalt dazu »zwang«, sie selbst zu erledigen. Er war immer da, er hat mich selten allein gelassen – aber immer war *ich* derjenige, der die Arbeit erledigte.

Erkennen Sie den Unterschied?

Dadurch, dass ich all diese Dinge selbst erledigen musste, haben meine Fähigkeiten sich kontinuierlich verbessert. Wenn der Chef gesagt hätte: *Geben Sie mir diese Papiere, ich kümmere mich schon darum,* hätte mir das kurzfristig zwar geholfen, aber ich hätte daraus nur eines gelernt: nämlich dass es in Ordnung ist, schwierige Aufgaben auf seinem Schreibtisch abzuladen.

Auch wenn Ihre Mitarbeiter murren und klagen, weil Sie sich weigern, sich um Dinge zu kümmern, die sie selbst zu erledigen lernen müssen: Geben Sie nicht nach. Sie helfen ihnen nicht, wenn Sie in die Jonas-Falle tappen.

Wer ist denn nun eigentlich für dieses Problem zuständig?

Die anderen wissen in dieser Hinsicht genauso wenig weiter wie Sie.

Ihre Mitarbeiter können Ihnen nicht sagen, ob Sie etwas falsch machen. Sie spüren zwar, wenn irgendetwas nicht stimmt, können es aber nicht unbedingt immer richtig auf den Punkt bringen. Woher sollen sie wissen, was Sie tun sollten, wenn *Sie selbst* es nicht wissen?

Die nächste Ebene in der Unternehmenshierarchie sind Ihre Vorgesetzten. Die wissen es auch nicht. Außerdem befinden sie sich genau in der gleichen Situation – nur ein bisschen weiter oben auf der Leiter. Auch ihnen hat niemand die Lösung verraten und außerdem haben sie keine Zeit für so etwas. Schließlich haben sie ein Unternehmen zu leiten.

Die Anzahl der Managementebenen variiert natürlich von Unternehmen zu Unternehmen. Aber wenn wir immer weiter nach oben gehen, sind wir ziemlich bald auf der Ebene des Geschäftsführers oder Generaldirektors angelangt – und auch der ist mit wichtigeren Fragen beschäftigt. Oft fungiert er als Botschafter für sein Unternehmen auf dem Markt. Entweder schließt er die wirklich großen Geschäfte ab oder er repräsentiert das Unternehmen in anderer Hinsicht. Manchmal ist der Geschäftsführer als Chef genauso nutzlos wie seine zwischengeschalteten Manager und zudem sind ihm solche Fragen ausgesprochen gleichgültig.

Und die Personalabteilung? Sind die Personalmanager denn nicht auch zuständig dafür? Sie müssen doch schließlich das nötige Know-how haben. Der Chef der Personalabteilung könnte zum Beispiel Management studiert haben. Aber wenn das der Fall ist, reden wir auf einer so theoretischen Ebene über das Thema Führung, dass es sinnlos ist, dieses Wissen auf reale Menschen anzuwenden.

Außerdem ist der Personalchef auch nicht für diese Frage zuständig. Die Personalabteilung muss sich mit anderen Problemen befassen: Verhandlungen mit der Gewerkschaft, Personalpolitik, Krankenstände, Arbeitsrecht und sonstige rechtliche Fragen. Die Personalmanager haben es mit Leuten zu tun, die heimlich am Arbeitsplatz trinken, und müssen sich auch noch mit vielen anderen Dingen herumschlagen. Erfahrene, ehrgeizige Personalchefs können zwar große Projekte zur Schaffung einer guten Führungskultur in die Wege leiten; aber ohne Zustimmung der gesamten Unternehmungsführung wird nichts daraus. Oft gehört der Personalchef nicht einmal zur obersten Führungsebene und weiß daher auch nicht, wie Entscheidungsprozesse ablaufen. Wenn man versucht, die Beantwortung dieser Frage an irgendjemand anderen zu delegieren, landet man also auf jeden Fall in einer Sackgasse.

Aber keine Sorge, Sie werden eine Antwort darauf bekommen! Doch Sie müssen sich des Problems bewusst sein, denn sonst werden Sie nicht dazu motiviert sein, diese manchmal doch recht unangenehme Medizin zu schlucken.

Außerdem müssen Sie darauf gefasst sein, dass viele Ihrer Mitarbeiter sehr negativ reagieren werden, wenn Sie Ihre Einstellung in diesem Punkt plötzlich ändern. Einige von ihnen sind es vielleicht schon seit Längerem gewohnt, dass Sie alles für sie erledigen, also sind sie dementsprechend verwöhnt. Es war ja auch ungeheuer bequem, sich bei jedem Hindernis, das ihnen im Weg stand, an Sie wenden zu können. Aber seien Sie nicht allzu streng mit ihnen – schließlich haben Sie alle beide ihren Beitrag zu dieser Situation geleistet.

Wenn Sie mich nicht hätten fragen können – was hätten Sie dann getan?

Ich will Ihnen nun einen einfachen Tipp geben, wie Sie dem Risiko, die Aufgaben Ihrer Mitarbeiter auf Ihre eigenen Schultern zu laden, aus dem Weg gehen können. Dieser Trick funktioniert in acht von zehn Fällen.

Wenn Sie feststellen, dass Sie immer wieder dieselbe Frage vom selben Mitarbeiter gestellt bekommen, haben Sie beide ein Problem.

Und hier ist die Lösung: Machen Sie den Mund nicht auf.

Atmen Sie stattdessen ein paarmal tief durch. Zählen Sie bis drei.

Und dann stellen Sie eine Gegenfrage: *Wenn Sie mich nicht hätten fragen können – was hätten Sie dann getan?*

Der Sinn dieser Frage besteht darin, den Mitarbeiter dazu zu bringen, dass er selbst über das Problem nachdenkt und sich eine Lösung einfallen lässt. Seltsamerweise (und das werden Sie garantiert herausfinden, wenn Sie es ab morgen mit dieser Strategie versuchen) wird Ihr Mitarbeiter erstaunlich oft antworten: *Na ja, dann würde ich Folgendes machen …*

Und das ist eine ungeheuer wichtige Erkenntnis: Ihre Mitarbeiter haben fast immer einen Lösungsvorschlag. Jetzt können Sie sich in aller Ruhe in Ihrem Stuhl zurücklehnen und sich seine Vorschläge anhören. Im besten Fall brauchen Sie dann nur noch zu sagen: »Das hört sich gut an. Viel Glück!«

Vielleicht wird Ihr Mitarbeiter nicht genau das vorschlagen, was Sie sich vorgestellt hatten – aber wer sagt, dass nur *Sie* die guten Lösungen wissen? Wenn Sie jetzt sofort anfangen, ihn damit vollzutexten, was Sie selbst in dieser Situation getan hätten, verpassen Sie die Chance, eine andere Lösung zu hören zu bekommen, auf die Sie selbst vielleicht nie gekommen wären. Was sagen Sie dazu?

Wenn Sie mich nicht hätten fragen können – was hätten Sie dann getan?

Das ist eine hervorragende Strategie gegenüber allen Mitarbeitern, die sich auf irgendeine Weise ihrer Verantwortung zu entziehen versuchen – und natürlich auch gegen schlichte Faulheit. Damit weisen Sie Ihren Mitarbeiter auf etwas sehr Wichtiges hin: Wären Sie an diesem Tag aus irgendeinem Grund nicht im Büro gewesen, dann wäre deshalb trotzdem nicht alles zum Stillstand gekommen. Das Problem wäre schon irgendwie gelöst worden.

Warum also kommt jemand mit einer Frage zu Ihnen, auf die er die Antwort bereits weiß?

Ganz einfach: Dann braucht er nicht darüber nachzudenken. Sie finden die Antwort schneller als er. Oder es liegt schlicht und einfach an der Macht der Gewohnheit.

Und Sie gehen dann wieder mal mit der Überzeugung nach Hause, dass Sie die einzige Person an diesem Arbeitsplatz sind, die ihr Gehirn benutzt. Vielleicht haben Sie sogar das Gefühl, von lauter Faulpelzen umgeben zu sein, die niemals irgendeine Verantwortung übernehmen.

Aber wissen Sie was? Manchmal muss man die Schuld auch bei sich selber suchen.

Sie selbst schaffen das Problem, indem Sie immer sofort allen helfen. Jedes Mal, wenn Sie ein Problem für einen Mitarbeiter lösen, sind *Sie* derjenige, der die Verantwortung übernimmt. Vielleicht glauben Sie ja tatsächlich an Theorie X! Vielleicht trauen Sie Ihren Mitarbeitern im Grunde genommen nicht über den Weg.

Und außerdem wissen Ihre Mitarbeiter vielleicht auch, dass ihr Chef immer alles unter Kontrolle haben muss (obwohl sie da vielleicht falschliegen). Sie wissen, dass Sie sich ständig in alles einmischen. Im Übrigen gibt es viele Leute, die einfach nicht gern Verantwortung übernehmen.

Und denken Sie einmal über folgende Frage nach: Wenn Sie in eine bestimmte Richtung zeigen und sagen, dass Ihr Mitarbeiter dorthin gehen soll – wer trägt dann die Verantwortung, wenn er sich verirrt? Sie oder Ihr Mitarbeiter?

Wir müssen uns über etwas klar werden, und zwar je nach Farbprofil

Warum erledigen Sie als roter Chef Aufgaben lieber selbst?

»Weil das viel schneller geht. Diese Leute sind alle so langsam, dass man sie lieber nicht noch mal darum bittet.« Wenn Sie wollen, dass eine Sache gut gemacht wird, dann machen Sie sie selber. Ihr Kontrollbedürfnis macht Ihnen das Delegieren schwer. Wenn Sie die Aufgabe selbst erledigen, wird sie genau so erledigt, wie Sie es haben wollen. Sie können eben einfach alles am besten.

Warum nehmen Sie als gelber Chef sich immer zu viel vor und versuchen dann, diese Arbeit zusätzlich zu allem anderen auch noch selbst zu erledigen?

Als jemand Sie gebeten hat, eine bestimmte Aufgabe zu übernehmen, dachten Sie, dass es sowieso einfacher wäre, wenn Sie sie selbst erledigen würden. Sie spüren instinktiv, dass Sie das schaffen können! Nur leider haben Sie keine Ahnung, wie viele Arbeitsstunden Sie damit gerade auf Ihre Schultern geladen haben, weil Sie nie wissen, wie lange irgendetwas dauert. Ihrer Einschätzung nach geht immer alles schnell. Aber leider ist das nicht so.

Warum laden Sie als grüner Chef sich immer zu viel auf – und dann sitzen Sie die ganze Nacht am Schreibtisch und nehmen anderen Leuten ihre Arbeit ab?

Ihre Mitarbeiter sahen so gequält und gestresst aus, dass Sie ihnen eben einfach helfen wollten. Oder Sie haben es nicht über sich gebracht, ihnen noch mehr Arbeit aufzubürden. Es fällt Ihnen schwer, Ansprüche an Ihre Mitarbeiter zu stellen. Sie sind viel zu rücksichtsvoll und verlangen viel zu wenig von ihnen. Die Folge davon ist, dass alle anderen pünktlich zum Abendessen nach Hause gehen, während Sie an Ihrem Schreibtisch nur einen kleinen Snack zu sich nehmen und dann noch ein paar Überstunden dranhängen. Sie sind einfach zu nett.

Warum nehmen Sie als blauer Chef sich immer zu viel vor und machen alles selber?

Sie sind der einzige Mensch, der die Arbeit in angemessener Qualität erledigen kann. Schließlich waren Sie es, der dieses System entwickelt hat. Sie sehen sich selbst nicht so sehr als Führungskraft, sondern eher als Spezialisten. Eigentlich erledigen Sie lieber die Arbeit, als zu führen. Und dann vergessen Sie eben manchmal, dass Sie Mitarbeiter haben. Es passiert immer wieder, dass Sie irgendein Dokument öffnen und sich sofort darin vertiefen, statt es an den richtigen Mitarbeiter weiterzuleiten.

Zusammenfassung

Und nun überlegen Sie sich einfach einmal, in welche dieser Fallen *Sie selbst* als Führungskraft besonders leicht hineingeraten. Übernehmen Sie zu viele Aufgaben, für die Sie eigentlich gar nicht zuständig sind? Oder laden Sie alles auf dem Schreibtisch von jemand anderem ab? Irgendwo auf der Skala zwischen diesen beiden Extremen müssen Sie liegen. Überlegen Sie, ob Sie an der richtigen Stelle sind.

Und verschaffen Sie sich lieber jetzt gleich Klarheit über diese Fragen. Sonst machen Sie Ihren Job nicht richtig.

Kapitel 22

Wenn Sie ein effizienter roter Chef sind

Eine beliebte Frage, die bei der jährlichen Leistungsbeurteilung oft gestellt wird, lautet, wie die Mitarbeiter ihren Chef sehen. Diese Frage taucht oft während des Diskussionsteils der Leistungsbeurteilung auf, und der Chef stellt sie nicht besonders gerne, weil sie in dem Dokument enthalten ist, das die Personalabteilung zusammen mit irgendeinem aalglatten Unternehmensberater erstellt hat.

Die Idee ist eigentlich ganz gut: Auch Chefs sollten ein Feedback bekommen. Daher gibt es in der Leistungsbeurteilung auch ein paar Fragen dazu, wie gut der Chef mit seinem Team zusammenarbeitet, was er anders machen könnte, und vielleicht wird sogar nach den Stärken und Schwächen seines Führungsstils gefragt. Für Ihren eigenen Vorgesetzten dürfte es schwierig sein, diese Fragen zu beantworten, weil er Sie nicht besonders oft in Führungssituationen erlebt. Also werden Sie Ihre Mitarbeiter danach fragen müssen.

Und natürlich gibt es Fälle, in denen Mitarbeiter aller Farbkombinationen so viel Selbstvertrauen haben und sich in ihrer Position so sicher fühlen, dass sie Ihnen daraufhin tatsächlich die Wahrheit sagen. Aber – und das ist ein ziemlich großes Aber – es müssen schon einige Voraussetzungen erfüllt sein, damit das funktioniert.

Chefs mit großem Ego gibt es leider jede Menge. Viel zu viele Vorgesetzte hören nicht gerne Kritik, schon gar nicht von ihren Untergebenen. Da geraten die guten Absichten der Mitarbeiter schnell in Vergessenheit, denn was soll man einem aufgeblasenen Chef sagen, der dazu noch ständig schlecht gelaunt ist, wenn irgendetwas nicht so läuft, wie er will? Viel zu viele Mitarbeiter sind in solchen Situationen lieber höflich als ehrlich.

Aber wir können unseren Mitarbeitern in dieser Hinsicht weiterhelfen. Als Chefs können wir daran arbeiten, ihr Selbstvertrauen zu stärken. Wir können ihnen das ganze Jahr über ein gutes Vorbild sein; und wenn dann die verdammte jährliche Leistungsbeurteilung ansteht, muss bei dieser unangenehmen Frage kein peinliches Schweigen entstehen. Vielleicht können Sie dann eine konstruktive Diskussion mit Ihren Mitarbeitern führen, bei der Sie als Chef sich durch das Feedback am Ende sogar gestärkt und inspiriert fühlen.

Leider können solche Beurteilungsgespräche aber auch ganz anders laufen; und das hängt bis zu einem gewissen Grad von Ihrer Selbstwahrnehmung ab. Wenn Sie eine Vorstellung davon haben, wie Ihre Mitarbeiter Sie sehen, können Sie Ihre Fragen etwas präziser formulieren. Statt zu offene Fragen zu stellen, zum Beispiel: *Wie gut funktioniert unsere Zusammenarbeit Ihrer Meinung nach?*, würde der grüne Chef fragen: *Wie gut ist es mir Ihrer Meinung nach gelungen, in unserem Team Einigkeit zu schaffen?* Der gelbe Chef könnte wissen wollen: *Welche Tipps können Sie mir geben, um eine gute Atmosphäre in der Gruppe zu schaffen?*

Sie wissen schon, was ich meine. Mit gezielteren Fragen helfen Sie Ihren Mitarbeitern, schneller auf den Punkt zu kommen.

Was halten Ihre Mitarbeiter also von Ihren Führungsqualitäten? Wie üblich ist Ihr Kommunikationsstil hierbei ein wichtiger Teil des Puzzles, wenn auch nicht der einzige.

Also schauen wir uns die Sache einmal an. Wie immer beginnen wir mit der Farbe Rot.

Wie sehen Ihre Mitarbeiter Sie als Chef?

Jetzt wissen Sie, dass die hervorstechendste Farbe in Ihrem Verhaltensprofil Rot ist, dass bei Ihnen immer alles ganz schnell gehen muss und dass Sie nicht davor zurückschrecken, Ihren Mitarbeitern sehr konkrete, spezifische Anweisungen zu geben. Sie wollen Ergebnisse sehen und sind auch bereit, selbst die Ärmel hochzukrempeln, wenn es sein muss. Und wenn Sie einmal kurz innehalten und nachdenken, beschleicht Sie ein leiser Verdacht: Einige Ihrer Mitarbeiter könnten vielleicht der Meinung sein, dass Sie es immer zu eilig haben und dass Ehrlichkeit ein überbewertetes Managementinstrument ist.

Aber wenn wir uns nun einmal die Farbprofile Ihrer Mitarbeiter anschauen, erkennen wir interessante Muster:

Ihre roten Mitarbeiter (Übereinstimmung: gut) …

… mögen Ihre direkte Art. Sie passen ziemlich gut zueinander. Rote Mitarbeiter schätzen Ihre klare Kommunikation und finden es gut, dass Sie unangenehme Nachrichten nicht unter den Teppich kehren. Außerdem gefällt es ihnen, dass Sie systematisch arbeiten und ihnen wahrscheinlich klare, nicht zu leicht erreichbare Ziele setzen.

Es gibt viele Gründe, warum rote Chefs gern rote Mitarbeiter engagieren: Dann wird bei der Arbeit weniger Bockmist gemacht und man muss nicht dauernd alles schönreden. Man macht sich einfach an seine Arbeit. Und wenn der rote Chef in seltenen Fällen tatsächlich mal ein bisschen zu hart durchgreift, schreit der Mitarbeiter eben einfach zurück. Einfacher geht es kaum.

Andererseits …

… halten Ihre roten Mitarbeiter Sie manchmal für einen Vollidioten. Und warum? Nun ja, weil Sie sie *lenken* – und rote Verhaltenstypen *hassen es*, gelenkt zu werden. Da Sie eine starke Persönlichkeit sind, verlangen Sie, dass jeder die Arbeit auf eine bestimmte Art und Weise macht: auf *Ihre* Weise. Dabei spielt es gar keine Rolle, ob Sie im Recht und die Mitarbeiter im Unrecht sind; sie mögen es nun mal nicht, wenn man ihnen sagt, was sie tun sollen.

Sie brauchen nur in den Spiegel zu schauen, um zu erkennen, wovon ich rede: *Warum zum Teufel braucht man überhaupt Befehle vom oberen Management, wenn ich doch sowieso schon weiß, was für unser Unternehmen am besten ist?* Aber Mitarbeiter, die der Meinung sind, dass Sie sie in ihrer Freiheit einschränken und ihnen die Kontrolle über das Geschehen aus der Hand nehmen, können unangenehm sein; denn wenn sie unzufrieden sind, verursachen sie Probleme. Dann bringen sie alles durcheinander und können für enorme Unruhe in der Gruppe sorgen.

Wollen sie es etwa auf einen Kampf ankommen lassen? Kein Problem!

Seien Sie weiterhin direkt. Sagen Sie ihnen weiterhin, was sie tun sollen. Aber bieten Sie ihnen auch Alternativlösungen an. Wenn man ein bisschen konspirativ denkt, könnte man sagen, dass es durchaus sinnvoll sein kann, Ihre roten Mitarbeiter in dem Glauben zu lassen, *sie* seien diejenigen, die entscheiden. Denn es liegt nun mal in ihrem Ego, sich nichts vorschreiben lassen zu wollen. Also bieten Sie ihnen stets mehrere Alternativen an – und lassen Sie sie dann entscheiden, welchen Weg sie einschlagen möchten.

Wenn Sie einmal nicht mit der Entscheidung Ihrer roten Mitarbeiter einverstanden sein sollten – und das wird passieren –, dann bleiben Sie bei den Fakten. Beschweren Sie sich nicht, kritisieren Sie sie nicht, weisen Sie einfach immer wieder auf die Fakten hin. Kämpfen Sie darum. Finden Sie sich damit ab, dass ziemlich heiße Diskussionen entstehen können, bevor Sie eine Einigung erzielen. Denken Sie daran, dass rote Mitarbeiter ihre Mitmenschen gern herausfordern – auch ihren Chef. Sie sind genauso wie Sie. Sie werden also eine Menge Widerstand leisten müssen; aber Sie sollten Ihrem Team nicht die Luft zum Atmen nehmen.

In solchen Situationen könnte sogar ein dramatischer Konflikt ausbrechen, und der wird niemandem etwas nützen, der nicht selbst rot ist. Die anderen werden denken, dass Sie sich streiten.

Übrigens ist es auch nicht sinnvoll, sich mit Ihren roten Mitarbeitern anfreunden zu wollen. Das wird sie höchstens nerven. Schließlich sind Sie nicht am Arbeitsplatz, um einen Tennispartner zu finden, also vergessen Sie die Anbiederei lieber gleich wieder. Vielleicht denken Sie, dass ich hier offene Türen einrenne; aber ich weiß, dass Sie sehr wohl versuchen könnten, mit Ihren roten Mitarbeitern Freundschaft zu schließen, wenn Ihnen das helfen würde, Ihren Willen durchzusetzen. Tun Sie es nicht.

Aber treffen Sie ruhig weiter schnelle Entscheidungen. Handeln Sie rasch. Kommen Sie weiterhin so schnell vom Denken zum Handeln, wie jemand anderes niest. Damit werden Sie sich bei Ihren roten Mitarbeitern beliebt machen. Es verschafft Ihnen Respekt und wird Ihre roten Mitarbeiter dazu bringen, sich bei ihrer Arbeit noch mehr anzustrengen.

Ihre gelben Mitarbeiter (Übereinstimmung: sehr gut) …

… mögen es, wenn immer etwas los ist. Sie sind besonders angetan davon, dass Sie ihnen keine detaillierten Anweisungen geben, sondern ihnen genügend Freiraum und ihrer Kreativität freien Lauf lassen. Solche Mitarbeiter lassen sich nicht gern einengen, und es ist gut, wenn Sie das akzeptieren. Ihre gelben Teammitglieder wissen, dass es Ihnen in erster Linie darauf ankommt, *wann* das Ziel erreicht werden soll, und dass Sie sich nicht so sehr darum kümmern, *wie* sie es erreichen. Als roter Chef haben Sie eine Abneigung dagegen, sich in Details zu vergraben; und das kommt den Gelben sehr entgegen, zumal sie wahrscheinlich nicht einmal in der Lage wären, die Details, um die es geht, zu *benennen*.

Es ist völlig logisch, dass rote Chefs gern gelbe Mitarbeiter engagieren. Beide Verhaltenstypen mögen Action. Keiner von beiden kümmert sich gern um Details. Außerdem ist der Gelbe ein so geschickter Kommunikator, dass er genau weiß, wie er zu seinem manchmal etwas mürrischen roten Chef durchdringen kann. Natürlich neigen die Gelben dazu, viele Worte zu machen; aber sie können sich auch zurückhalten und nur das sagen, was ihr roter Vorgesetzter hören will.

Andererseits …

… finden die Gelben Sie nicht besonders anregend. Schließlich wollen sie inspiriert werden; außerdem reden sie gern über Gefühle. All das gehört nicht zu Ihrem Repertoire und das betrübt die Gelben. Außerdem haben gelbe Mitarbeiter gerne Spaß bei der Arbeit. Sie als roter Chef dagegen sprechen nur über das, was zu tun ist, und wollen nicht wissen, was letztes Wochenende passiert ist.

Da zwischenmenschliche Beziehungen am Arbeitsplatz für Sie nur ein notwendiges Übel sind, fühlen sich die Gelben von Ihnen übergangen. Und Sie lachen auch nicht über ihre Späße und Scherze. Gelbe Verhaltenstypen wollen alle Menschen amüsieren, auch ihren Chef; in dieser Hinsicht sind sie manchmal wie kleine Kinder, die herumalbern, um ein bisschen Aufmerksamkeit auf sich zu ziehen.

Ein weiteres Problem, das gelbe Mitarbeiter manchmal stresst, ist Ihr Talent, extrem düstere Horrorszenarien darüber an die Wand zu malen, was passieren wird, wenn das Team seine Ziele nicht erreicht. Auch wenn Sie Ihre Mitarbeiter lediglich klar und deutlich über die möglicherweise bevorstehende Geschäftsauflösung informiert haben – und auch wenn die Gelben sehr wohl verstehen, dass man ein unrentables Unternehmen nicht lange weiterführen kann –, wollen sie davon nichts hören. Sie möchten lieber zu großen Taten inspiriert werden – und das ist nicht gerade Ihre starke Seite: Sie erheben lieber Ihre Stimme und drängen auf mehr Tempo. Und das kommt bei gelben Mitarbeitern nicht gut an.

Um Himmels willen, muss ich mich jetzt etwa auch noch mit einem Haufen kleiner Kinder herumschlagen?

Immer mit der Ruhe. Wenn Ihnen auffällt, dass Ihre gelben Mitarbeiter ein bisschen niedergeschlagen aussehen, versuchen Sie, ihnen irgendetwas zu geben, worauf sie sich freuen können. Inspirieren Sie sie – geben Sie ihnen ihre Energie zurück. Denken Sie sich etwas aus, das Spaß macht. Wenn Sie keine Ahnung haben, was das sein könnte, bitten Sie einen von ihnen, sich etwas zu überlegen. Das dürfte für einen gelben Mitarbeiter kein großes Problem sein.

Lassen Sie sie irgendeine Aktivität organisieren oder reservieren Sie einen Tisch in einem Lokal für ein gemütliches Beisammensein nach der Arbeit. Das muss nicht viel kosten und Sie brauchen auch nicht den ganzen Abend zu bleiben. Aber es wird Ihren Mitarbeitern wieder neues Leben einhauchen.

Ein todsicherer Weg zum Herzen Ihrer gelben Mitarbeiter besteht darin, sich im Umgang mit ihnen persönlich und freundlich zu verhalten. Stellen Sie ihnen Fragen dazu, wie es bei ihnen läuft, welchen Herausforderungen sie gegenüberstehen, ob sie es schaffen werden, den Termin einzuhalten. Und fragen Sie sie auf jeden Fall nach ihrem Privatleben. Nicht über das, was sie tun, wenn abends die Lichter ausgehen – aber sprechen Sie über ihre Kinder, ihren Garten, ihre Urlaubsreisen. Und wenn Sie es schaffen, sich etwas von all dem zu merken, sodass Sie in einer Woche noch ein paar weitere Fragen dazu nachschieben können, umso besser. Damit zeigen Sie ihnen, dass Sie sich wirklich für sie interessieren.

Es ist auch eine gute Idee, Witze zu machen und ein bisschen Spaß miteinander zu haben. Versuchen Sie die Tatsache zu ignorieren, dass Ihr Schreibtisch unter der Last der vielen Unterlagen, die Sie bearbeiten müssen, fast schon zusammenzubrechen droht. Es ist gut investierte Zeit, ein bisschen mit den Gelben herumzualbern, denn dann machen sie ihre Arbeit besser. Wenn sie sich nicht wohlfühlen, bringen sie womöglich gar nichts zustande.

Lassen Sie ihnen Zeit. Sie sind nicht so schnell wie Sie. Sie müssen immer erst ein bisschen reden, bevor die Dinge bei ihnen ins Rollen kommen. Halten Sie sich vor Augen, dass Sie selbst vom Denken zum Handeln übergehen, während die Gelben vom Denken zum *Reden* übergehen. Sie denken laut. Wenn Sie lernen, aus ihren vielen Worten eine gewisse Quintessenz herauszufiltern, werden Sie vielleicht tatsächlich etwas Sinnvolles zu hören bekommen.

Achten Sie darauf, ihnen die gebührende Zustimmung und Anerkennung zukommen zu lassen. Wenn ein gelber Mitarbeiter seine Sache gut gemacht hat, dann können Sie das ruhig vor der ganzen Gruppe sagen. Blasen Sie das Ego dieser Leute so weit auf, wie es Ihnen in Ihrer knapp bemessenen Zeit möglich ist. Lassen

Sie sie glänzen. Lob geht ihnen runter wie Öl. Ich weiß, dass solche übertrieben anerkennenden Worte nicht Ihre wahre Meinung sind; aber überwinden Sie sich trotzdem dazu.

Und hier noch ein kleiner Warnhinweis: Die Gelben sind geschickte Kommunikatoren. Sie haben ein Talent dafür, fast alles absolut fantastisch klingen zu lassen. Das ist einer der Gründe, warum Ihre Zusammenarbeit mit ihnen so gut funktioniert: Diese Leute sagen Ihnen immer genau das, was Sie hören wollen. Sie stimmen Ihnen zu. Und das spart natürlich Zeit. Aber achten Sie einmal darauf, was diese Mitarbeiter wirklich *tun!* Was jemand sagt und was er tut, ist nicht dasselbe. Gelbe Mitarbeiter können Sie mit Leichtigkeit in Grund und Boden reden und Ihnen weismachen, dass alles fantastisch läuft. Aber vielleicht stimmt das gar nicht. Also stellen Sie sicherheitshalber immer ein paar Kontrollfragen und hören Sie sich die Antworten darauf sehr genau an.

Ihre grünen Mitarbeiter (Übereinstimmung: gar nicht so schlecht) …

… haben gerne etwas, woran sie sich festhalten können, wenn ein kräftiger Wind weht. Wenn Sie mein Buch bis hierher gelesen haben, wissen Sie, dass grüne Verhaltenstypen sich von Ihnen unterscheiden wie Tag und Nacht. Aber zum Glück gibt es auch eine gute Nachricht: Sie ergänzen einander sehr gut. Sie selbst sind schnell – die Grünen lassen sich lieber ein bisschen mehr Zeit. Sie behalten die konkreten Fragen und Probleme im Blick – Ihr grüner Mitarbeiter hält die zwischenmenschlichen Beziehungen am Laufen. Sie erteilen gerne Anweisungen – und die Grünen sind ganz zufrieden, wenn sie eine (höflich formulierte) Anweisung erhalten. Das müsste doch eigentlich ziemlich gut funktionieren, meinen Sie nicht auch?

Die Grünen schätzen Sie, weil Sie sich präzise ausdrücken. Sie mögen Sicherheit; und wenn man genau versteht, was der Chef sagt, entsteht Stabilität. Sie könnten also durchaus der Fels in der Brandung sein, der dem Sturm standhält, und die Grünen werden sich hinter Ihnen verstecken wollen.

Die Behauptung, dass Sie und Ihre grünen Mitstreiter gut zusammenarbeiten werden, ist also gar nicht so unbegründet.

Andererseits ...

... sind Sie in vielerlei Hinsicht Lichtjahre voneinander entfernt. Die Grünen tasten sich an alle Entscheidungen langsam heran, sie navigieren nach ihrem Bauchgefühl, während Sie die Dinge einfach vorantreiben. Manchmal haben Ihre grünen Mitarbeiter das Gefühl, dass Sie völlig unsensibel sind. Sie hören nicht zu. Wenn Sie in das Büro eines grünen Mitarbeiters gehen und ihn fragen, wie es mit seiner Arbeit steht, wird die Antwort nicht sofort kommen. Er muss erst mal darüber nachdenken, wie er sich fühlt. Das kann ein paar Sekunden dauern. Und wenn Sie den Raum inzwischen schon wieder mit einem Schulterzucken verlassen haben, ist das für die Grünen nur ein weiterer Beweis dafür, dass Sie sich nicht für sie interessieren. Nicht wirklich. Und jetzt haben sie etwas, worüber sie an der Kaffeemaschine miteinander tuscheln können.

Außerdem verhalten Sie sich ungeschickt und aggressiv. Woher ich das weiß? Nun ja, Sie schauen ihnen in die Augen, wenn Sie sagen, dass ihre Leistungen *nicht gut genug sind. Strengen Sie sich ein bisschen mehr an*. Damit will ich nicht sagen, dass Sie Ärger suchen; aber die Grünen scheuen Konflikte mehr als alles andere. Schon bei einer leichten Schärfe in Ihrem Tonfall oder einem strengen Blick hat ein grüner Mitarbeiter das Gefühl, zur Zielscheibe Ihres

Unmuts geworden zu sein. Daraufhin wird er sich verschließen wie eine Auster, und Sie werden nie erfahren, was er denkt.

Und warum ändern Sie ständig Ihre Meinung? Kann man denn nicht einfach alles so lassen, wie es immer war? Grüne Mitarbeiter haben es gern, wenn an ihrem Arbeitsplatz alles vorhersehbar ist. Sie wollen im Voraus wissen, was passieren wird – und genau das langweilt Sie zu Tode. Grüne Verhaltenstypen wollen nichts von Problemen und Schwierigkeiten wissen. Auch in dieser Hinsicht sind sie genau das Gegenteil von Ihnen: Denn Ihnen geben Probleme neue Energie und motivieren Sie dazu, die Sache in Ordnung zu bringen.

Können sich die Leute bei der Arbeit denn nicht ein bisschen zusammenreißen?

Oh doch. Und Sie als Chef können ihnen sogar dabei helfen. Hier ein paar Tipps, damit alles so funktioniert, wie Sie es gerne hätten:

Verlangsamen Sie Ihr Tempo, sobald Sie einem grünen Mitarbeiter begegnen. Und wenn Sie bereits denken, dass Sie doch nun wirklich alles schon extrem langsam angehen, verlangsamen Sie es um weitere 50 Prozent. Und das meine ich wirklich ernst: Sie müssen alles ein bisschen entschleunigen. Ihr Tempo beim Sprechen, beim Denken, beim Treffen von Entscheidungen. Sonst setzen Sie Ihren grünen Mitarbeiter ernsthaft unter Stress. Einfach mal kurz den Kopf in sein Zimmer reinstecken und *Kommen Sie im Oktober zur Konferenz?* rufen funktioniert nicht. Dann geraten die Zahnräder im Gehirn Ihres grünen Mitarbeiters ins Stocken und er fängt an zu stottern. Was für Sie eine einfache Entscheidung ist, ist für ihn etwas Weltbewegendes. Finden Sie sich damit ab, dass Sie zunächst nur ein *Hm* als Antwort erhalten werden. Haken Sie in zwei Tagen noch einmal nach.

Außerdem sollten Sie dafür sorgen, dass Sie von Ihrem grünen Mitarbeiter eine etwas klarere Bestätigung erhalten. Sie können das Ausbleiben einer Antwort nämlich nicht einfach als »Ja« interpretieren. Und Sie können auch nicht davon ausgehen, dass »Ja« immer »Ja« bedeutet. Es könnte sogar »Nein« bedeuten.

Unlogisch? Auf jeden Fall. Aber wir reden ja jetzt auch nicht über rotes, sondern über grünes Verhalten. Sie müssen sich klarmachen, dass diese Mitarbeiter stets versuchen werden, Ihnen die Antwort zu geben, die Sie ihrer Meinung nach hören wollen. Früher oder später werden Sie schon merken, ob dieser Grünling tatsächlich zur Oktoberkonferenz erscheint oder nicht. Wichtig ist, dass Sie versuchen, Ihren grünen Mitarbeitern Vertrauen einzuflößen, und das wird Ihnen am besten gelingen, wenn Sie sich die Mühe machen, ihnen ihre wahre Meinung zu entlocken. Damit zeigen Sie ihnen, dass Sie bereit sind, etwas Zeit in sie zu investieren. Glauben Sie mir: Das lohnt sich!

Geben Sie ihnen immer genau die richtige Menge an Hintergrundmaterial. Nicht übermäßig viel, aber gerade genug, um ihnen ein Gefühl der Sicherheit zu vermitteln. Grüne Verhaltenstypen mögen gründlich durchdachte Entscheidungen; damit fühlen sie sich einfach wohler. Also überlegen Sie sich, was für Fakten diese Mitarbeiter wohl gerne hätten. Alle Fakten, die ihren Bedürfnissen entsprechen, sind wertvoll. Finden Sie diese Fakten und vermitteln Sie sie Ihnen dann auf ruhige, systematische Weise.

Achten Sie genau auf alles, was Ihr grüner Mitarbeiter sagt. Seine Worte können sehr vorsichtig gewählt sein. Ein grüner Verhaltenstyp sagt zum Beispiel nicht: *Das ganze Projekt steht kurz vor dem Zusammenbruch,* sondern: *Ich sehe hier ein paar Schwierigkeiten, aber die Dinge werden sich schon irgendwie einrenken.* Sie müssen die grüne Sprache erlernen.

Aber achten Sie auch auf das, was *nicht* ausgesprochen wird. Schweigen ist *nicht* gleichbedeutend mit Zustimmung! In diesem

Punkt hat Platon sich geirrt. Denken Sie daran, dass Ihre grünen Mitarbeiter es Ihnen unbedingt recht machen wollen. Also werden sie sagen, was Sie ihrer Meinung nach hören möchten, weil sie keinen Streit wollen. Achten Sie auch auf die manchmal recht langen Schweigephasen. Und beobachten Sie ihre Körpersprache! Ein grüner Verhaltenstyp kann ohne Weiteres sagen, dass *das schon in Ordnung geht*, und dabei gleichzeitig den Kopf schütteln. Sie müssen lernen, das richtig zu interpretieren. Sie müssen lernen, wie dieser spezielle grüne Mitarbeiter tickt.

Bevor Sie behaupten, Sie hätten keine Zeit für so etwas, möchte ich Sie darauf hinweisen, dass das überhaupt keine Rolle spielt. Ihre Aufgabe besteht darin, Ihre Mitarbeiter zu erreichen. Zeit hin oder her – nur so, wie ich es gerade beschrieben habe, erreichen Sie die Grünen. Sie werden sich also noch ein bisschen mehr Mühe geben müssen. Und wenn Ihnen das gelingt, wird es sich für Sie auf jeden Fall »auszahlen«. Denn wenn Sie genügend Geduld aufbringen können, werden Sie die Loyalität dieser Mitarbeiter für viele Jahre gewinnen.

Ihre blauen Mitarbeiter (Übereinstimmung: schlecht) …

… finden Sie eigentlich ganz okay, weil Sie wenigstens konzentriert arbeiten. Alle beide – Rote und Blaue – sind an der vorliegenden Aufgabe interessiert. Aus Sicht der Blauen ist das ein Pluspunkt. Außerdem schätzen sie es, dass Sie sie nicht nach ihrem Privatleben fragen. Es käme ihnen nie in den Sinn, spontan zu erzählen, was sie am letzten Wochenende gemacht haben oder wie es ihrer Frau geht oder Sie zu fragen, was Sie vom bisherigen Frühlingswetter halten. Das fänden sie äußerst unprofessionell.

Und sie empfinden es auch als positiv, dass Sie nicht in die *Umarme-jeden-der-dir-über-den-Weg-läuft*-Falle tappen. Blaue Verhaltenstypen mögen es nicht, andere Menschen zu berühren. Außerdem wissen sie es zu schätzen, dass Sie sich eindeutig ausdrücken. Ihnen ist es wichtig, eine Anweisung zu verstehen. Auch wenn diese Anweisung vielleicht nicht ganz so umfassend war, wie sie hätte sein können, so war sie doch wenigstens glasklar formuliert. Das ist schon mal ein Vorteil.

Andererseits ...

... werden diese Leute Sie in professioneller Hinsicht für einen Taugenichts halten. Denn Sie ignorieren Dinge, die wichtig sind; außerdem fehlt es Ihnen an Konzentrationsvermögen. Sie geben widersprüchliche Anweisungen. Sie sind nicht konsequent und verlieren die Beherrschung wegen Dingen, die überhaupt keine Rolle spielen. Nicht, dass diesen Mitarbeitern das viel ausmachen würde. Schreien Sie ruhig, wenn Sie wollen – nichts könnte einen blauen Verhaltenstyp kälter lassen. Er wird einfach warten, bis der Ausbruch vorbei ist, und dann wieder an seine Arbeit gehen. Sie haben keine Ahnung von der Qualität der Arbeit Ihres Teams, und wenn er an Ihre mangelnde Aufmerksamkeit gegenüber Details denkt, wird ihm übel.

Solche Mitarbeiter merken, dass Sie es ständig eilig haben, aber sie verstehen nicht, warum. Zeit ist ein relatives Konzept und hat nichts mit Qualität oder gut gemachter Arbeit zu tun. Ihr Wunsch nach schnellen Ergebnissen kollidiert mit dem Streben der Blauen nach Perfektion; und ich kann Ihnen jetzt schon sagen, dass alle blauen Verhaltenstypen Ihre Vorgehensweise langfristig für falsch halten.

Und wenn wir schon über Langfristigkeit sprechen: Vielleicht bilden Sie sich tatsächlich ein, langfristig zu denken und zu handeln. *Sie* denken vielleicht, dass es noch lange dauert, bis Weihnachten wieder vor der Tür steht; aber für den Blauen ist das nur ein Dezimalkomma im Kalender. Langfristig denken – das bedeutet, dass man sich vor Augen halten muss, was über einen ganzen Konjunkturzyklus hinweg geschehen wird.

Und wie lange dauert so ein Zyklus?

Im Durchschnitt ungefähr sieben Jahre. Noch Fragen?

Diesen pedantischen Erbsenzählern werde ich es schon zeigen!

Ja, tun Sie das ruhig. Aber lesen Sie sich lieber erst mal die nächsten Absätze durch, bevor Sie damit anfangen. Denken Sie daran, dass diese Mitarbeiter Informationen jeglicher Art lieben. Fakten, Details, Beweise. Ich weiß, dass Sie aufgabenorientiert sind, und das macht den Umgang mit solchen Mitarbeitern für Sie einfacher. Aber die Menge an Informationen und die in die Tiefe gehenden Details, die ein blauer Mitarbeiter von ihnen erwartet, wird Sie ermüden. Solche Leute sind niemals hundertprozentig zufrieden. Selbst wenn Sie versuchen, alle notwendigen Basisdaten zu beschaffen, werden Sie bei einem Blauen kaum eine Chance haben.

Worin besteht die Lösung dieses Problems? Erklären Sie Ihrem Mitarbeiter, wo die Details zu finden sind, und dann lassen Sie ihn auf eigene Faust stöbern. Präsentieren Sie ihm den Bericht, aber versuchen Sie nicht, daraus zu zitieren oder ihn zusammenzufassen. Das würde einem blauen Mitarbeiter sowieso nicht genügen. Drücken Sie ihm den Bericht in die Hand und fordern Sie ihn auf, ihn zu lesen. Sagen Sie nicht, dass er ihn *genau* lesen soll, denn damit würden Sie nur offene Türen einrennen.

Aber lassen Sie ihn die Informationen in seinem eigenen Tempo aufnehmen. Es wäre Zeitverschwendung, wenn Sie ihn bitten würden, sich zu beeilen. Mit so einem Mitarbeiter brauchen Sie unendlich viel Geduld. Das Gefühl der Dringlichkeit, das Sie bei Ihrer Arbeit ständig begleitet, wäre in diesem Fall ungefähr so nützlich wie ein Fahrrad für einen Fisch. Der Unterschied zum grünen Mitarbeiter liegt auf der Hand: Während die Grünen es als stressig empfinden, unter Druck gesetzt zu werden, reagieren die Blauen darauf höchstens mit Erstaunen. Ist der Chef verrückt geworden? Zu glauben, man könne einen Baum anschreien, damit er schneller wächst. Wie dumm.

Sie werden also versuchen müssen, Ihren blauen Mitarbeiter auf andere Weise unter Kontrolle zu halten. Eine gute Methode ist zum Beispiel ein Standard-Follow-up. Dabei müssen Sie aber wirklich weit, weit vorausdenken. Denn da ein solcher Mitarbeiter keine Termine einhalten und diesen Aufschub damit rechtfertigen wird, dass noch nicht alles perfekt ist, brauchen Sie einen Plan. Eine Möglichkeit besteht darin, die Aufgabe detailliert zu beschreiben, die geforderte Qualität im Voraus festzulegen und sich dann gemeinsam auf eine Frist zu einigen. Sie können natürlich ein bisschen Druck machen – für uns Rote ist so etwas selbstverständlich –, aber der Trick bei der Sache besteht darin, dass blaue Verhaltenstypen sich normalerweise an beiderseitige Abmachungen halten. Wenn sie einmal Ja zu etwas gesagt haben, wollen sie es auch einhalten. Das ist für sie Ehrensache. Sie möchten kein unnötiges Chaos verursachen. Wenn Sie also eine Vereinbarung mit einem blauen Mitarbeiter getroffen haben, haken Sie ruhig zum vereinbarten Zeitpunkt nach.

Im Grunde besteht das Problem zwischen Ihnen beiden in Ihrem unterschiedlichen Tempo. Sie sind das Gaspedal; Ihr blauer Mitarbeiter dagegen ist sowohl das Bremspedal als auch die Handbremse und vielleicht sogar auch noch die Motorkontrollleuchte. Wenn man alle Pedale gleichzeitig betätigt, wird das eine sehr holperige Fahrt. Sie müssen sich also auf ein gemeinsames Tempo einigen. Der Blaue muss natürlich ein bisschen schneller werden. Aber

Sie werden gezwungen sein, langsamer zu fahren. Einen anderen Ausweg gibt es in diesem Fall nicht.

Und was sollen wir nun mit all dem anfangen ...?

Na, was sagen Sie? Das war doch eigentlich gar nicht so schlimm, oder? Die wichtigste Erkenntnis für Sie als vorwiegend roten Chef besteht darin, dass die verschiedenen Farbtypen Sie alle ein bisschen unterschiedlich wahrnehmen. In manchen Punkten werden sie sich wahrscheinlich einig sein, aber bei Weitem nicht in allem. Natürlich tragen auch Ihre Mitarbeiter – wie ich schon mehrfach erwähnt habe – eine gewisse Verantwortung dafür, dass der Dialog zwischen Ihnen reibungslos funktioniert; aber die größte Verantwortung liegt beim Chef. Letztendlich müssen Sie zeigen, dass Sie bereit sind, diese Mühe auf sich zu nehmen.

Und das sind Sie als roter Vorgesetzter selbstverständlich auch, denn schließlich wollen Sie Ihre ambitionierten Ziele so schnell wie möglich erreichen.

Kapitel 23

Wenn Sie ein inspirierender gelber Chef sind

Wenn die Farbe Gelb in Ihrem Profil vorherrscht, wissen Sie, dass Sie ein Talent dafür haben, andere Menschen zu inspirieren und eine gute Stimmung um sich herum zu verbreiten. Sie sind ein geschickter Kommunikator, und es fällt Ihnen leicht, andere Menschen von der Richtigkeit Ihrer Ideen zu überzeugen. Ihre Kreativität bringt Sie dazu, immer wieder neue Ideen auszuprobieren. Sie haben keine Angst davor, das Kommando zu übernehmen, wenn es nötig ist; und im Rampenlicht zu stehen schreckt Sie nicht im Geringsten. Wenn Sie anfangen, darüber nachzudenken, kommt Ihnen aber vielleicht der Verdacht, dass es Menschen geben könnte, die Ihre Prognosen für ein bisschen zu positiv halten, und dass es Ihnen manchmal schwerfällt, sich an die Tagesordnung zu halten.

Und nun wollen wir mal einen Blick darauf werfen, was Ihre Mitarbeiter von Ihnen und Ihrem Führungsstil halten.

Ihre roten Mitarbeiter (Übereinstimmung: sehr gut) …

… denken, dass Sie eine Aura von Energie und Elan ausstrahlen. Es gefällt ihnen, dass Sie Ideen haben und sich nicht scheuen, etwas Neues auszuprobieren. Und genau wie Sie sind auch die Roten der Meinung, dass man vorher sowieso nie genau wissen kann, wohin das alles führen wird. Rote Verhaltenstypen finden es gut, dass Sie alles aus einer umfassenden Perspektive betrachten; keiner von Ihnen hält Details für übermäßig wichtig.

Gelbe Chefs haben eine Vorliebe für rote Mitarbeiter. Dafür gibt es einen ganz einfachen Grund: Diese Mitarbeiter sind ihrem Vorgesetzten so ähnlich, dass die Zusammenarbeit reibungslos funktioniert. Außerdem gehen die Roten gerne voran, was gelben Chefs nur recht sein kann: Sollen sie doch ruhig die schlimmsten Prügel einstecken. Aber rote Mitarbeiter wollen von ihren Chefs nicht engmaschig geführt und kontrolliert werden – und das spüren die Gelben. Das ist eigentlich eine gute Nachricht, denn ein gelber Chef wird ohnehin zwei von drei Nachfassgesprächen versäumen. Er vergisst so etwas einfach, und das gibt den Roten den Freiraum, den sie brauchen.

Andererseits ...

... haben Ihre roten Mitarbeiter oft das Gefühl, dass Sie sich wie ein Vollidiot benehmen. Sie sind einfach zu extravagant, als dass sie Vertrauen zu Ihnen fassen könnten. Diese ganze Albernheit und dieses Herumblödeln – das geht ihnen einfach auf die Nerven.

Es gefällt ihnen auch nicht, dass Sie einen so persönlichen Umgang mit ihren Mitarbeitern pflegen und ständig über Dinge reden möchten, die nichts mit der Arbeit zu tun haben. Was Sie letzten Sommer gemacht haben, interessiert rote Mitarbeiter nicht. Sie erkennen, dass Sie ein Bedürfnis danach haben, über sich selbst zu reden, ignorieren aber respektvoll, was Sie sagen. Sie haben gelernt, zu lächeln und zu nicken – schließlich sind Sie der Chef –, aber eigentlich würden sie am liebsten aus dem Zimmer gehen und etwas anderes tun.

Oft haben rote Mitarbeiter auch noch ein ganz anderes Problem mit Ihnen: Sie als Gelber stehen nicht zu dem, was Sie sagen. Sie haben bei verschiedenen Besprechungen eine ganze Menge erzählt;

aber da Sie sich niemals etwas aufschreiben, waren da zwangsläufig viele unerfüllte Versprechen dabei. Wenn Sie nicht endlich anfangen zu liefern, werden Ihre roten Teammitglieder Ihnen bald nicht mehr zuhören.

Ich weiß, dass das Ihrem Ego missfällt. Vielleicht sind Sie der Verhaltenstyp, dem es am schwersten fällt, sich zu ändern; denn Ihre Gedanken über sich selbst sind nicht sonderlich bescheiden. Und Sie haben auch viele gute Eigenschaften; das kann niemand bestreiten. Aber Ihre roten Mitarbeiter finden einige dieser Eigenschaften ziemlich irritierend.

Das ist der Dank dafür, dass man nett zu seinen Mitarbeitern ist! Was für Idioten!

Es gibt durchaus Möglichkeiten, etwas daran zu ändern: Sie brauchen sich nur das Verhalten der Roten vor Augen zu halten. Die sind nicht hier, um Spaß zu haben. Sie sind nicht zur Arbeit gekommen, um die besten Kumpel vom Chef zu sein.

Rote Mitarbeiter wollen Ergebnisse. Also ist es besser, mit ihnen über Ziele zu sprechen als über Inspiration und Visionen. An unrealistischen Visionen haben solche Verhaltenstypen kein Interesse. Zu sagen, dass wir die Besten unseres Landes sein werden – schön und gut. Aber die Besten auf welchem Gebiet? Und was müssen wir *tun*, um dieses Ziel zu erreichen?

Ihre roten Mitarbeiter sind handlungsorientiert. Und das ist eine wunderbare Nachricht! Sie reden wenig und tun viel. Sorgen Sie dafür, dass diese Mitarbeiter ihre Bemühungen in die richtigen Aufgaben investieren, und sie werden Wunder vollbringen. Aber kommen Sie ihnen nicht in die Quere.

Verhalten Sie sich einfach geschäftsmäßig und professionell. Bleiben Sie beim Thema und äußern Sie keine allzu vagen Ideen.

Kommen Sie direkt auf den Punkt. Vergessen Sie das Fußballspiel von gestern und reden Sie auch nicht über das Wetter. Versuchen Sie, Ihre roten Mitarbeiter nicht mit einem gemütlichen Plauderstündchen bei Laune zu halten. Das macht sie nur wütend.

Und versuchen Sie nicht, witzig zu sein – auch das kann ein Fehler sein. Wenn Sie an Ihrem Arbeitsplatz zu viele Witze machen, werden rote Verhaltenstypen denken, dass Sie Ihre Aufgabe nicht ernst genug nehmen. Wohlgemerkt: Bei dieser Aufgabe geht es nicht darum, ein möglichst lustiger Typ zu sein. Ich bin überzeugt davon, dass Sie das sind; aber das interessiert Ihre roten Mitarbeiter nicht. Wenn sie Unterhaltung suchen, gehen sie am Freitagabend in eine Comedyshow.

Und bei all dem müssen Sie ein unerschütterliches Selbstvertrauen an den Tag legen. Sie müssen sich stets so ausdrücken, als wüssten Sie genau, was Sie tun. Denn rote Mitarbeiter lassen sich in dieser Hinsicht teilweise von ihrem Instinkt leiten: Wenn Sie zu zögerlich sind, beginnen sie vielleicht, an Ihnen zu zweifeln; dann sind sie unsicher, ob sie sich auch wirklich auf Sie verlassen können. Wenn Sie anfangen zu zögern, zeigen Sie damit, dass Sie beeinflussbar sind. Das könnte rote Mitarbeiter dazu veranlassen, Sie herauszufordern – oft im Beisein aller anderen, was zu einem unangenehmen Machtkampf führen kann, den Sie vielleicht verlieren. Also strahlen Sie lieber ein unerschütterliches Selbstbewusstsein aus.

Geben Sie nicht nach. Doch wenn Sie die *Ich-bin-dein-Chef*-Karte ausspielen, kann es sein, dass die Roten den Respekt vor Ihnen völlig verlieren. Tappen Sie nicht in diese Falle.

Aber – ein wichtiges Aber – Sie müssen sich an Ihre Versprechen halten. Wenn Sie gesagt haben, dass das Geld unterwegs ist, sollten Sie dafür sorgen, dass das auch tatsächlich so ist. Wenn Sie ihnen zwischen zwei Feiertagen im Mai einen freien Tag versprochen haben, sollten Sie sich das lieber notieren. Und wenn Sie jemandem eine Aufgabe übertragen und versprochen haben, mit den anderen in der Gruppe darüber zu reden – dann sollten Sie sofort eine Besprechung einberufen. Wenn Sie ein Versprechen brechen, das Sie einem roten Mitarbeiter gegeben haben, wird er Sie deshalb zur Rede stellen. Er wird nicht versuchen, sich bei Ihnen anzubiedern. Sie werden zu hören bekommen, dass Sie Ihr Versprechen nicht gehalten haben. Und das werden auch alle anderen Mitarbeiter erfahren.

Ihre gelben Mitarbeiter (Übereinstimmung: sehr gut) …

Gelb harmoniert glänzend mit Gelb. In den meisten Vertriebsorganisationen, mit denen ich zusammengearbeitet habe, herrschten gelbe Verhaltensprofils vor. Das liegt daran, dass Gelbe positiv denken und kreativ, redegewandt und überzeugend sind: Sie sind normalerweise ziemlich unerschrocken und haben gerne Kontakt zu Fremden. Solche Menschen sind für den Job des Verkäufers einfach wie geschaffen.

Und was hat das mit Führung zu tun? Eine ganze Menge. Gelbe Verkäufer werden zu gelben Teamleitern und schließlich zu gelben Vertriebsmanagern, die ihre Karriere oft als Leiter der Vertriebsabteilung beenden. Und gelbe Verkäufer stellen oft Mitarbeiter ein, mit denen sie sich identifizieren können und die sie mögen – Menschen, die die gleichen Eigenschaften haben wie sie.

Ihren gelben Mitarbeitern gefällt es, dass Sie unterhaltsam, locker und einfallsreich sind und die Leute bei der Arbeit ein bisschen Spaß haben lassen. Sie mögen die lockere Atmosphäre am Arbeitsplatz und besonders angenehm finden sie es, dass Sie nur sehr selten Berichte oder sonstige Leistungsnachweise von ihnen verlangen. Die gelben Mitarbeiter genießen diese Freiheit, die Sie ihnen einräumen; und diejenigen, mit denen Sie auch hin und wieder in der Freizeit zusammen sind, wissen, dass dieser private Kontakt ihnen große Vorteile bringt.

Andererseits ...

... gibt es nicht genügend Platz für so viele Stars auf einer Bühne. Alle gelben Verhaltenstypen meinen, sie hätten es verdient, im Rampenlicht zu stehen; und wenn Sie als Chef zu viel Platz einnehmen (was viele gelbe Mitarbeiter denken), werden Sie ihnen mit der Zeit ziemlich auf die Nerven gehen. Vielleicht fangen sie dann auch an, nach Ihrem Job zu schielen – denn dem verdanken Sie ja offensichtlich die ganze Aufmerksamkeit.

Eine ziemlich verzwickte Situation!

Sie müssen Ihre gelben Mitarbeiter also mehr reden lassen, als Sie selbst reden, auch wenn Sie glauben, dass das, was Sie zu sagen haben, sich besser anhört. Achten Sie darauf, dass die gelben Mitglieder Ihres Teams oft genug zu Wort kommen!

Diese Primadonnen! Für wen halten die sich eigentlich?

Aus dieser vertrackten Situation gibt es keinen einfachen Ausweg. Einerseits haben Sie und Ihre gelben Mitarbeiter vieles miteinander gemeinsam; andererseits sind es aber gerade die kleinen Eigenheiten dieses Verhaltenstyps, die bei der Zusammenarbeit zu Problemen führen.

Alle gelben Typen – auch Sie selbst – hätten am liebsten ständig Spaß bei der Arbeit. Das Problem ist nur, dass nicht immer alles nur aus Vergnügen bestehen kann. Sie müssen dafür sorgen, dass die gute Stimmung nicht verloren geht, gleichzeitig aber auch ein Auge darauf haben, dass die Dinge nicht aus dem Ruder laufen. Wahrscheinlich kennen Sie die Formulierung *viel heiße Luft*. Die Gelben reden oft viel mehr darüber, was sie zu tun *gedenken* oder was sie tun *werden* – anstatt es auch wirklich zu *tun*.

Zwischen Denken und Handeln liegen bei gelben Verhaltenstypen oft Welten. Und natürlich besteht die Gefahr, dass man sich von der gemütlichen Atmosphäre im Büro einlullen lässt, ohne genau darauf zu achten, was tatsächlich geleistet worden ist. Sie müssen also bei all den wilden Plänen Ihrer Mitarbeiter stets ein Auge darauf haben, was tatsächlich passiert.

Seien Sie großzügig mit Lob und Anerkennung jeglicher Art! Denken Sie daran, dass Ihre gelben Mitarbeiter Lob genauso zu schätzen wissen wie ihr Chef. Es gibt keine Obergrenze dafür, mit wie viel Süßholz man einen gelben Verhaltenstyp überschütten kann. Zeigen Sie bei der geringsten positiven Kleinigkeit, dass sie Ihnen aufgefallen ist! Es kostet ja nicht viel Zeit. Denken Sie daran, dass Ihre Mitarbeiter besser arbeiten, wenn sie gut gelaunt sind. Sie brauchen nur sich selbst anzuschauen: Alles, was bei Ihnen gut funktioniert, wird sich auch bei Ihren Teammitgliedern positiv auswirken.

Gelbe Mitarbeiter reagieren oft auf die Stimmung im Raum. Ist die Atmosphäre energiegeladen und inspirierend, so werden sie sich davon anstecken lassen; doch wenn Konflikte und schlechte Nachrichten in der Luft liegen, werden sie den Kopf hängen lassen. Einige von ihnen werden sich dann sogar selbst bemitleiden. Schließlich tragen Ihre Mitarbeiter keine Schuld an Ihrer schlechten Laune! Aber zum Glück gibt es auch eine gute Nachricht: Gelbe haben ein besonderes Talent dafür, unangenehme Dinge schnell zu vergessen, und dann ist alles wieder gut.

Allerdings sollten Sie im Auge behalten, dass Ihre gelben Mitarbeiter reden. Und zwar mit allen. Und über alles. Wenn Sie sich irgendwie blamieren oder dumm benehmen, wird sich die Kunde davon schneller im Unternehmen verbreiten als ein Video mit dem süßesten Kätzchen der Welt. Ihre Mitarbeiter werden bereits Freunde und Bekannte im nächsten Bundesstaat darüber informiert haben, bevor Sie wieder in Ihrem Büro sind.

Ihre grünen Mitarbeiter (Übereinstimmung: gut) …

… mögen Sie wahrscheinlich. Es gefällt ihnen, dass Sie mit ihnen auch über Dinge sprechen, die nichts mit der Arbeit zu tun haben. Da die Grünen eher eine vertrauliche, persönliche Kommunikation schätzen, freuen sie sich darüber, dass Sie sie nicht allzu sehr unter Druck setzen. Sie wissen, dass auch Ihnen an einer guten Arbeitsbeziehung gelegen ist, und spüren, dass Sie sich Mühe geben, eine für sie angenehme Atmosphäre zu schaffen.

Da grüne Mitarbeiter normalerweise kein Problem damit haben, kleine, eher langweilige Aufgaben zu erledigen, ergänzen Gelb und Grün sich recht gut. Was Sie langweilt, ist vielleicht genau das, was ein Grüner gern übernimmt. Gibt es irgendeine Aufgabe, die Sie einem gelben Mitarbeiter zu übertragen versucht haben – nur leider hat er ihr nie die nötige Aufmerksamkeit gewidmet? Das könnte genau die richtige Arbeit für einen grünen Mitarbeiter sein!

Dass Sie so gerne im Rampenlicht stehen, kommt den Grünen entgegen – denn sie selbst wollen das nicht. Sie wünschen sich zwar nicht, dass Sie ihnen ihre Ideen klauen oder lauthals vor ihnen angeben; aber sie möchten nicht im Mittelpunkt stehen. Wenn sie einen Chef haben, der ein besonderes Talent für diese Aufgabe mitbringt, ist das Leben für die Grünen wesentlich einfacher.

Andererseits …

… finden die Grünen, dass Sie sich zu sehr aufplustern. Sie scherzen und albern dauernd herum; und manchmal wünschen sie sich, Sie würden auch ab und zu einmal von der Bühne abtreten. Ich weiß, das passt nicht zu dem, was ich gerade eben geschrieben habe. Die Grünen wollen nicht im Mittelpunkt stehen, aber insgeheim wollen sie auch nicht, dass jemand anderes dort steht. Vielleicht sind sie neidisch, dass Sie die ganze Aufmerksamkeit bekommen; aber wenn Sie sich erbieten, einen Schritt zur Seite zu treten, ist es keineswegs sicher, dass einer von den Grünen Ihren Platz im Rampenlicht einnehmen wird.

Ich weiß. Es ist kompliziert.

Außerdem – Sie reden viel zu viel. Grüne Verhaltenstypen haben nicht so ein starkes Bedürfnis wie Sie, jeder Idee sofort Ausdruck zu verleihen; und auch wenn Sie wirklich sehr unterhaltsam sein können, findet Ihr grünes Team Sie doch oft ziemlich ermüdend. Manchmal wünschen sie sich, Sie würden einfach still sein und sie in Ruhe arbeiten lassen. Wie üblich werden sie Ihnen das nicht sagen. Falls nach der Lektüre dieses Kapitels der Verdacht in Ihnen aufsteigen sollte, dass Sie tatsächlich so ein Problem mit Ihren grünen Mitarbeitern haben, werden Sie womöglich auf die geniale Idee kommen, sie danach zu fragen. Das Problem: Es ist keineswegs sicher, dass die Grünen Ihnen eine ehrliche Antwort darauf geben. Sie möchten Sie nämlich nicht verletzen und sie wollen auch keinen Streit.

Außerdem verursachen Sie viel zu viele Probleme. Ihre Kreativität und Ihr Bedürfnis, sich immer wieder etwas Neues auszudenken, bringt die Grünen furchtbar aus dem Konzept. Denn sie sind *grundsätzlich* gegen Veränderungen; am besten finden sie es, gar nichts zu ändern. Sie als gelber Verhaltenstyp dagegen mögen Veränderung um der Veränderung willen. Routine und vorhersehbare Arbeitstage langweilen Sie schnell – aber genau das wollen die Grünen.

Oje, oje! Haben die denn gar keine Fantasie?

Doch, sie haben Fantasie – aber nicht so viel wie Sie. Und außerdem nutzen sie sie für ganz andere Dinge. Es gibt ein amerikanisches Sprichwort: *Was nicht kaputt ist, braucht man auch nicht zu reparieren.* Das hätte von einem grünen Verhaltenstyp stammen können. *Never change a running system!*

Sie müssen Ihre Botschaften also besser an Ihre grünen Mitarbeiter anpassen. Wenn Sie in einer Sitzung plötzlich laut ausrufen: *Ich habe eine Idee! Wäre es nicht toll, wenn …?*, wird das den grünen Mitarbeitern nur Bauchschmerzen bereiten. Abgesehen davon, dass ihnen dabei die langfristige Planung fehlt, ist so etwas das Letzte, was die Grünen hören wollen. Sie werden sich nicht inspirieren lassen – sie wollen Ihre Ideen nicht. So etwas macht sie nur nervös.

Versuchen Sie, diesen Mitarbeitern Vertrauen einzuflößen; zeigen Sie, dass Sie sich um sie kümmern: als Einzelpersonen und als Gruppe. Denken Sie daran, dass das Team wichtiger ist als das Ego einer einzelnen Person. All Ihre plötzlichen verrückten Ideen und albernen Scherze sind in den Augen der Grünen eine Bedrohung für die Stabilität der Gruppe. Keine Sorge: Sie *haben* bereits eine Beziehung zu Ihren grünen Mitarbeitern. Diese Leute mögen Sie; sie wollen nur, dass Sie alles ein bisschen ruhiger angehen lassen.

Also denken Sie lieber erst mal gründlich über Ihre Botschaft nach, bevor Sie darüber reden. Loben Sie Ihre neue, noch völlig unausgegorene Idee nicht gleich in den höchsten Tönen. Überlegen Sie sich stattdessen lieber, wie Sie Ihre grünen Mitarbeiter vom Nutzen dieser (noch) ungeplanten Veränderung überzeugen können. Gegen Ihre Idee ist nichts einzuwenden; aber wenn Sie damit nicht zu Ihrem grünen Team durchdringen, können Sie sie genauso gut gleich in den Papierkorb werfen.

Hier ein Beispiel dafür: Angenommen, der Arbeitsplatz Ihres Teams muss in neue Räumlichkeiten verlegt werden. Beginnen Sie Ihre Besprechung nicht damit, dass Sie den bevorstehenden Umzug ankündigen und sagen, Sie hätten bereits ganz fantastische Büroräume am anderen Ende der Stadt gefunden. Beziehen Sie Ihre Mitarbeiter von Anfang an direkt in den Prozess ein. Fragen Sie sie, was sie von ihren jetzigen Räumlichkeiten halten. Erkundigen Sie sich, ob die Belüftung zufriedenstellend funktioniert und ob sie den Pausenraum für groß genug halten.

Bei der nächsten Besprechung erzählen Sie ihnen, dass Sie inzwischen mal ein bisschen genauer über die jetzigen Büroräume nachgedacht und dabei etliche Mängel festgestellt haben. Die Luft ist schlecht; die Mitarbeiter hocken aufeinander wie die Sardinen und außerdem ist es schwer, vor dem Gebäude einen Parkplatz zu finden. Sie könnten sogar nebenbei erwähnen, dass die Miete zu hoch ist; aber das interessiert die Grünen eigentlich nicht. Besser ist es, sie nach ihrer Meinung zu fragen und sich Bestätigung im Team zu holen. Achten Sie dabei auf alle Gesten, auch auf ein zögerliches Nicken.

Besprechung Nummer drei: Nun kündigen Sie Ihren Mitarbeitern an, dass Sie vorhaben, sich nach anderen Räumlichkeiten umzusehen. Ob wohl jemand aus dem Team bereit wäre, ein bisschen mit Ihnen herumzufahren und sich ein paar infrage kommende neue Büroräume anzuschauen? Weisen Sie darauf hin, dass das nur so eine Idee von Ihnen ist. Eigentlich glauben Sie nicht daran, dass Sie etwas Passendes finden werden.

Woche Nummer vier: Sie ziehen mit ein paar Mitarbeitern los und schauen sich einige Alternativen zu Ihren jetzigen Büroräumen an. Dabei stellen Sie die ganze Zeit über offene Fragen und achten bei Ihren Begleitern genau auf Anzeichen irgendwelcher Emotionen.

Bei der Besprechung in Woche fünf können Sie dann beiläufig

erwähnen, dass Sie tatsächlich Büroräume gefunden haben, die einen sehr guten Eindruck machen, und die grünen Begleiter aus Ihrem Team fragen, was sie denn davon halten. (Natürlich haben Sie die Meinung dieser Begleiter vorher schon im Rahmen von ein paar kurzen Vieraugengesprächen ausgelotet.)

Nun haben Sie eine echte Chance, Ihre grünen Mitarbeiter von einem Umzug zu überzeugen. Und behaupten Sie jetzt bitte nicht, dass Sie für so etwas keine Zeit haben – dass die verschiedenen Schritte, die ich gerade beschrieben habe, eine Ewigkeit dauern würden. Letzten Endes geht es dabei nur darum, Ihre Mitarbeiter in den Prozess einzubinden.

Indem Sie sich ihre Meinungen zu dem Thema anhören und sich nicht einfach achselzuckend über ihre Sorgen und Bedenken beim Gedanken an einen Umzug hinwegsetzen, haben Sie ihr Vertrauen erworben. Sie haben einen ausreichenden Konsens geschaffen. Und so ungeduldig Sie auch sein mögen – Sie werden feststellen, dass es klug war, das Tempo dieses Prozesses ein bisschen zu drosseln. Wenn Sie alles richtig gemacht haben, wird es bei diesem Umzug erstaunlich wenig Murren geben.

Ihre blauen Mitarbeiter (Übereinstimmung: katastrophal) …

Ich kann beim besten Willen nicht so tun, als wären gelber Chef und blaue Mitarbeiter eine gute Kombination. Ihre blauen Mitarbeiter akzeptieren Sie. Vielleicht respektieren sie Sie auf persönlicher Ebene sogar; aber das werden Sie vielleicht niemals herausfinden. Außerdem geht es hier ja um die Arbeit und da spielt das Persönliche ohnehin keine Rolle.

Diejenigen blauen Mitarbeiter, die über ein gewisses Maß an Einsicht verfügen, werden natürlich akzeptieren, dass Sie mehr neue

Ideen und Gedanken einbringen als die meisten anderen Leute. Ihre Kreativität und Ihre Fähigkeit, über den Tellerrand zu schauen, sind ihnen nicht entgangen.

Gelbe Chefs stellen wahrscheinlich schon ab und zu blaue Mitarbeiter ein – aber vermutlich ist ihnen dabei gar nicht so recht bewusst, was sie da tun. Für einen gelben Chef ist blaues Verhalten mehr oder weniger unverständlich. Vielleicht ist Ihnen klar geworden, dass Sie ein paar mehr ordnungsliebende, methodisch arbeitende Leute in Ihrer Gruppe brauchen könnten; doch um in dieser Hinsicht etwas zu unternehmen, ist ein aktiver Gedanke nötig. Schon allein die Vorstellung, wie diese Leute – wenn man sie denn überhaupt einstellt – geführt werden müssen, kann einem gelben Chef Albträume bereiten. Höchstwahrscheinlich werden Sie in dieser Frage also auf Ihr Bauchgefühl hören und es wird nichts dabei herauskommen.

Andererseits …

Na, das hat ja nicht besonders gut angefangen! Die Blauen hören sich Ihre Ideen zwar an, sind aber der Meinung, dass Sie sie immer im Sande verlaufen lassen. Sie recherchieren nicht richtig und setzen nur einen Bruchteil von dem um, worüber Sie reden. Wenn ein Blauer Sie fragt, was Sie denn mit der einen oder anderen Äußerung gemeint haben und wie das alles erreicht werden soll, haben Sie nur selten eine verständliche Antwort parat.

Autsch.

Diese Leute haben recht! Und das wissen Sie auch ganz genau. Wenn Sie in erster Linie ein gelber Verhaltenstyp sind, werden Sie wohl kaum ein Team von Mitarbeitern mit hochqualifizierten technischen oder ähnlichen Berufen leiten. Es kann aber durchaus sein, dass Sie ein paar blaue Mitarbeiter haben – und über die wollen wir uns jetzt unterhalten.

Die Vorstellung, ihre persönliche Meinung zu sagen, irritiert blaue Verhaltenstypen eher. Sie sind der Ansicht, dass man nur dann den Mund aufmachen sollte, wenn man genau weiß, was dabei herauskommen wird. Und das erfordert eine ganze Menge ernsthafter Vorüberlegungen. Da Sie als gelber Chef normalerweise laut denken, haben Sie mit solchen Mitarbeitern ein kleines Problem.

Wenn Sie gute Laune haben, möchten Sie Ihre Mitarbeiter vielleicht am liebsten umarmen oder ihnen ein »High five« geben. Aber überlegen Sie sich vorher genau, bei *welchen* Mitarbeitern Sie das tun! Wenn Sie den unwiderstehlichen Drang verspüren sollten, plötzlich einem blauen Mitarbeiter um den Hals zu fallen, kann ich Ihnen jetzt schon sagen, dass Sie sich damit nur lächerlich machen. Diese Leute wollen, dass Sie Abstand halten – und zwar allen Ernstes.

Und eines sollte man bei den Blauen stets bedenken: Sie vergessen niemals etwas.

Verdammt noch mal!
Warum denn immer so förmlich und konventionell?

Hand aufs Herz: Haben Sie die nötige Energie und Ausdauer, um wirklich mit den Blauesten der Blauen umzugehen? Wenn Ihre Antwort darauf *Ja* lautet, dann lesen Sie weiter.

Wie immer sind Sie beide dafür verantwortlich, dass die Kommunikation funktioniert, aber Sie – der gelbe Chef – werden sich am allermeisten darum bemühen müssen. Denn die Blauen wissen sowieso bereits, dass sie im Recht sind.

Wenn Ihnen spontan irgendetwas einfällt, halten Sie inne und denken Sie es ganz bis zu Ende, bevor Sie den Mund aufmachen. Überlegen Sie sich, was Sie Ihrem blauen Mitarbeiter vermitteln möchten. Schreiben Sie es unbedingt auf ein Blatt Papier. Überlegen Sie, ob Sie es noch ein bisschen deutlicher formulieren könnten.

Ihn zu bitten, *das Problem zu lösen,* ist keine besonders gute Idee. Sagen Sie ihm lieber, dass er bei Aufgabe X *Punkt A und Punkt B* berücksichtigen soll. Falls es dabei Fragen oder Probleme gibt, soll er sich bei Ihnen melden. Und wenn er mit seiner Arbeit fertig ist, natürlich auch. Und – ganz wichtig! – sagen Sie ihm, *wann* er mit dieser Aufgabe fertig sein muss! Sonst landet sie ganz unten auf seiner Prioritätenliste. Blaue Mitarbeiter erledigen nicht gerne zwei Dinge auf einmal, sie arbeiten am liebsten immer eine Aufgabe nach der anderen ab. Wenn Sie also wollen, dass Ihr Mitarbeiter das, womit er gerade beschäftigt ist, beiseitelegt, weil etwas anderes wichtiger ist, müssen Sie ihm das ausdrücklich sagen. Es könnte funktionieren, wenn Sie ihm mitteilen, dass diese Arbeit beendet sein muss, bevor er am Freitag nach Hause geht. Noch besser ist es, ihm einen genauen Zeitpunkt zu nennen und zu überprüfen, ob er das auch wirklich verstanden hat. Wenn Sie etwas von Ihrem blauen Mitarbeiter verlangen – egal, was es ist –, achten Sie darauf, vorher auch wirklich alle Fakten und Details zu dieser Aufgabe zu lesen und genau aufzunehmen. Denn der Blaue wird sich fragen: *Woher weiß der Chef das? Gibt es irgendwelche Beweise dafür?* Also seien Sie gut informiert; dann wird er Sie für seriös halten. Halten Sie sich stets vor Augen, dass das, was Sie sagen, später genau überprüft wird. Blaue Verhaltenstypen freuen sich, wenn sie feststellen, dass andere Menschen Fehler gemacht haben. Sorgen Sie dafür, dass Ihnen das nicht passiert. Falls Ihnen das wirklich zu schwerfallen sollte, können Sie immer noch den Rat befolgen, den ich den roten Chefs gegeben habe: Zeigen Sie, wo die Informationen stehen, und bitten Sie die Blauen, sie selbst zu lesen.

Laufen Sie nicht einfach am Arbeitsplatz herum und reden Sie das Blaue vom Himmel herunter. Denken Sie daran, was ich gesagt habe: Ihr blauer Mitarbeiter wird Sie akzeptieren – aber viel mehr auch nicht. Vermeiden Sie alle persönlichen Kommentare.

Es geht nicht nur darum, dass Sie darauf verzichten sollten, Ihren blauen Mitarbeiter über seine Familie und sein Privatleben auszufragen. Sie sollten nach Möglichkeit auch nicht allzu viel über Ihr eigenes Privatleben reden. Blaue interessieren sich nicht im Geringsten für Ihren Garten oder Ihre Wehwehchen. Sie wollen nicht wissen, was Sie zum Frühstück gegessen haben, wen Sie alles kennen und wann und wo sie diesen Leuten begegnet sind; und sie möchten auch nichts über den Beruf Ihrer Frau hören. Fotos von Ihren Kindern finden *Sie* vielleicht interessant, aber Ihr blauer Mitarbeiter mit Sicherheit nicht. Solche Menschen sehen keinen Grund dafür, Leuten, die sie kaum kennen, etwas über ihr Privatleben zu erzählen. Sie fühlen sich dabei sogar sehr unwohl.

Es reicht völlig aus, sich freundlich zu verhalten und immer beim Thema zu bleiben. Das ist alles.

Kapitel 24

Wenn Sie ein fürsorglicher grüner Chef sind

Sie sind sanft und freundlich und kümmern sich um Ihre Mitarbeiter. Sie können gut zuhören und würden niemals versuchen, die Ideen anderer Leute für sich zu beanspruchen. Sie können stolz auf sich sein. Sie haben viele beneidenswerte Eigenschaften und Ihre Mitarbeiter wissen das. Sicher, einige von ihnen fänden es vielleicht schön, wenn Sie sich etwas deutlicher ausdrücken und schnellere Entscheidungen treffen würden – aber daran können Sie ja schließlich noch arbeiten, oder etwa nicht?

Schauen wir uns einmal an, mit welchen Mitarbeitern Sie die größten Schwierigkeiten haben.

Ihre roten Mitarbeiter (Übereinstimmung: ziemlich gut) …

… halten Sie für einen netten Kerl. Für jemanden, der sie in Ruhe ihre Arbeit machen lässt, sie nicht allzu sehr stört und von vielen Menschen geschätzt wird. Sie finden, dass Sie ein Talent dafür haben, ein gutes Team zusammenzustellen, auch wenn sie sich selbst eigentlich nicht als Teil dieses Teams sehen. Sie merken, dass Sie sich darum bemühen, eine gute Arbeitsatmosphäre zu schaffen.

Wenn Sie als grüner Chef auf der Suche nach neuen Mitarbeitern sind, stellt sich die Frage, wie Sie reagieren werden, wenn Sie einen wirklich guten roten Kandidaten vor sich haben. Sie wissen ja inzwischen, dass Sie zwei völlig verschiedene Charaktere sind. Ihre

Reaktion hängt nun teilweise davon ab, wie Sie Ihre Führungsrolle sehen. Wenn Sie einfach nur ein Mitglied des Teams sein wollen – jemand, der von seinen Mitarbeitern gemocht wird –, nun ja, dann können rote Mitarbeiter schon eine gewisse Herausforderung für Sie darstellen.

Ihre sanfte, freundliche Art ist bei den Roten reine Zeitverschwendung. Ihnen ist es nicht wichtig, mit Samthandschuhen angefasst zu werden. Aber das hat auch eine gute Seite: Auf diese Weise haben Sie mehr Zeit für andere Mitarbeiter.

Andererseits …

… halten Ihre roten Mitarbeiter Sie für einen verdammten Schwächling. Sie beharren niemals auf Ihrem Standpunkt und man kann Sie im Handumdrehen plattwalzen wie eine Flunder. Für die Roten ist das natürlich eine gute Nachricht. Es kommt gar nicht so selten vor, dass rote Mitarbeiter die Empfehlungen ihres grünen Chefs ganz einfach ignorieren. (Warum soll ich Ihnen etwas vormachen? Sie ignorieren manchmal sogar Sie selbst.)

Außerdem brauchen Sie viel zu lange, um sich in Bewegung zu setzen. Wenn ein roter Mitarbeiter mit einer Frage zu Ihnen kommt, will er sofort eine Antwort darauf haben. Er wartet nicht gern. Wenn Sie keine Antwort wissen, wird er ohnehin tun, was er für richtig hält. Falls es Ihnen gelingen sollte, ihn vorerst von weiteren Aktivitäten abzuhalten, bitten Sie ihn vielleicht um eine Fristverlängerung bis heute Nachmittag – dann werden Sie ihm die Antwort geben.

Und wann ist das?

Gleich nach dem Mittagessen natürlich. Um Punkt 13 Uhr steht der rote Mitarbeiter wieder bei Ihnen auf der Matte und wiederholt seine Frage. Und inzwischen ist er auch ein bisschen verärgert.

Warum ist es so schwierig, eine einfache Entscheidung von Ihnen zu bekommen? Dass das eine Menge Geld kosten oder zwölf andere Mitarbeiter der Firma davon betroffen sein könnten – nun, das ist dem Roten ziemlich egal. Für ihn ist das keine große Sache. Also, worauf warten Sie noch?

Und jetzt geraten Sie allmählich in Stress.

Diese unhöflichen, arroganten … Ich werde … Ich werde … Ich …

Was? Was wollen Sie denn tun? In solchen Situationen müssen Sie zwei Gedanken gleichzeitig im Kopf behalten. Einerseits finden Sie das Benehmen Ihrer roten Mitarbeiter wirklich unangenehm; andererseits ist Ihnen aber auch bewusst, dass sie eine Menge schaffen. Sicher, sie überschreiten die Grenzen ungefähr so oft, wie Sie eine Tasse Kaffee trinken – aber sie erledigen ihre Arbeit. Ein Roter liebt schwierige Herausforderungen und wird mit vielen unangenehmen Arbeiten fertig. Tja, wenn Sie nur wüssten, wie man mit *ihm* fertigwird! Als grüner Chef brauchen Sie bestimmte Strategien, um mit Ihren roten Mitarbeitern zurechtzukommen.

Diese Verhaltenstypen reden gern über Ergebnisse und die Erreichung von Zielen. Sie mögen es nicht, wenn Sie ihre Zeit vergeuden und Ihre Energie für unwichtige Aufgaben verschwenden. Schleichen Sie nicht auf Zehenspitzen herum und flüstern Sie nicht, sondern drücken Sie sich klar und deutlich aus. Auf diese Weise werden Sie ihre Aufmerksamkeit wecken.

Klarheit ist gefragt. Sie drücken sich viel zu vage aus. Sie müssen sehr viel direkter sein. Kein Vorspiel, falls sich das für Sie verständlicher anhört …

Sagen Sie nicht: *Es wäre toll, wenn Sie einen Moment Zeit finden könnten, um einen kurzen Blick auf Problem X zu werfen. Ich weiß, dass Sie im Moment viel zu tun haben, aber ich wäre Ihnen wirklich sehr dankbar, wenn Sie bla, bla, bla ...*

Sagen Sie stattdessen lieber: *Ich möchte, dass Sie Problem X so schnell wie möglich lösen. Bis wann geht das?*

Gut, jetzt haben Sie sich klar ausgedrückt. Die Roten mögen das.

Der rote Verhaltenstyp hat einen eingebauten Wettbewerbsgeist. Das bedeutet, dass er aus Diskussionen gern als Sieger hervorgeht. Außerdem ist er manchmal ein bisschen zu übereifrig und würde vor fast keiner Äußerung zurückschrecken, um diesen ersehnten Sieg zu erringen. Es kann sogar sein, dass er aggressiv wird, weil er weiß, dass Sie dann einen Rückzieher machen. Lassen Sie sich nicht täuschen, das ist nur Theater. Weisen Sie ihn immer wieder auf die Tatsachen hin; pochen Sie auf Details, die erwiesen sind und an denen es nichts zu rütteln gibt.

Auf gar keinen Fall dürfen Sie sich von Ihren roten Mitarbeitern überrollen lassen. Aber eines sollten Sie beachten: Erheben Sie niemals Ihre Stimme. Warten Sie lieber ab, bis der Sturm sich gelegt hat, und wiederholen Sie dann einfach das Gleiche, was Sie vorher schon gesagt haben. Immer wieder. Ich verspreche Ihnen: Das ist eine rein sachliche Diskussion und nichts Persönliches.

Aber vor allem: Steigern Sie Ihr Tempo. Ihre roten Mitarbeiter werden kräftig aufs Gaspedal treten, und wenn Sie sie wirklich bei der Stange halten wollen, müssen Sie manchmal Ihrem Instinkt widerstehen, alles ein bisschen langsamer anzugehen.

Wenn Sie bei Ihrem Arbeitstempo einen Zahn zulegen, wird zwischen Ihnen und Ihren roten Mitarbeitern alles prima laufen. Sie werden Sie respektieren. Loben werden sie Sie zwar nicht unbedingt; aber ihr Respekt ist auch schon eine Menge wert, denn der ist nicht leicht zu gewinnen. Und wer weiß, wenn die Roten Sie respektieren, werden sie Sie eines Tages vielleicht sogar mögen.

Ihre gelben Mitarbeiter (Übereinstimmung: gut) …

… halten Sie ebenfalls für einen anständigen Kerl. Sie sind ein ziemlich harmloser, unproblematischer Chef. Da Sie sich nicht sonderlich gern profilieren und Ihre Mitarbeiter tun lassen, was sie wollen, haben sie kein Problem mit Ihnen. Wenn ein Gelber aus lauter Leichtsinn mal etwas falsch macht, werden Sie ihm deshalb nicht den Kopf abreißen. Stattdessen werden Sie sich vorsichtig an seinen Schreibtisch heranschleichen und ihm verstohlene Hinweise geben, wie er dies und jenes vielleicht hätte anders machen können.

So etwas gefällt Ihren gelben Mitarbeitern. Denn sie sind geradezu lächerlich empfindlich gegenüber Kritik. Im Gegensatz zu Ihnen sind sie zwar nicht nachtragend; aber in dem Augenblick, in dem sie die Kritik zu hören bekommen, tut sie ihnen schon sehr weh. Deshalb kommt Ihre sanfte Art bei ihnen gut an. Und wenn Sie dann vielleicht auch noch daran denken, ihnen zum Geburtstag zu gratulieren, bekommen Sie von ihnen viele Bonuspunkte. Da Sie nette Gespräche mögen und auch ein guter Zuhörer sind, sind die Voraussetzungen für ein geschmeidiges Arbeitsklima hervorragend.

Sie arbeiten wirklich gut zusammen!

Andererseits …

… finden selbst die Gelben Sie manchmal zu schüchtern. Sie wissen nie genau, woran sie bei Ihnen sind, weil Sie Ihre Gefühle nicht zeigen. Wenn sie Ihnen irgendeine verrückte Idee präsentieren und hören wollen, wie kreativ sie doch wieder einmal waren, heben Sie abwehrend die Hände und sagen, dass Sie nicht daran glauben. Sie mögen neue Ideen nicht besonders; und da die Gelben mehrmals pro Stunde mit irgendetwas Neuem um die Ecke kommen, werden sie Ihren Unmut zu spüren bekommen. Da Sie der Chef sind, ist Ihre Meinung wichtig. Das Problem ist nur, dass Sie Ihre Meinung oft für sich behalten oder neue Ideen einfach abtun. Das kann sich negativ auf die gute Laune Ihrer gelben Mitarbeiter auswirken.

Und genau da liegt das Dilemma: Wenn es um Veränderungen geht, liegen Welten zwischen Ihnen. Sie können zwar so tun, als würden Sie Veränderungen mögen; doch im Grunde genommen sind Sie zufrieden mit allem, so wie es jetzt gerade läuft. Geben Sie es ruhig zu, dann können wir weitermachen. Aber die Gelben gedeihen nun mal am besten in einem Klima der Veränderung. Sie wollen ständig neue Vorgehensweisen einführen. Es gibt nichts, was sie lieber mögen als alles Neue. Und gerade darum machen Sie als grüner Chef lieber einen großen Bogen.

Das ist ein echtes Problem.

Genau wie die roten möchten auch die gelben Mitarbeiter nicht so lange warten, bis Sie etwas überschlafen haben. Sie wollen sofort loslegen. Und wenn Sie zu lange zögern, halten sie Sie für einen Langweiler.

Diese verdammten Springteufel! Ich könnte ihnen einiges darüber erzählen, wie wichtig Stabilität ist, dass man sich nicht aus der Ruhe bringen lassen darf, dass man …

Oh ja. Ich bin sicher, dass Sie das könnten. Aber damit würden Sie auf taube Ohren stoßen. Hören Sie sich die Vorschläge Ihrer gelben Mitarbeiter lieber an. Lassen Sie alles andere stehen und liegen. Sie sind ein guter Zuhörer – diese Eigenschaft können Sie sich jetzt zunutze machen.

Wenn die Gelben eine verrückte Idee nach der anderen hervorsprudeln, sollten Sie ihre Worte genau aufnehmen. Ihre Mitarbeiter werden sich in endlosen Erläuterungen ergehen, die so klingen, als wollten sie die Galaxie neu konstruieren. Vielleicht würden Sie jetzt am liebsten die Augen verdrehen.

Aber sagen Sie bitte nicht: *Das wird nicht funktionieren.*

Und sagen Sie auch nicht: *Wir brauchen diese Lösung nicht, wir haben doch gar keine Probleme im Bereich X.*

Wenn der Gelbe eine kurze Pause einlegt, um Luft zu holen, nutzen Sie diese Chance, um ihm ein paar Fragen zu stellen.

Aber sagen Sie lieber zuerst: *Interessante Idee!* Als Nächstes fragen Sie dann: *Und wie soll das funktionieren?*

Quittieren Sie ihre Vorschläge mit Kommentaren wie: *Es ist toll, was für neue Ideen Sie immer haben! Was werden wir brauchen, um diesen Plan umzusetzen?*

Auf diese Weise helfen Sie Ihrem gelben Mitarbeiter, seine Gedanken zu ordnen. Gelbe Verhaltenstypen benehmen sich manchmal wie kleine Kinder am Weihnachtsabend, wenn sie sich etwas Neues ausgedacht haben. Aber lassen Sie diese Mitarbeiter ruhig ihr Ding machen. Der Trick besteht darin, ihrer Begeisterung keinen Dämpfer aufzusetzen. Haben Sie Bedenken, ob aus dieser Idee auch wirklich etwas werden kann? Dann bitten Sie Ihren gelben Mitarbeiter doch einfach, alles zu Papier zu bringen. Er soll beschreiben, worin der Zweck seiner Idee besteht, wie das nächste Etappenziel aussehen könnte, welche Maßnahmen notwendig wären, um dorthin zu gelangen, und wie lange das dauern wird. Und wenn Sie einem Gelben *wirklich* den Wind aus den Segeln nehmen wollen, bringen Sie ihn mit einem blauen Mitarbeiter zusammen. Dann erreicht seine Idee vielleicht nicht mal die Phase der schriftlichen Formulierung.

Aber – und das ist wichtig – tun Sie nicht alle Ideen innerlich gleich ab, sondern fokussieren Sie sich auf die interessanteren. Versuchen Sie, Ihren angeborenen Instinkt zu ignorieren, alles Neue von vornherein abzulehnen. Manchmal haben die Gelben tatsächlich recht. Und dann müssen Sie ihnen eine Chance geben.

Ihre grünen Mitarbeiter (Übereinstimmung: hervorragend) ...

... erkennen in Ihnen natürlich ihre eigene Persönlichkeit wieder. Sie verstehen Sie sehr gut und können fast schon Ihre Gedanken lesen. Denn Sie haben vieles gemeinsam; eigentlich meinen Ihre grünen Mitarbeiter sogar, dass Sie gar nicht der Chef sein sollten, sondern lieber einer von ihnen. Schließlich liegen Sie genau auf der gleichen Wellenlänge. Sie sind allesamt introvertiert und beziehungsorientiert; Sie arbeiten gerne in einem kleinen Team, in dem sich alle schon seit den 1980er-Jahren kennen. Und Sie machen sich keinen Stress. Gemeinsam bilden Sie die stabile, sichere Basis, auf der der Rest des Unternehmens ruht.

Besonders froh sind Ihre Grünlinge darüber, dass Sie ihnen erlauben, in ihrem gewohnten Tempo zu arbeiten. Sie sind ein Chef, der nicht mit vielen völlig undurchführbaren Ideen daherkommt; und falls tatsächlich einmal Änderungen notwendig sein sollten, zögern Sie deren Durchführung so lange wie möglich hinaus. All das kommt Ihren grünen Mitarbeitern sehr entgegen.

Aber sie finden es auch gut, dass Sie Ihr Team schützen, dass Ihre Mitarbeiter Ihnen stets wichtiger sind als die total überzogenen Zielsetzungen, die der Unternehmensleitung mal wieder eingefallen sind.

Die Wahrscheinlichkeit, dass Sie Gleichgesinnte – also andere Grüne – einstellen, ist ziemlich hoch. Denn unter solchen Mitarbeitern werden Sie sich schließlich am wohlsten fühlen, oder etwa nicht?

Andererseits ...

Ihre Mitarbeiter würden niemals im Traum daran denken, Chef werden zu wollen. Sie finden es zwar sehr beeindruckend, dass Sie diese Aufgabe übernommen haben, aber auch ... ein bisschen besorgniserregend. Denn wer sind Sie, sich über alle anderen zu erheben? Natürlich verhalten grüne Verhaltenstypen sich beziehungsorientiert und ihr Team liegt ihnen sehr am Herzen. Aber sie wollen nicht, dass jemand zu sehr aus der großen Masse hervorsticht. Wenn Ihre Mitarbeiter sich mit Ihnen identifizieren und der Meinung sind, dass Sie einer von ihnen sein sollten, werden sie vielleicht einen gewissen Neid auf Ihre Position an den Tag legen.

Außerdem schätzen Ihre grünen Mitarbeiter zwar die Sicherheit, die Sie ausstrahlen, finden aber, dass es Ihnen manchmal an Initiative fehlt. Wenn sie an ihrem Arbeitsplatz etwas sehen, das verbessert werden könnte, werden sie selbst nichts tun, solange Sie ihnen nicht den Weg weisen. Wenn Sie zu langsam und zu freundlich sind, werden Ihre Mitarbeiter ebenfalls eine abwartende Haltung einnehmen. Und dann bleiben Sie natürlich alle auf dem Bahnsteig stehen, wenn der Zug abfährt.

Diese verantwortungslosen Penner ...

Ja, manchmal halten Ihre grünen Mitarbeiter Ihnen tatsächlich einen Spiegel vor. Aber wenn man die Rolle des Chefs übernimmt, gehört man nun mal nicht mehr zu den anderen. Selbst wenn man 20 Jahre lang in der Firma gearbeitet hat, bevor man Chef wurde, ist man jetzt der Vorgesetzte seiner früheren Kollegen – und muss diesen Leuten, die am liebsten das tun würden, was sie schon immer getan haben, zeigen, wo es langgeht.

Vielleicht sind Sie das Team, in dem man am engsten von allen ist; aber das bringt leider auch ein paar Schwierigkeiten mit sich.

Zum Beispiel müssen Sie damit rechnen, dass Ihre grünen Kumpel dazu neigen, sich hinter dem Rücken der Gelben und Blauen zu verstecken. Und Sie müssen daran denken, alle Ihre Mitarbeiter gleichzeitig im Blick zu haben – auch diejenigen, die am liebsten möglichst unauffällig bleiben.

Manchmal brauchen Sie vielleicht die Hilfe eines Außenstehenden – beispielsweise Ihres eigenen Chefs –, um sich ein bisschen Inspiration für den Umgang mit Ihren grünen Mitarbeitern zu holen. Wie wäre es dann zum Beispiel, sich mit jemandem zu unterhalten, der gelb-rot ist? Solche Leute können Ihnen eine interessante Ergänzung zu Ihrem tiefgehenden Verständnis für Ihre grünen Mitarbeiter liefern.

Ihre blauen Mitarbeiter (Übereinstimmung: gut) …

Dass Sie mit Ihren blauen Mitarbeitern ganz gut können, ist eigentlich gar nicht so verwunderlich. Denn sowohl Sie als auch Ihr blauer Mitarbeiter sind introvertiert, und jeder erkennt in dem anderen die Art von Energie, die Sie beide brauchen. Sie als grüner Verhaltenstyp gehen gern alles ruhig an; und auch Ihre blauen Mitarbeiter bevorzugen ein langsames Tempo. Sie als Grüner wollen Zeit für sich selbst haben, denn Sie brauchen eine Möglichkeit, sich ab und zu in Ihr eigenes Innenleben zu versenken – genau wie die Blauen. Das bedeutet, dass Sie jeden Ihrer Mitarbeiter in dem Tempo arbeiten lassen, das ihm angenehm ist. Die Blauen wiederum mögen es, dass Sie ihnen bei der Arbeit nicht dauernd über die Schulter schauen und dass Sie sich nicht in alles einmischen. Und dass Sie nicht einfach drauflosplappern. Sie haben sich ein genaues Bild von Ihnen gemacht und wissen, dass Sie – ebenso wie der gelbe Chef einen Flur weiter – ein echter »Gefühlsjunkie« sind. Dafür werden sie Ihnen keine Pluspunkte geben; aber sie werden es zu schätzen wissen, dass Sie die meisten Dinge für sich behalten.

Sie haben eine ruhige, dezente Sprechweise und Sie hetzen Ihr Team nicht. Das ist sehr gut. Bleiben Sie dabei. Lassen Sie Ihren blauen Mitarbeitern/Kumpeln weiterhin die Zeit, die sie brauchen, um alles wirklich gründlich überprüfen zu können.

Andererseits …

… sind diese Leute eigentlich gar nicht Ihre Kumpel. Sie können nicht einmal so tun, als ob sie es wären. Von dieser Fantasievorstellung müssen Sie sich verabschieden. Auch für einen grünen Chef gibt es im Umgang mit blauen Mitarbeitern eine ganze Reihe von Stolperfallen. Zum Beispiel verwechselt man sie auf den ersten Blick leicht mit grünen. Ein großer Fehler. Denn auch wenn sie ruhig und gelassen sind und schwierige Tage ohne Murren überstehen, *sind sie keine Grünen.* Sie sind genau das Gegenteil von beziehungsorientiert.

Auf die Gefahr hin, mich zu wiederholen, möchte ich an dieser Stelle noch einmal sagen, dass blaue Mitarbeiter Ihnen als Individuum schmerzlich gleichgültig gegenüberstehen. Sie sind für sie nur ein kleiner quadratischer Kasten im Organigramm. Aus irgendeinem Grund hat man Ihnen ein offizielles Mandat erteilt, auch wenn die Blauen das vielleicht überrascht. Sie sind Vorgesetzter. Sie erfüllen eine Funktion. Gleichzeitig sind Sie aber auch ein Softie – ein »Chef«, der unter dem Schreibtisch fusselige Schlappen trägt und dessen Rolle sie rein vom Verstand her zwar begreifen; aber sie sehen Sie eigentlich kaum als starke Führungskraft. Dafür sind Sie nicht gut genug informiert.

Ob das, was ich jetzt gleich sagen werde, auch auf *Ihren* Arbeitsplatz zutrifft, kann ich natürlich nicht beurteilen; aber in solchen Situationen tappt man leicht in eine ganz spezielle Falle: Da man einen Blauen auf den ersten Blick leicht mit einem Grünen verwechseln kann, besteht die Gefahr, sich mit der falschen Person anzufreunden. Vielleicht interpretieren Sie das Schweigen des Blauen als aktives Zuhören. Das kann sich als furchtbarer Irrtum erweisen. Wenn Sie so einem Mitarbeiter erzählen, dass Sie diese Führungsposition eigentlich gar nicht gewollt haben, werden sich die Rädchen in seinem Gehirn wahrscheinlich wie verrückt zu drehen anfangen: Er versucht jetzt nämlich möglichst genau zu analysieren, wie groß das Problem mit diesem »unfreiwilligen Chef« eigentlich ist. Nun erwacht der Risikoanalytiker in Ihrem blauen Mitarbeiter zum Leben und er beginnt abzuschätzen, welche potenzielle Bedrohung Sie mit dieser Einstellung für die Qualitätssicherheit darstellen. An dieser Stelle möchte ich Sie noch einmal daran erinnern, dass blaue Verhaltenstypen nicht an Ihren Gefühlen, Erfahrungen und Sorgen oder an Ihrem Stress interessiert sind. Sie wollen etwas ganz anderes wissen: Sind Sie genau über die Details informiert, die man braucht, um diese Arbeit perfekt zu erledigen? Tut mir leid, das sagen zu müssen – aber das sind Sie leider nicht. Und Ihre Neigung zu eher vagen Formulierungen hilft da ganz sicher auch nicht weiter. Sie drücken sich zu ungenau, zu unklar und viel zu allgemein aus. Und das kommt beim blauen Mitarbeiter nicht gut an.

Diese hartleibigen Erbsenzähler, diese nutzlosen Zombies …

Ja, ich weiß. Aber gemeinsam kriegen wir beide das schon hin. Sie brauchen einfach nur ruhig zu bleiben. Ändern Sie nichts an Ihrem Arbeitstempo. Es ist optimal so, wie es ist. Die Blauen sind sogar noch langsamer als Sie; daher ist die Tatsache, dass Sie auf der Skala der allgemeinen Ungeduld ein paar Stufen höher stehen als Ihre blauen Mitarbeiter, eigentlich positiv einzuschätzen.

Aber hören Sie um Himmels willen sofort auf, eine freundliche oder gar persönliche Beziehung zu diesen Leuten aufbauen zu wollen! Ja, Sie haben die Botschaft richtig verstanden: Entfernen Sie sämtliche Gefühle aus Ihrem Werkzeugkasten. Ihre Aufgabe besteht nicht darin, Ihre blauen Mitarbeiter »menschlicher« zu machen, sondern dafür zu sorgen, dass sie ihre Arbeit erledigen und vor allem ihre Termine einhalten. Das können Sie erreichen, indem Sie sehr streng mit ihnen umgehen und sich künftig darauf beschränken, nur noch über die Arbeit zu reden. Alles, was nicht auf der Tagesordnung steht, sollten Sie herausfiltern. Wenn Sie sich jemandem anvertrauen wollen, suchen Sie sich lieber einen anderen Gesprächspartner. Sie werden den Blauen nur verwirren, wenn Sie über Ihren kranken Vater, die Flöhe Ihres Hundes oder Ihren Widerwillen gegen das unangenehme Telefongespräch mit *Ihrem* Chef sprechen. Das sind Dinge, die Sie nur jemandem anvertrauen sollten, der nicht im selben Unternehmen arbeitet wie Sie. Alles klar?

Wenn Sie sich an diese Spielregeln halten, können Sie die Ordnung nach und nach wiederherstellen. Ihre blauen Mitarbeiter werden allmählich (nicht von heute auf morgen, aber irgendwann schon) ihre Meinung über Sie ändern und wieder Vertrauen zu Ihnen fassen. Und das ist eine gute Nachricht; denn solche Leute hören nur auf Menschen, denen sie vertrauen. Lassen Sie sie ungestört ihre Arbeit machen und bitten Sie sie, Ihnen alle notwendigen Berichte zukommen zu lassen. Wenn Sie Fehler darin finden, lesen Sie sich den Abschnitt zum Thema Kritik an blauen Mitarbeitern noch einmal durch. Viel Erfolg!

Kapitel 25

Wenn Sie ein analytischer, objektiver blauer Chef sind

Da Ihre vorherrschende Farbe Blau ist – möglicherweise in Kombination mit einer anderen Farbe –, wissen Sie immer genau, was gerade passiert, was in der Vergangenheit passiert ist und was womöglich in Zukunft passieren könnte. Ihrem Adlerauge entgeht nichts und Sie vertiefen sich gern in Details. Allerdings halten manche Menschen Sie für einen pedantischen Erbsenzähler, der sich immer an die Gebrauchsanweisung hält. Das kann dazu führen, dass man Sie eher als konventionellen Menschen einschätzt.

Aber nicht alle Leute denken so. Wir wollen die Mitarbeiter, mit denen Sie zu tun haben, nun mal anhand ihrer verschiedenen Farben betrachten und versuchen, die wichtigsten Unterschiede herauszufinden.

Ihre roten Mitarbeiter (Übereinstimmung: schlecht) ...

... halten es für bewundernswert, dass Sie immer alles hundertprozentig unter Kontrolle haben. Sie haben Respekt davor, dass Sie sich bei Ihrer Arbeit nicht durch unnötige Emotionen beeinträchtigen lassen. Es gefällt ihnen, dass Sie stets einen kühlen Kopf bewahren, und genau wie Sie selbst ziehen auch sie es vor, nichts zu beschönigen und die Dinge beim Namen zu nennen. Etwas weichzuspülen ist nichts für sie und sie wissen es zu schätzen, dass auch Sie alles, was in Ihrem Zuständigkeitsbereich nicht gut funktioniert, unverblümt zur Sprache bringen. Das ist in ihren Augen etwas Positives.

Blaue Chefs engagieren rote Mitarbeiter wahrscheinlich vor allem deshalb, weil sie dann nicht so viel Führungsarbeit leisten müssen. Die Roten wollen sowieso nicht geführt, sondern in Ruhe gelassen werden; und das kommt Ihnen sehr gelegen. Sie können Ihre Mitarbeiter sehr gut durch sämtliche Details ihres Aufgabengebiets hindurchlotsen, werden dabei aber oft eine gewisse Distanz wahren. Oft sitzen Sie nur ruhig in Ihrem Büro und lassen den Dingen ihren Lauf. Und wenn Ihr roter Mitarbeiter mal ein bisschen rüpelhaft wird, machen Sie einfach die Tür zu.

Andererseits …

… werden Ihre roten Mitarbeiter sich fragen, ob Sie Bremsflüssigkeit getrunken haben. Warum dauert das alles so unglaublich lange? Ist es wirklich so schwer, eine einfache Frage zu beantworten? Ihre roten Mitarbeiter wollen Gas geben und können nicht verstehen, warum Sie nicht bereit sind, in der gleichen Nanosekunde, in der sie ihre Frage gestellt haben, eine direkte Antwort darauf zu geben.

Die Art und Weise, wie Sie die Frage mit nach Hause nehmen, von allen Seiten betrachten, die Situation analysieren und eine logische Bewertung vornehmen – das ist nicht der Stil Ihrer roten Mitarbeiter. Sie fühlen sich von Ihnen ausgebremst, und das erzeugt Stress und Chaos. Ein roter Verhaltenstyp legt entweder sofort mit der Arbeit los oder er lässt es bleiben. Wenn Sie zu lange zögern, wird Ihr roter Mitarbeiter den Ball loslassen, und dann kann man ihn oft nur noch schwer dazu überreden, ihn wieder aufzuheben. Rote Verhaltenstypen schauen nicht oft zurück – dessen sollten Sie sich bewusst sein. Was war, war. Jetzt ist jetzt.

Diese Hitzköpfe werden sich eben ein bisschen gedulden müssen. Tempo ist nicht alles!

Bei Ihnen muss alles seine Richtigkeit haben und richtig gemacht werden. Das ist mir klar. Das Problem ist nur, dass es Ihren roten Mitarbeitern nun mal mehr auf Tempo ankommt. Wenn sie das Gefühl haben, dass Sie als blauer Chef zu umsichtig agieren, werden sie nicht auf Sie hören. Und manchmal sind Sie auch tatsächlich auf dem falschen Weg. Nur leider haben die Roten nicht die nötige Geduld, um Sie davon zu überzeugen.

Das Gute daran ist, dass keiner von Ihnen darunter leidet, wenn es ab und zu mal eine kleine Missstimmung gibt; und das ist eine Stärke. Aber ständige Konflikte beeinträchtigen die Qualität – und das wissen Sie.

Rote Mitarbeiter wollen Ergebnisse sehen. Ihr ruhiges, systematisches Tempo geht ihnen unglaublich auf die Nerven. Also kommen Sie bei Ihrer Kommunikation mit diesen Mitarbeitern lieber direkt auf die wichtigsten Daten zu sprechen, die Ihnen vorliegen. Stürzen Sie sich gleich auf die Highlights. Genauer gesagt: Lesen Sie nur die letzte Zeile Ihres Jahresberichts vor. Erzählen Sie nicht, wie Sie dorthin gekommen sind. Sagen Sie einfach, wo Sie jetzt stehen.

Mit Fakten um sich zu werfen, zieht bei roten Mitarbeitern überhaupt nicht. Details sind pures Gift für sie; und wer direkt aus einer Excel-Tabelle zitiert, wird ganz bestimmt Ärger bekommen. Ich weiß, dass Sie Ihren Mitarbeitern gern zu allem, was Sie zu sagen haben, eine Menge Hintergrundinformationen geben. Aber die Roten wollen davon nichts hören. Sie wollen wissen, was *jetzt* zu tun ist. Wenn Sie ihnen das nicht liefern, werden sie mitten in der Besprechung ihr Handy zücken, und dann haben Sie sie verloren.

Bei der Vorbereitung auf Ihr Gespräch mit einem roten Mitarbeiter sollten Sie sich drei Punkte aufschreiben. Am besten nur eine Zeile pro Punkt. Wenn Sie das schaffen, wird es Ihnen sogar gelingen, die Aufmerksamkeit Ihres Gegenübers mehr als zwei Minuten lang wach zu halten. Ich weiß, Geduld ist eine Tugend. Aber rote Verhaltenstypen halten Taten für wichtiger. Und manchmal haben sie damit auch recht.

Denken Sie auch daran, dass diese Leute ein starkes Ego haben. Wenn es Ihnen gelingt, dieses Ego zu befriedigen, können Sie sie dazu motivieren, sich an die Regeln zu halten. Das erreichen Sie am besten, indem Sie sie um Input bitten. Fragen Sie sie, ob sie Ideen oder Vorschläge dazu haben, wie Sie bei einem bestimmten Projekt vorwärtskommen könnten. Beziehen Sie sie und ihre Ideen mit ein. Zeigen Sie ihnen, dass ihre Meinung Ihnen wichtig ist.

Ihre gelben Mitarbeiter (Übereinstimmung: wirklich übel) …

… halten Sie für einen ernsthaften Chef. Sie sehen, dass Sie viele gute Eigenschaften haben. An manchen Tagen wünschen sie sich, selbst auch ein bisschen mehr von Ihrem Sinn für Ordnung zu haben – und zwar vor allem dann, wenn sie Ihnen Probleme bereitet haben. Sie würden gerne ein Auto kaufen, das mit peinlicher Sorgfalt gewartet und instand gehalten wurde; aber sie mögen keine peinliche Sorgfalt. Können Sie mir folgen?

Dass blaue Chefs viele gelbe Mitarbeiter engagieren, ist natürlich äußerst unwahrscheinlich. Das würde sehr viel Einsichtsvermögen vonseiten des Chefs erfordern; aber damit will ich nicht sagen, dass es völlig unmöglich ist. Wenn Sie als blauer Chef wissen, dass Sie dringend jemanden brauchen, der über den Tellerrand hinausschauen kann, dann ist ein gelber Verhaltenstyp genau der richtige Mitarbeiter für Sie. Er stellt eine hervorragende Ergänzung zu Ihnen dar, weil Sie oft nur auf bewährte Lösungen setzen. Sie könnten ein fantastisches Team sein.

Andererseits …

Ein vor Lebhaftigkeit strotzender gelber Bewerber, der sich gleich beim ersten Vorstellungsgespräch auf penetrante Art und Weise zu verkaufen versucht, wird nicht zu einem zweiten Gespräch eingeladen. Auch wenn der Gelbe ein echtes Kommunikationstalent ist und alles, was er sagt, gut klingt, wird der blaue Chef ihm dennoch ein paar Kontrollfragen stellen. Und dann ist es vorbei. Denn ein Gelber kann keine Antwort darauf geben, wie er seinen vorigen Job gemeistert hat. Außerdem besteht die Gefahr, dass er sich vorher nicht richtig über die Stelle informiert hat, um die er sich bewirbt; und es kann auch gut sein, dass er seinen zukünftigen Chef mit dem falschen Vornamen anredet.

All das ist vielleicht gar nicht so schlimm; aber es verrät Ihnen einiges über diesen Bewerber.

Und nun nehmen wir einmal an, Sie als blauer Chef haben ein paar Mitarbeiter, in deren Profil die Farbe Gelb vorherrscht. Diese Leute wollen Spaß bei der Arbeit haben, sie wollen inspiriert werden. Sie wollen etwas fühlen und erleben.

Wie gehen Sie damit um?

In der Schule waren schon genug Spaßvögel – diese Leute müssen mal ein bisschen ernster werden

Richtig. Ein zu gelber Mitarbeiter wird in Ihren Augen nichts anderes sein als eine administrative Kernschmelze. Aber die Gelben wollen bei ihrer Arbeit nun mal etwas Interessantes erleben. Wie können Sie dieses Bedürfnis erfüllen? Sie wissen, dass diese Mitarbeiter interessante Ideen und kreative Geniestreiche in ihr Arbeitsumfeld einbringen, die ohne sie niemals zustande kommen würden. Sie müssen ihnen dazu nur viel Bewegungsfreiheit geben.

Gut gelaunte gelbe Mitarbeiter können in einem Unternehmen wahre Wunder bewirken, während mürrische und gereizte Mitarbeiter für ihre Kollegen zum Albtraum werden können. Wenn Sie einen Beitrag zur Schaffung einer netten, angenehmen Arbeitsatmosphäre leisten können, geben Sie Ihren gelben Mitarbeitern damit die Möglichkeit, innerlich zu wachsen und sich weiterzuentwickeln. Sie brauchen nicht unbedingt zu verstehen, warum eine gute Atmosphäre im Unternehmen so extrem wichtig sein kann. Sie müssen mir nur glauben, wenn ich sage, dass die Gelben das so sehen.

Sie brauchen nicht ständig überall herumzurennen und sich zu amüsieren, das können Sie ruhig Ihren gelben Mitarbeitern überlassen. Zeigen Sie einfach nur ein bisschen Begeisterung, wenn diese Leute fröhlich in der Gegend herumschreien. Sie müssen nicht alles mitmachen und es ist weiß Gott auch nicht alles gut durchdacht, aber Sie könnten zumindest erwägen, ein leises Lächeln auf Ihre Lippen zu zaubern, wenn Sie ihnen zuhören.

Ein guter Tipp: Wenn Sie der Meinung sind, dass Ihr gelber Mitarbeiter völlig die Bodenhaftung verloren hat, bitten Sie ihn, seine Idee schriftlich auszuformulieren. Das ist besser, als seinen Vorschlag gleich beim ersten Gespräch abzuschmettern. Sagen Sie ihm, was sein Bericht oder seine E-Mail alles enthalten sollte. Gehen Sie *nicht* davon aus, dass Sie beide das Gleiche denken. Erklären Sie ihm, was Sie alles über seine Idee wissen möchten: den Zweck, das potenzielle Ziel und ein paar konkrete Vorschläge für messbare Maßnahmen zur Umsetzung. Wenn es unbedingt sein muss, können Sie ihn auch fragen, was sich durch die Befolgung seines Vorschlags verbessern würde.

Es ist sehr wahrscheinlich, dass der Gelbe es nicht schafft, irgendetwas zu Papier zu bringen – und dann brauchen Sie die Sache auch nicht weiterzuverfolgen, oder? Wenn es dem Gelben aber wider Erwarten doch gelingen sollte, ein seriöses Dokument zusammenzustellen und Ihnen zukommen zu lassen, dann haben

Sie einen Ansatzpunkt. Dann kann diese Idee sehr wohl eine nähere Untersuchung wert sein.

Vergessen Sie nicht, sich auf den Menschen hinter der Stellenbezeichnung zu konzentrieren. Bleiben Sie ab und zu neben seinem Schreibtisch stehen und fragen Sie ihn, wie es ihm geht. Stellen Sie ihm persönliche Fragen. Hören Sie aufmerksam zu und stellen Sie dann noch ein paar Nachfragen. Zeigen Sie ihm, dass Sie sich für ihn interessieren. Da so etwas normalerweise nicht zu Ihren Prioritäten gehört, müssen Sie es sich vielleicht erst angewöhnen.

Ich weiß, dass Sie nicht gerade eine Stimmungskanone sind. Aber wenn es Ihnen gelingt, bei der morgendlichen Besprechung einen lockeren Ton anzuschlagen, werden die Gelben das zu schätzen wissen. Wenn Sie einen lustigen Witz gehört haben, erzählen Sie ihn weiter. Zeigen Sie, dass Sie Sinn für Humor haben. Das kostet Sie nur eine Minute!

Noch etwas. Was ich über rote Mitarbeiter und ihre Meinung zu Details geschrieben habe, gilt auch hier – und zwar um das Fünffache gesteigert. Gelbe Mitarbeiter verabscheuen Fakten und Details wie Vampire das Sonnenlicht. Irgendeine Formel in einer Excel-Tabelle zu besprechen, ist für sie eine Tortur. Muten Sie ihnen so etwas nicht zu! Bringen Sie den Gelben lieber mit jemandem zusammen, von dem Sie wissen, dass er die Details im Auge behält; aber erwarten Sie nicht, dass er solche Dinge selbst im Griff hat. Das wäre unrealistisch.

Ihre grünen Mitarbeiter (Übereinstimmung: gut) …

… sind mit Ihrem ruhigen, bedächtigen Arbeitstempo sehr zufrieden. Sie sind froh darüber, nicht den ständigen Stress zu spüren, den rote und gelbe Chefs um sich herum verbreiten. Sie wissen

Ihre Geduld zu schätzen, denn sie gibt ihnen die Möglichkeit, alles genau zu durchdenken. Solche Mitarbeiter wissen, dass Sie ihnen die nötige Zeit (und sogar noch ein bisschen mehr) geben, um eine Aufgabe zu erledigen.

Außerdem sind sie von Ihrem Fachwissen beeindruckt und wünschen sich oft, sie würden auf Ihrem Gebiet genauso gut Bescheid wissen wie Sie. Grüne haben ein ziemlich lückenhaftes Selbstvertrauen; wenn sie mit einem so professionellen Chef wie Ihnen zusammenarbeiten, fühlen sie sich sicher.

Ich könnte mir vorstellen, dass blaue Chefs grüne Mitarbeiter anziehen, weil sie ihnen ein ruhiges, vorhersehbares Arbeitsumfeld bieten. Und auch wenn Grüne nicht unbedingt alle routinemäßigen Arbeitsabläufe mögen, sind sie doch gut darin, immer wieder das Gleiche zu erledigen. Wenn sie wissen, was sie tun sollen, dann tun sie es normalerweise auch. Blaue Chefs und grüne Mitarbeiter haben also viele positive Gemeinsamkeiten.

Andererseits …

… besteht die Gefahr, dass Sie vergessen, miteinander zu kommunizieren. Die Grünen werden auch über Emotionen sprechen wollen. Sie werden wissen wollen, was Sie denken und was für ein Gefühl Sie bei der einen oder anderen Sache haben. Ich weiß, das ist alles ein bisschen geschmacklos. Aber so ticken Grüne nun mal.

Grüne Mitarbeiter könnten Sie leicht für zu unsensibel halten. Vielleicht denken sie, dass Sie Menschen eigentlich nicht besonders zu mögen scheinen und extrem kritisch sind. Sie sehen jeden kleinen Fehler und Ihr natürlicher Instinkt drängt Sie, darauf hinzuweisen. Ich weiß, dass Sie ein effizienter Qualitätskontrolleur wären, aber die Grünen reagieren empfindlich auf Kritik, vor allem, wenn sie im Beisein anderer Leute geäußert wird. Wenn Sie Berit in einer Besprechung daran erinnern, dass sie in der Woche zuvor im Umgang mit Kunde X sehr nachlässig war, wird sie nur den Blick senken und auf ihre Unterlagen schauen, aber nicht antworten. Das heißt jedoch nicht, dass sie Ihre Kritik akzeptiert. Es bedeutet nur, dass sie nicht in aller Öffentlichkeit sagen will, was sie von Ihrer hartleibigen Haarspalterei hält.

Sollen wir etwa auch hier unsere Ansprüche zurückschrauben? Ist Qualität denn nicht wichtig?

Okay, der Teufel steckt im Detail. Aber wir sprechen hier nicht von Industrierobotern, sondern von Menschen. Sie müssen sich darüber klar werden, dass Menschen Gefühle haben und von anderen Dingen beeinflusst werden als denen, die Ihnen selbst wichtig ist.

Grüne Mitarbeiter empfinden es oft als stressig, wenn sie nicht wissen, wo ihr Chef steht. Wenn Sie kaum Gefühle zeigen, erzeugt das Unsicherheit. Eine Möglichkeit, das für grüne Verhaltenstypen so wichtige Vertrauen aufzubauen, besteht darin, dass Sie sich einen etwas persönlicheren Umgangston angewöhnen. Damit meine ich nicht, dass Sie Ihren Mitarbeitern Fotos von den Geburtstagsfeiern Ihrer Kinder zeigen müssen; aber es wäre vielleicht angebracht, etwas darüber zu erzählen, was Sie in Ihrer Freizeit machen. Und genau wie Ihren gelben Mitarbeitern müssen Sie auch den grünen manchmal persönliche Fragen stellen. Zeigen Sie ihnen Ihre Wertschätzung.

Ihr Arbeitstempo ist bereits gut auf das der Grünen abgestimmt. Sie gehen beide alles ruhig und gemächlich an. Denken Sie daran, dass es den Grünen oft schwerfällt, Ihnen eine Antwort zu geben, selbst wenn Sie bereit dafür sind. Einem grünen Mitarbeiter reicht es nicht immer aus, alle dafür notwendigen Fakten auf dem Tisch zu haben. Vielleicht hat er noch nicht lange genug über das Thema nachgedacht. Geben Sie ihm Zeit, darüber zu schlafen.

Liefern Sie ihm weiterhin konkretes Hintergrundmaterial. Es ist zwar nicht sehr wahrscheinlich, dass er jede einzelne Seite davon lesen wird; aber er hat trotzdem gern das ganze Material zur Verfügung. Auch das sorgt für Sicherheit und Stabilität.

Außerdem hat er nicht gerne das Gefühl, kontrolliert zu werden. Geben Sie ihm Zeit und Raum, dies oder jenes zu verarbeiten, und provozieren Sie ihn möglichst nicht zu passivem Widerstand. Denken Sie daran, dass Grüne unter den richtigen Bedingungen ausgesprochen loyal und pflichtbewusst sind. Geben Sie ihnen Garantien und Zusicherungen. Erklären Sie ihnen, dass Sie einen Plan haben und dass alles gut gehen wird.

Fokussieren Sie sich auf Zuverlässigkeit und Stabilität. Dann werden Sie von Ihrem grünen Mitarbeiter die Qualität bekommen, die Sie erwarten.

Ihre blauen Mitarbeiter (Übereinstimmung: perfekt) ...

... sind sehr zufrieden mit Ihrem Sinn für Qualität. Wenn eine Arbeit in Angriff genommen wird, dann sollte sie auch richtig gemacht werden. Ihre blauen Mitarbeiter haben die Gewissheit, dass Sie niemals schummeln oder mit wichtigen (= allen) Details nachlässig umgehen werden. Sie wissen instinktiv, dass Sie die gleichen Qualitätskriterien an die Arbeit anlegen wie sie selbst.

Also ist das eine *perfekte Übereinstimmung*?

Vielleicht. Der blaue Chef wird sich zweifellos in seinem blauen Mitarbeiter wiedererkennen. Blaue Chefs stellen gern Mitarbeiter ein, die genauso sind wie sie selbst. Je nachdem, wo Ihre Triebfedern liegen, werden Sie beide sich sehr gut verstehen.

Andererseits ...

... wird mit lauter Blauen im Team eine zu homogene Arbeitseinstellung entstehen. Dann besteht die Gefahr, dass Sie in die gleiche Falle tappen wie der gelbe Chef, der lauter gelbe Mitarbeiter einstellt: Die Teammitglieder sind sich einfach zu ähnlich. Das ist ein bisschen so, als würde man versuchen, zwei positive magnetische Pole aneinanderzuheften: Mit ein bisschen Gewalt kann man sie schon zusammendrücken; aber sobald man sie wieder loslässt, werden sie sich voneinander trennen.

Wenn man sich zu ähnlich ist, gibt es andere Probleme und Reibereien als zwischen Menschen, die einander zu unähnlich sind. Ich habe schon an mehreren Teamsitzungen technischer Abteilungen von Unternehmen teilgenommen, bei denen alle Teammitglieder – einschließlich des Chefs – kornblumenblau waren. Das waren die deprimierendsten Besprechungen, die ich je erlebt habe. Als wäre man auf einer Trauerfeier. Niemand hat das Bedürfnis, über irgendetwas zu diskutieren. Alle meinen, sie wüssten es am besten, und halten die Sitzung für eine unverzeihliche Zeitverschwendung. Sie wollen einfach nur zurück an ihre Schreibtische.

»Sie haben eben die falschen Bücher gelesen – Ihr Problem!«

Ihre blauen Mitarbeiter wollen Fakten. Aber vielleicht haben sie andere Götter als Sie selbst? Wenn Ihr blauer Mitarbeiter einen bestimmten Branchenguru hat und Sie einen anderen, kann es zu heftigen Reibereien zwischen Ihnen kommen. Denn dann stimmen Ihre »Fakten« nicht überein, und keiner von beiden wird nachgeben – es sei denn, es werden außergewöhnlich zuverlässige Beweise vorgelegt. Und diese müssen dann natürlich auch genauestens untersucht und nachgeprüft werden. Dabei besteht die Gefahr, dass die Maschinerie so lange ins Stocken gerät, bis alles zufriedenstellend geklärt ist.

Für Sie als Chef ist es wichtig, die Kontrolle über das Geschehen zu behalten. Blaue Mitarbeiter gehen gern ihre eigenen Wege und landen in Sackgassen. Schauen Sie nur sich selber an, dann wissen Sie, was ich meine! Hin und wieder stoßen Sie auf etwas äußerst Faszinierendes. Sie fangen an, sich damit zu beschäftigen, und irgendwann stellen Sie fest, dass die Sonne untergegangen ist, während Sie sich in irgendein Thema vertieft haben, das für das, wonach Sie ursprünglich gesucht hatten, möglicherweise relevant ist – vielleicht aber auch nicht. Sorgen Sie dafür, dass Ihre blauen Mitarbeiter auf dem richtigen Weg bleiben! Ihr Instinkt gibt ihnen ein, so lange weiterzugraben, bis sie auf Grundwasser stoßen; aber wenn der Chef ihnen in dieser Hinsicht zu viel Spielraum lässt, kommt das Team überhaupt nicht weiter.

Sie müssen als Vorgesetzter also den Ton angeben. Aber seien Sie dabei sehr vorsichtig und gehen Sie mit Ihren Blauen alle Vor- und Nachteile von Methode X durch. Liefern Sie ihnen den Beweis, und zwar schön ordentlich in logische Argumente verpackt. Sie können auch ein bisschen mit ihnen darüber diskutieren; aber lassen Sie die Debatte nicht allzu sehr ausufern. Akzeptieren Sie keine weiteren Aufschübe, nur weil Ihr blauer Mitarbeiter diese Angelegenheit unbedingt noch genauer unter die Lupe nehmen muss.

Es ist jetzt an der Zeit zu handeln. Also sorgen Sie dafür, dass das auch geschieht!

Und denken Sie daran: Alles, was Sie sagen und tun, wird genauestens registriert. Also seien Sie auf der Hut und achten Sie darauf, sich immer – ohne Ausnahme – an Ihre eigenen Zusagen zu halten. Wenn Sie etwas versprochen haben, werden die Blauen es sich notiert haben. Vielleicht werden sie Sie nicht damit konfrontieren, solange Sie keine direkte Frage stellen; aber sie behalten alles, was Sie getan oder nicht getan haben, genau im Auge.

Und noch eines dürfen Sie nicht vergessen: Ihre blauen Mitarbeiter empfinden es als störend, dass Sie immer recht haben wollen. Manchmal liegen Sie nämlich auch falsch – und wenn Sie dann trotzdem auf Ihrem Standpunkt beharren, ärgern diese Mitarbeiter sich darüber. Wie üblich werden sie sich das vielleicht nicht anmerken lassen. Ihre steinernen Gesichter verraten nichts. Aber wenn Sie nie nachgeben, werden sie Ihnen irgendwann nicht mehr zuhören.

Zusammenfassung

Wie Sie sehen, geht es hier nicht nur um Sie selbst. Sie müssen sowohl wissen, wie Sie selbst ticken, als auch Ihre Mitarbeiter im Blick behalten. Je besser Sie sie kennenlernen, umso besser werden Ihr Dialog und Ihre tägliche Kommunikation am Arbeitsplatz funktionieren. Aber das gibt es nicht zum Nulltarif. Sie müssen daran arbeiten.

Tun Sie es. Es lohnt sich, das garantiere ich Ihnen!

Kapitel 26

Wie stellt man am besten ein Team zusammen?

Als Chef und Führungskraft müssen Sie auch ein bisschen über den Tellerrand der üblichen Qualifikationen Ihrer Mitarbeiter hinausschauen. Eine formelle Ausbildung ist wahrscheinlich nie negativ, denn sie zeigt, dass die betreffende Person die Fähigkeit besitzt, Dinge zu lernen. Doch auch wenn es zu der Zeit, in der ich dieses Kapitel schreibe, schwierig ist, gute Mitarbeiter zu finden, können Sie sich viel Kopfzerbrechen ersparen, wenn Sie ein bisschen darüber nachdenken, wie der potenzielle neue Mann oder die potenzielle neue Frau mit dem Team zusammenarbeiten wird.

Die Behauptung, dass ein bestimmter Ausbildungshintergrund nicht das Einzige ist, was bei der Einstellung von Mitarbeitern zählt, ist natürlich umstritten; aber Tatsache ist, dass Sie mit den falschen Personen in Ihrem Team überhaupt nichts erreichen werden – egal, wie viele Universitätsabschlüsse sie haben. Wenn die Gruppe von Konflikten zerrissen ist, spielt es keine Rolle, wie kompetent die einzelnen Mitarbeiter sind. Wenn eine Zusammenarbeit im Team erforderlich ist, muss man sich als Chef überlegen, wie die verschiedenen Personen miteinander kooperieren sollen. Denn was nützt es, wenn einzelne Mitarbeiter, die auf ihrem jeweiligen Fachgebiet absolute Koryphäen sind, sich weigern, miteinander zu reden?

Wenn Sie ein paar Mitglieder Ihrer Gruppe bitten, ein Miniteam für eine bestimmte Aufgabe zu bilden – welche Mitarbeiter werden sich dann wohl zusammenfinden? Es besteht eindeutig die Gefahr, dass jeder Mitarbeiter sich mit denjenigen zusammentut, die er mag, und um diejenigen, die er *nicht* mag, einen großen Bogen macht, statt sich zu überlegen, welche Kombination das beste Team ergibt.

In solchen Situationen können Sie als Chef nicht einfach nur dasitzen und den Dingen ihren Lauf lassen. Sie müssen wachsam sein.

Sollten die Teammitglieder einander ähnlich sein oder gerade nicht ähnlich?

Theoretisch ist das beste Team dasjenige, in dem die verschiedenen Farben und Triebfedern am breitesten gestreut sind. Auf diese Weise erhält man den besten Mix aus unterschiedlichen Ideen, Fähigkeiten und Vorgehensweisen. So entsteht eine dynamische Gruppe.

Etwas vereinfacht könnte man sagen, dass das gelbe Teammitglied eine Idee hat, das rote Mitglied *Los* sagt, das grüne Mitglied die eigentliche Arbeit erledigt und das blaue Mitglied eine abschließende Bewertung vornimmt, um zu sehen, ob auch wirklich alles so geworden ist, wie es gedacht war.

Ja, natürlich ist das eine sehr grobe Vereinfachung. Im wirklichen Leben ist es nicht ganz so einfach. Nehmen wir an, Sie haben wirklich ein perfektes Gleichgewicht innerhalb der Gruppe erreicht. Sie haben unter den Mitgliedern Ihres Teams von jeder Farbe ungefähr gleich viele. Perfekt! Nun ruht eine große Verantwortung auf Ihren Schultern. Denn als Teamleiter müssen Sie mit allen vier Farben richtig umgehen können. Und mit allen sechs Triebfedern. Ganz zu schweigen von der Reise durch die vier verschiedenen Entwicklungsstufen. Dazu später mehr.

Was die Triebfedern angeht, ist es eindeutig am einfachsten, wenn alle Teammitglieder aus dem gleichen Grund da sind. Sie gehen alle zur Arbeit, um das Gleiche zu erreichen; daher ist es für sie ziemlich einfach, die Motive ihrer Arbeitskollegen zu verstehen.

Es sei denn, sie sind alle Individualisten, natürlich. Dann wird jeder Einzelne alle Entscheidungen treffen wollen und man kann sich schnell ausrechnen, wie das enden wird. Sie können nicht alle am Steuerrad sitzen – jedenfalls nicht gleichzeitig.

Das wird kompliziert.

Was die Farben anbelangt, rate ich nach wie vor zu einem guten Mix in der Gruppe; und die Zusammenarbeit wird umso besser funktionieren, wenn Sie das Wissen über die vier Verhaltenstypen, das Sie aus diesem Buch bezogen haben, an Ihr Team weitergeben. Denn wenn alle einander gut verstehen, wird es weniger Reibereien geben.

Allerdings gibt es natürliche Anknüpfungspunkte zwischen bestimmten Farben, genauso wie es natürliche Probleme zwischen anderen Farben gibt. Und einige dieser Schwierigkeiten sind wirklich schwer zu bewältigen.

Das wollen wir uns nun einmal genauer anschauen.

Rote Rammböcke

Ein Team, das nur aus roten Verhaltenstypen besteht, ist nicht unbedingt ein Traum – jedenfalls nicht im Hinblick auf Teamarbeit und Konsens. Die Mitglieder dieses Teams werden sich oft gegenseitig anschreien und herumkommandieren; aber es ist nicht sehr wahrscheinlich, dass einer von ihnen besonders großes Verlangen haben wird, den anderen zuzuhören. Es wird viel Streit geben und jeder, der nicht zum Team gehört, wird sich ducken, um im Eifer des Gefechts nicht versehentlich getroffen zu werden.

Andererseits werden sich die Roten aber auch sehr gut miteinander verstehen. Sie sind sich alle darüber einig, dass man möglichst wenig reden und bei der Arbeit Vollgas geben sollte. Das Bedürfnis, gemütlich bei einer Tasse Kaffee zusammenzusitzen, ist nicht vorhanden und es ist ihnen auch egal, was die anderen am Wochenende machen. Für sie zählt nur die Arbeit.

Keinen von ihnen stört es sonderlich, wenn es innerhalb der Gruppe zu Streitigkeiten kommt. Warum auch? Konflikte sind einfach nur eine Form der Kommunikation. Und dass ein Roter sich mit seinem Kollegen streiten und trotzdem sein guter Kumpel sein kann, wird nicht im Geringsten als seltsam empfunden. Schließlich ging es bei dem Streit ja nur um die Sache. Darunter muss die persönliche Beziehung nicht leiden.

Trotzdem ist es wahrscheinlich nicht die reibungsloseste Lösung, nur rote Mitarbeiter in einem Team zu haben. Es sei denn, Sie wollen, dass diese Gruppe vor allen anderen mit der Arbeit fertig wird. Dann werden die Roten tatsächlich ein Affentempo vorlegen. Denn diesen Wettkampf wollen sie unbedingt gewinnen.

Gelbe, die ihr Leben genießen

Ein rein gelbes Team – was sagen Sie dazu? Unterhaltsamer geht es doch kaum! Stecken Sie fünf quittengelbe Verhaltenstypen zusammen in einen Raum und schlagen Sie die Tür zu. Schauen Sie nach ein paar Stunden wieder zu ihnen herein und fragen Sie sie, wie sie vorwärtskommen. Ihre Antwort?

Es läuft wirklich großartig! Wir sind so inspiriert und außerdem macht das alles ungeheuer viel Spaß!

Diese gelben Mitarbeiter werden sich in jeder Hinsicht gut miteinander verstehen, da können Sie sicher sein. Sie alle wissen, wie wichtig es ist, Beziehungen aufzubauen und eine angenehme, entspannte Atmosphäre zu schaffen. Doch wenn Sie sie fragen, wer sich denn Notizen macht und für das Protokoll verantwortlich ist, werden sie Ihnen verständnislose Blicke zuwerfen. *Alles aufschreiben? Nein, nein, so arbeiten wir nicht.*

Ein Team aus lauter gelben Mitarbeitern ist wahrscheinlich eben doch keine so optimale Lösung. Natürlich würden diese Leute auf Ideen kommen, die jeden beeindrucken; aber sie würden ihre Unterlagen dazu nicht wiederfinden. Und vergessen Sie jeden Gedanken an eine Risikoanalyse. Hier geht es um visionäre Kreativität auf höchstem Niveau, der nichts im Weg stehen darf. Und wer soll all diese Pläne später umsetzen? Das bleibt ebenfalls ein Geheimnis.

Nein, nur mit Gelben im Team könnte man zwar einen Weltrekord für das beste Arbeitsumfeld aufstellen; aber andererseits wird bei einer solchen Farbkonstellation leider nur viel geredet und erstaunlich wenig getan. Diese Leute verstehen es hervorragend, Dinge anzustoßen, aber sie finden es erschreckend mühsam, sie auch wirklich zu tun. Dafür braucht man andere Leute.

Kuscheliges grünes Arbeiten

Wie ich schon immer gesagt habe: Die Grünen sind für gute Zusammenarbeit wie geschaffen. Also sollte das ideale Team vielleicht nur aus grünen Verhaltenstypen bestehen, nicht wahr? Sie streben nach Kooperation und Konsens; sie wollen nichts weiter, als dass alle einer Meinung sind und das Gleiche denken. Eigentlich ein Traumteam, oder?

Aber denken Sie lieber noch mal ein bisschen genauer darüber nach.

Wenn sich immer alle einig sind – wo bleibt denn dann die Dynamik in der Gruppe? Und wer bringt die Arbeit in Gang? Die gemütlichen Grünen werden nur eines denken: *Wer bin ich denn, den anderen vorzuschreiben, was sie tun sollen? Ich hoffe, dass jemand anders das Kommando übernimmt, damit ich das nicht machen muss.* Und wenn alle so denken … Nun, dann wissen Sie schon, was passieren wird: absolut nichts.

Bei so einem Team besteht die Gefahr, dass in Anbetracht des Versuchs, Meinungsverschiedenheiten zu vermeiden, niemals irgendetwas in Gang kommt. Und Sie als Chef werden sich irgendwann fragen, was da eigentlich los ist. Aber die Grünen werden sich hervorragend miteinander verstehen. Sie werden gerne zusammen sein und sich darüber freuen, dass keine Anforderungen an sie gestellt werden. Dieses Team wird in friedlicher Eintracht dahinsegeln – bis es irgendwann auf einen Wasserfall stößt und gemeinsam in die Tiefe stürzt.

Pedantische blaue Erbsenzähler

Bleibt also nur noch das blaue Team. Hier herrscht ohrenbetäubendes Schweigen. Alles wird extrem gut sortiert und dokumentiert, nichts wird dem Zufall überlassen. Fehler werden nicht geduldet – die Perfektion steht direkt vor der Tür.

Vielleicht ist dieses Team die beste Kombination, die es gibt – Sie können jedes Mal ein perfektes Ergebnis erwarten.

Bis auf eine Kleinigkeit: Diese Leute bringen niemals etwas zu Ende, weil sie nie aufhören zu planen. Es gibt immer noch mehr Details, die berücksichtigt, noch mehr Risiken, die bewertet werden müssen, noch weitere Dokumente, die unbedingt zusammengestellt werden müssen, bevor man mit der Arbeit beginnen kann.

Obwohl die Blauen garantiert Verständnis für die Pedanterie ihrer Teamkollegen haben, obwohl sie Details über alles lieben und obwohl keiner von ihnen auch nur auf die Idee käme, seine Kollegen mit ekligen Sentimentalitäten zu belästigen, wird das nicht gut gehen. Dieses Team wird niemals aus den Startlöchern kommen.

Oder genauer gesagt: Die Mitglieder werden sich nicht mal ihre Laufschuhe anziehen.

Also: Vielfalt ist besser

Ja, Diversität ist *tatsächlich* besser. Denn dadurch gewinnt ein Team viel mehr verschiedene Dimensionen und Denkansätze. Sie sollten sich wirklich genau überlegen, wie der Farbenmix in Ihrem Team aussehen sollte. Der größte Fehler, den man dabei machen kann, ist, sich auf sein Bauchgefühl zu verlassen. Es gibt viele Methoden, um den Rekrutierungsprozess zu verkomplizieren, und nicht alle sind gut. Aber Sie sollten schon genau darauf achten, wen Sie für Ihr Team auswählen.

Einer der häufigsten Fehler, den unerfahrene Chefs machen, besteht darin, Leute einzustellen, die sie selbst mögen. Denn zu welchen Menschen fühlt man sich instinktiv hingezogen? Genau, zu

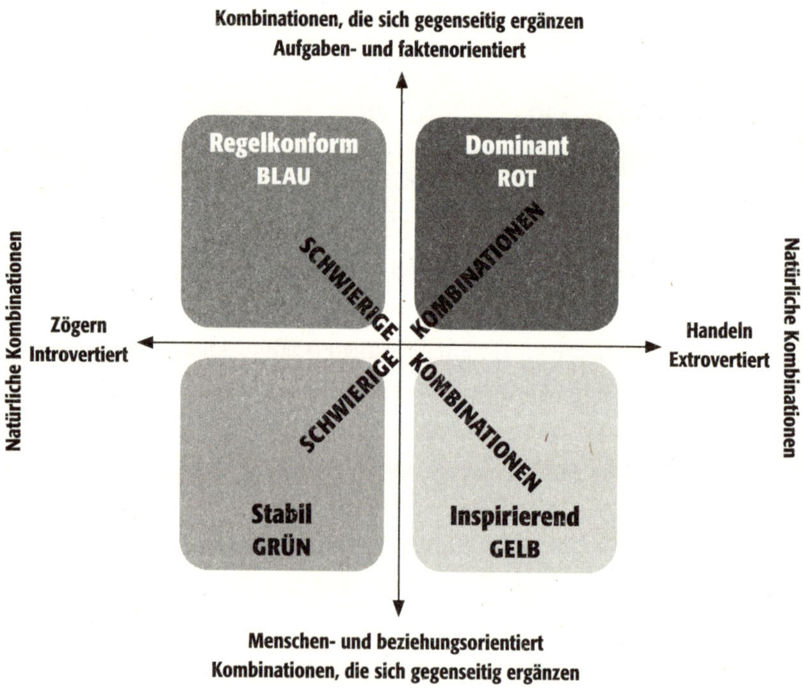

denjenigen, die einem ähnlich sind. *Das muss ein guter Mensch sein – der ist ja genauso wie ich!* Das Risiko dabei besteht darin, dass die Gruppe mit der Zeit gefährlich homogen wird.

Vielfalt ist also wichtig. Allerdings arbeiten nicht alle Farben gleich gut zusammen.

Das nebenstehende Schaubild liefert eine ziemlich einfache Erklärung dafür.

Meiner Erfahrung nach ist es auf der vertikalen Achse leichter, sich gegenseitig zu erreichen, als auf der horizontalen. Warum das so ist, darüber lässt sich streiten. Wahrscheinlich hängt es mit der Energie zusammen: Grüne und Blaue bevorzugen ein ruhigeres Tempo, das ihrem Alltagsleben Energie verleiht, während die Gelben und Roten mehr Aktivität schätzen.

Und wie Sie sicherlich bereits festgestellt haben, gibt es auch ein paar problematische Kombinationen – und das sind die diagonalen Verbindungen: Blau-Gelb und Rot-Grün. Bis jetzt ist an all dem nichts Ungewöhnliches.

Mein Tipp: Wenn Sie wirklich ein gutes Gleichgewicht und eine lebhafte Dynamik in Ihrem Team haben wollen, sollten Sie für eine gute Farbverteilung sorgen. Natürlich ohne deshalb bei Ihren Ansprüchen an Ausbildung und Erfahrung der Mitarbeiter Abstriche zu machen. Es ist eine Frage des Gleichgewichts.

Aber bedenken Sie: Auch wenn Ihr Team dadurch vielfältiger und ausgewogener wird, stellt dieser Farbenmix mehr Anforderungen an Sie als Teamleiter. Sie werden Ihre Fähigkeit verbessern müssen, mit verschiedenen Farbtypen umzugehen.

Kapitel 27

Wie Sie Ihre Mitarbeiter aktiv ins Geschehen einbinden

Okay. Gehen wir davon aus, dass Sie sich in Ihrer Kommunikation von jetzt an auf Ihre verschiedenen Mitarbeiter einstellen werden. Natürlich ist es eine Herausforderung, am Arbeitsplatz mit unterschiedlichen Farbtypen gleichzeitig zu kommunizieren – das lässt sich nicht leugnen. Aber es gibt trotzdem Vorgehensweisen, die besser sind als das, was Sie schon immer praktiziert haben.

Lassen Sie uns nun darauf eingehen, mit welchen Stolperfallen Sie sonst noch konfrontiert werden könnten. Manchmal ist das, was in Ihrem eigenen Kopf kristallklar ist, für die Menschen um Sie herum nämlich keineswegs so offensichtlich.

Ja, aber ..., werden Sie jetzt vielleicht denken, wir haben in unserem Unternehmen doch bereits wichtige Grundwerte festgelegt! Wir haben über unsere Leitbilder und Visionen, unser Mission Statement, unsere Aufgabe und so weiter gesprochen.

Wir haben uns darauf geeinigt – und alle haben zugestimmt –, dass es für uns am wichtigsten ist, für Ehrlichkeit, Kooperation, Respekt und Verantwortung zu stehen. Wir haben uns sogar darüber geeinigt, was diese Worte bedeuten. Unser Unternehmensberater hat uns nämlich erklärt, dass Worte nutzlos sind, wenn wir nicht beschreiben können, zu welchen Verhaltensweisen sie führen. Aber das haben wir getan! Wir haben sogar entsprechende Plakate an den Wänden der Büros aufgehängt, damit jeder Mitarbeiter diesen ganzen Sermon jeden Tag lesen kann.

Ich verstehe Ihre Reaktion. Aber warum tun Ihre Mitarbeiter dann trotzdem nicht, was sie damals versprochen haben? Warum hat es nicht funktioniert? Aus welchem Grund übernehmen sie zum Beispiel nicht die volle Verantwortung? Schließlich haben Sie darüber gesprochen, wie wichtig das ist und wie man es anstellen sollte. Sie haben sogar Pläne dafür aufgestellt, was getan werden soll, wenn Sie Verhaltensweisen beobachten, die nicht mit diesen Zielsetzungen übereinstimmen.

Kurzum: Wo liegt eigentlich das Problem?

Es gibt durchaus Arbeitsplätze, an denen das alles gut funktioniert. Wo alle Mitarbeiter wissen, was sie zu tun haben, die meisten von ihnen die volle Verantwortung übernehmen und die Zusammenarbeit von morgens bis abends reibungslos abläuft. Konflikte kommen selten vor – und wenn, dann führen sie zu produktiven neuen Erkenntnissen. Alle fühlen sich als aktive Teilnehmer des Unternehmensgeschehens; die Chefs mischen sich nicht in Details ein, lassen die Anfänger aber auch nicht allein im Regen stehen. Mit der Profitabilität kann man durchaus zufrieden sein, den Mitarbeitern macht ihre Arbeit Freude und die Kunden sind zufrieden. Alles läuft – mehr oder weniger – prima.

Solche Unternehmen gibt es tatsächlich. Das habe ich selbst gesehen. Aber um ehrlich zu sein, sind sie eher selten.

Denn eine solche Vision so weit zu bringen, dass sie tatsächlich funktioniert, ist ein enormer Arbeitsaufwand – viel größer, als Sie sich vorstellen können. Oft erfordert das zehnmal mehr Arbeit, als die Unternehmensleitung zunächst denkt. Eines der Probleme besteht darin, dass die Topmanager viel zu oft Unternehmensberater um Hilfe bitten. Verstehen Sie mich nicht falsch: Es ist nichts dagegen auszusetzen, wenn man Berater engagiert, um etwas in Gang zu setzen. Aber ein Berater kann nur die Richtung vorgeben, er kann Ihnen nicht die eigentliche Arbeit abnehmen, das alles zum Laufen zu bringen. Das Unternehmen selbst muss die neuen Elemente seiner Vision oder Philosophie umsetzen.

Außerdem gibt es natürlich auch Berater, die nicht wissen, was sie tun. Die das Unternehmen in eine Sackgasse führen. Der häufigste Fehler, den Unternehmensberater machen, besteht darin, die Entscheidungsträger davon zu überzeugen, dass neue Ideen zum Thema Führung einfach umzusetzen sind.

Das sind sie nicht.

Es ist schwierig.

Und manchmal ist es sogar eine unlösbare Aufgabe.

Echte Veränderungen zu bewirken, ist eine knifflige Angelegenheit. Jeder Mitarbeiter des Unternehmens hat seine eigene Geschichte und bringt eigene Erfahrungen und Auffassungen mit, wenn er eine neue Stelle antritt. Wenn Sie schon lange bei einer Firma arbeiten, könnten Sie durchaus ein Teil des Problems sein. Die Dinge sind so, wie sie sind, weil sie schon immer so waren.

Der Zweck dieses Buches besteht nicht darin, Ihnen beizubringen, wie Sie neue ethische Rahmenbedingungen in Ihrem Unternehmen schaffen oder neue Abläufe etablieren. Mein Ziel ist es, Ihnen Gedanken und Ideen darüber zu vermitteln, wie Sie effektiv mit Ihren Mitarbeitern kommunizieren können. Daher nehme ich in diesem Buch ein paar Abkürzungen. Vielleicht denken Sie jetzt: *Was für ein Idiot, der versteht doch gar nichts. Was weiß er schon von den Problemen, mit denen ich mich jeden Tag herumschlage?*

Aber ich weiß durchaus etwas davon. Ich habe mich einfach nur dafür entschieden, gleich auf das Thema Kommunikation zu sprechen zu kommen.

Sie – und Ihre Vorgesetzten – müssen als Vorbilder fungieren und aktiv für alles eintreten, was Sie mit Ihren Mitarbeitern vereinbart haben. Führung und Elternschaft sind einander auf schmerzhafte Weise ähnlich: Ihre Kinder tun nicht das, was Sie ihnen sagen, sondern das, was Sie *tun*. Und manchmal hat Ihr Team frappierende Ähnlichkeit mit Ihren eigenen Kindern.

Angenommen, Sie haben ein paar Ideen, die Sie in die Praxis umsetzen wollen. Vielleicht haben Sie die Hilfe einiger kluger Unternehmensberater in Anspruch genommen und einen Plan entwickelt, von dem Sie und Ihre direkten Vorgesetzten wirklich überzeugt sind. Was soll nun geschehen und wie?

Warum all die hochtrabenden Worte zur Unternehmensethik nicht funktionieren

Jetzt müssen wir darüber sprechen, wie Sie Ihre Mitarbeiter zu aktiven Teilnehmern des Geschehens machen können. Denn Menschen sehnen sich nach aktiver Mitwirkung; das wissen wir inzwischen. Die meisten Menschen wollen das Gefühl haben, ein Teil des Ganzen zu sein. Es kann zwar einige Zeit dauern, dieses Engagement aufzubauen; aber eines kann ich Ihnen versichern: Wenn Sie es erst mal so weit gebracht haben, dass alle ein Interesse an der Entwicklung des Teams haben, werden Sie nicht mehr zum vorigen Zustand zurückkehren wollen.

Sie mögen es schließlich auch nicht, wenn Ihr Chef Ihnen Anweisungen gibt, ohne diese in einen Kontext einzuordnen. Sie wollen ein gewisses Maß an Verständnis dafür haben, was von Ihnen erwartet wird.

Wie kann man das schaffen? Schließlich scheint jeder Mitarbeiter auf andere Weise zuzuhören und an anderen Dingen interessiert zu sein. Wenn also alle Arbeitsplätze aus einem Mitarbeitermix aus Rot, Gelb, Grün und Blau bestehen, ist so etwas dann von vornherein zum Scheitern verurteilt? Sollte man die Hoffnung lieber gleich aufgeben?

Manchmal habe ich das Gefühl, dass gewisse Chefs sich genauso verhalten wie Menschen, die eine erfolglose Diät hinter sich haben. Es hat nicht geklappt, also können sie sich jetzt genauso gut wieder mit Erdnüssen vollstopfen und jeden Abend Bier trinken. Sie geben auf, kehren zu ihrem früheren Verhalten zurück und hoffen, dass alle anderen es genauso machen werden.

Das ist vielleicht die allerschlechteste Methode.

Aber es gibt einen Ausweg aus dem Dilemma.

Warum funktioniert der Informationsfluss nie?

Das ist inzwischen schon zu einem schlechten Scherz geworden: *Wir bekommen hier ja keine Informationen.* Das entspricht ungefähr dem alten Klischee von den jugendlichen Rowdys, die in der Stadt Ärger machen, weil sie keinen Ort haben, wo sie hingehen können. Über diese Ausrede kann ich inzwischen nicht einmal mehr lächeln.

Heute ist natürlich genau das Gegenteil der Fall. Wir befinden uns in einer Art permanentem Nirwana für Informationsfreaks. Es ist so einfach geworden, andere Menschen zu erreichen. All die vielen digitalen Hilfsmittel haben dazu geführt, dass jeder mit nur ein paar Griffen auf seiner Tastatur alles Mögliche in die Welt hinausschicken kann. Die Intranets der meisten Unternehmen quellen über vor lauter wertvollen Informationen.

Aber wer soll das alles lesen? Schließlich haben die Leute auch noch einen Job.

Vor einigen Jahren coachte ich den Geschäftsführer eines ziemlich großen Unternehmens. Er war blau-rot und achtete genau darauf, dass alles richtig gemacht wurde. Das Problem war nur, dass er – statt zu lernen, wie Menschen funktionieren – einfach nur Aktivitäten auf seiner Checkliste abhakte. Wie das bei den Mitarbeitern ankam, war seiner Meinung nach nicht sein Problem.

Zum Beispiel verblüffte es ihn, dass seine Mitarbeiter die neue Unternehmensvision nicht angenommen hatten. Niemand schien diese Vision überhaupt zu verstehen, was er äußerst seltsam fand. Er hatte astronomisch teure Managementberater engagiert, die ihm gezeigt hatten, wie die Vision entwickelt werden sollte. Und jetzt gab es niemanden, der sie verstand oder sich bemühte, sie umzusetzen. Wenn er in Besprechungen darüber redete, erntete er nur verständnislose Blicke.

»Das verstehe ich nicht«, sagte er, »ich bin diese Vision doch im Rahmen einer Besprechung genau mit ihnen durchgegangen und habe ihnen alles erklärt. Ich habe sogar eine Zusammenfassung davon an alle Mitarbeiter verschickt.«

Er zeigte mir die E-Mail. Schönes Layout, gut formuliert. Ich hätte es nicht besser machen können.

»Hm«, versuchte ich ihn zu einer rettenden Erkenntnis zu bewegen, »und wie viele Leute haben diese E-Mail geöffnet?«

»Woher soll ich das wissen?«, antwortete er, weil er immer noch nicht begriff, worauf ich hinauswollte.

»Nun ja, wie viele Leute haben diese E-Mail denn gelesen? Die *ganze* Mail?«

Er schüttelte den Kopf. »Das kann man doch nie wissen.«

»Okay, und von denjenigen, die wirklich die *ganze* E-Mail gelesen haben – und sie ist schon ziemlich lang –, wie viele haben den Inhalt tatsächlich verstanden?«

»Das weiß ich auch nicht«, antwortete er mit gerunzelter Stirn.

»Und von denjenigen, die den Inhalt gelesen und verstanden haben – wie viele glauben daran?«

»Keine Ahnung.«

»Wie viele von dieser immer kleiner werdenden Gruppe von Menschen, die wirklich glauben, was sie lesen, haben sich tatsächlich an das Gelesene erinnert?«

Irgendwo an dieser Stelle unseres Gesprächs fing der Geschäftsführer an, sich an der Nase zu kratzen. Und wer könnte es ihm übel nehmen?

»Okay«, fasste ich zusammen, »es gibt also ziemlich viele Weißnicht-Antworten zu einer ganzen Reihe wichtiger Punkte über diese Vision, die für das Überleben Ihres Unternehmens so wichtig sein soll. Bitte verstehen Sie mich nicht falsch«, sagte ich, »ich halte das wirklich für eine ganz ausgezeichnete Vision. Aber wenn wir all diejenigen Mitarbeiter mal außen vor lassen, die Ihre E-Mail nicht geöffnet haben, die es nicht geschafft haben, sie zu lesen, die den Inhalt nicht verstanden haben und die nicht daran glauben, außerdem auch diejenigen, die hinterher wieder vergessen haben, was in der Mail drinstand … dann ist also praktisch niemand mehr übrig – und da wundert es Sie tatsächlich, dass niemand Ihre Unternehmensvision zu leben scheint?«

Und was sagte der Geschäftsführer darauf? »Hm.«

Manchmal sollte man Menschen nicht härter bestrafen, als es unbedingt sein muss.

Die meisten Leute versenden Informationen nicht in der Absicht, ihre Mitarbeiter bewusst zu verwirren; und doch bewirken sie leider sehr oft genau das.

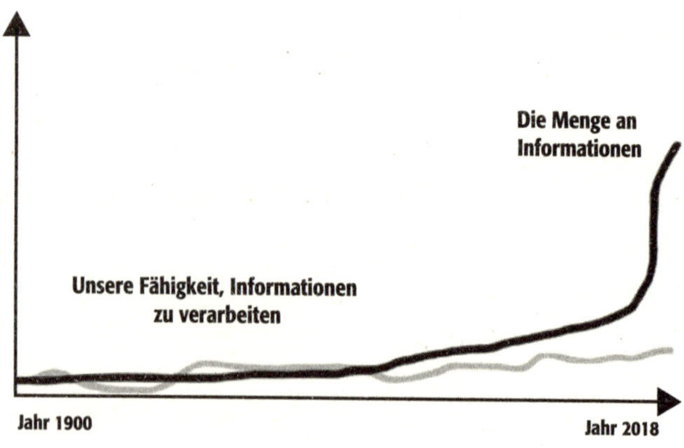

Kapitel 27

SPSS

Heutzutage gibt es so viele Informationen zu verarbeiten, dass unser armes Gehirn förmlich überzulaufen droht. Manchmal fühlt es sich so an, als hätten wir völlig die Kontrolle über diese Informationsflut verloren. Es gibt zu viele Kanäle, zu viele digitale Tools, zu viele Informationen, die wir aufnehmen, zu viele interessante Feeds, denen wir folgen müssen. Wir schlafen praktisch mit dem Smartphone in der Hand. Ich warte nur darauf, dass irgendjemand die Abkürzung SPSS – für *Smartphone-Stresssyndrom* – einführt. Aber wer weiß: Vielleicht gibt es so etwas ja schon.

Sie selbst haben damit sicherlich keine Probleme; aber vielen von uns fällt es schwer, den Blick von unserem Mobiltelefon abzuwenden. Denn darin steckt die ganze Welt. Laut der letzten wissenschaftlichen Untersuchung, die ich zu diesem Thema gelesen habe (im Internet, wo sonst?), schauen wir im Durchschnitt alle drei Minuten auf unser Smartphone. Im Durchschnitt!

Da es vermutlich viele Leute wie mich gibt, die weit von diesem Drei-Minuten-Takt entfernt sind, muss es auch noch viele, viele andere Menschen geben, die weitaus öfter auf ihr Handy schauen. Und tatsächlich sehe ich viele Leute, die ihr Mobiltelefon kaum noch aus der Hand legen. Sie halten es in der Hand, wo auch immer sie gehen und stehen, weil jeden Augenblick irgendetwas passieren könnte. Viele Menschen schauen sich mit panischem Gesichtsausdruck nach der nächsten Ladestation um, weil sie Angst haben, dass ihr Universum sonst zusammenbricht. Vielleicht hören sie auf zu existieren, wenn sie einmal eine Viertelstunde lang nicht online sind? Diese Bedürftigkeit steht uns inzwischen schon förmlich ins Gesicht geschrieben. Ich weiß wirklich nicht, wie das alles noch enden soll.

Es gibt viele Gründe, warum das zu unserer Realität geworden ist. Lassen Sie uns einfach nur festhalten, dass es sich dabei um ein echtes Problem handelt. Als Führungskraft werden Sie kaum in der Lage sein, Ihre Mitarbeiter von all den Ablenkungen fernzuhalten, die unsere moderne Technologie uns beschert hat. Damit will ich aber nicht sagen, dass Sie die Hoffnung aufgeben sollen. Es ist nicht zu akzeptieren, dass jemand während seiner bezahlten Arbeitszeit auf Facebook herumsurft – ebenso wenig, wie es akzeptabel sein sollte, vom Schreibtisch aus einen alten Freund anzurufen, für dieses Gespräch eine ganze Viertelstunde zu verschwenden und dann nicht mehr genügend Zeit für sein Tagesgeschäft zu haben. Wir stehen hier vor einer echten Herausforderung und es hat keinen Sinn, die Augen vor dieser Realität zu verschließen.

Für wen sind Ihre Informationen eigentlich gedacht?

Aber wie können Sie als Chef sich in diesem ohrenbetäubenden Getöse aus technologischen Ablenkungen überhaupt noch Gehör verschaffen?

Zunächst einmal könnten Sie sich überlegen, wer das, was Sie sagen wollen, wirklich wissen muss.

Hier ein paar häufige Fehler, die ich bei meiner Arbeit als Unternehmensberater immer wieder beobachte:

Einerseits schickt der Chef Informationen an alle; er setzt alle in CC, um sicherzugehen. Und warum? Manchmal tut er das vielleicht, um sagen zu können: *Ich habe Ihnen das wirklich geschickt.*

Sie haben also Ihre Pflicht getan. Jetzt liegt es an Ihren Mitarbeitern, diese Information aufzunehmen. Andererseits können Sie natürlich auch Informationen ins Intranet – Ihre interne digitale Bibliothek – laden. Und das muss doch eigentlich sinnvoll sein, oder etwa nicht? Dort können Sie die Informationen in verschiedene Themenbereiche einsortieren. Dadurch wird es für die Leute, die etwas finden wollen, einfacher. Es ist nicht mehr so, als müsste man die Stecknadel – eine einzelne E-Mail – im Heuhaufen suchen. Oder … tja, wie funktioniert das eigentlich?

Sie sollten sich klarmachen, dass viele Leute *niemals* ins Intranet hineinschauen. Und zwar aus einem ganz einfachen Grund: Das Intranet – einst ein einfaches Kommunikationstool mit nur wenigen Rubriken wie »Vertrieb«, »Marketing«, »Produktion« und »Personal« – hat sich inzwischen zu einem digitalen Monster entwickelt, das niemand mehr richtig im Griff hat. Manche Unternehmen haben ihr Intranet sogar völlig verwildern lassen: Es enthält inzwischen so viele Informationen, dass niemand mehr weiß, was da eigentlich alles drinsteht.

Und wissen Sie was? Ihre Mitarbeiter wissen es auch nicht. Und deshalb haben sie auch keine Lust mehr, überhaupt reinzuschauen. Wobei ihre Geduld natürlich von Verhaltenstyp zu Verhaltenstyp unterschiedlich ausgeprägt ist. Es hat keinen Sinn, den Mitarbeitern zu erklären, dass es äußerst verantwortungslos ist, das Intranet nicht zu nutzen, und dass Sie gleich morgen eine ernste Diskussion darüber mit ihnen führen werden. Sie brauchen einen Plan.

Wie erreichen Sie die verschiedenen Verhaltenstypen?

Denken Sie lieber daran, wie Sie auch wirklich jeden einzelnen Mitarbeiter mit der nötigen Information erreichen können. Und denken Sie vor allem daran, wie Sie sich dabei ausdrücken sollten. Mit bürokratischen Erklärungen, die an Proklamationen aus der Zeit der Sowjetunion erinnern, werden Sie keinen Erfolg haben. Vielleicht werden Ihre blauen Mitarbeiter sich tatsächlich durch so ein bürokratisches Ungetüm hindurchkämpfen und die Botschaft verstehen. Aber die anderen? Die werden diese Mail in ihrer Eingangsbox verrotten lassen und hinterher behaupten, man habe ihnen nichts gesagt. Denken Sie an die Erfahrungen des Geschäftsführers, die ich weiter oben in diesem Kapitel beschrieben habe!

Was Sie brauchen, ist ein gewisses Maß an Fantasie und ein bisschen Zeit. Und vergessen Sie nicht: Wenn Sie meinen vorigen Rat zur Einteilung Ihrer Arbeitszeit befolgt haben, dann werden Sie das auch schaffen. Ihre Mitarbeiter zu erreichen, gehört nicht zu Ihrer Rolle als Spezialist, sondern zu Ihrer Rolle als Führungskraft.

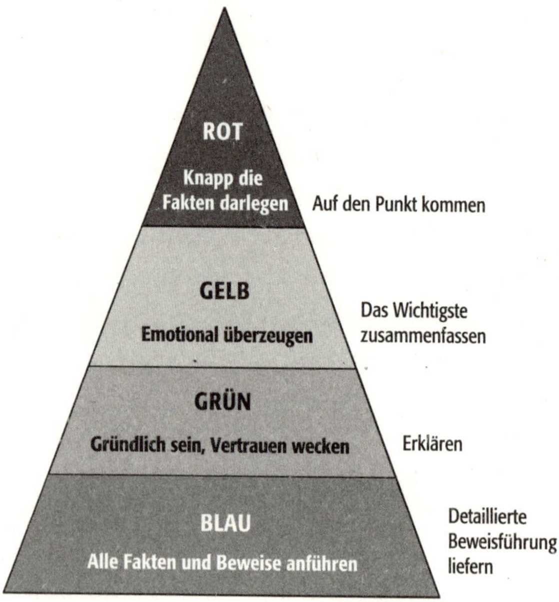

Die Informationspyramide

Angenommen, Sie schreiben einen Zeitungsartikel. Sie geben sich große Mühe mit der Gliederung dieses Texts. Je nach Farbprofil werden die Leser die verschiedenen Teile des Artikels ganz unterschiedlich aufnehmen. Wir könnten jetzt stundenlang darüber diskutieren, dass doch schließlich jeder selbst dafür verantwortlich ist, das zu lesen und sich einzuprägen, was ich – ihr *Chef* – an die Mitarbeiter versende.

Ja, natürlich. Das ist absolut richtig. Aber lesen Sie erst mal weiter!

Die Headline

Ihre roten Mitarbeiter sind der Meinung, dass viel zu viele Informationen gegeben werden und dass diese viel zu langatmig sind. Wenn sie nicht sofort begreifen, worum es in der E-Mail oder dem Informationsblatt geht, legen sie es weg. Und zwar nicht mit der Absicht, es später zu lesen – diese Hoffnung können Sie gleich wieder vergessen! Die Roten legen es beiseite, weil es nicht interessant ist. Und wenn es jetzt nicht interessant ist, wird es sie auch später nicht interessieren. Weg damit!

Sie sollten also eine Überschrift formulieren, die sie dazu verleitet, wenigstens weiterzulesen. Die Überschrift *Entscheidung in Rechtssache 12:54* ist grauenhaft langweilig, sodass die Nachricht im Papierkorb landet, noch bevor Sie *Finanzbehörde* sagen können.

Sorry. Ihre roten Mitarbeiter werden ganz einfach nicht weiterlesen.

Die Überschrift muss schlagkräftig sein; sie muss vermitteln, dass der Inhalt wichtig ist, und den Leser bei der Stange halten.

Also versuchen Sie es lieber mit einer Headline wie: *Das Problem mit der Belüftung DER BÜRORÄUME ist jetzt ENDLICH gelöst!*

Und im Text können Sie dann erklären, wie die Lüftungsfirma für eine bessere Luft in den Büroräumen gesorgt hat.

Oder: *WILL DENN NIEMAND ZUR WEIHNACHTSFEIER KOMMEN?*

Als Nächstes könnten Sie Ihre Mitarbeiter bitten, sich spätestens bis zum genannten Termin zu der Feier anzumelden.

Oder: *MEHR GELD FÜR ALLE!*

Hier können Sie sie über den neuesten Tarifabschluss nach langen Verhandlungen informieren.

Oder: *GESCHÄFTSFÜHRER BEKOMMT NEUEN JOB!*

Ich verspreche Ihnen, dass selbst die Roten genau wissen wollen, um welchen Geschäftsführer es geht. Und wer der Neue ist.

Einleitung

Ihre gelben Mitarbeiter mögen lockere, zwangslose und angenehme Informationen. Natürlich ist nicht jede Nachricht eine gute Nachricht – zum Beispiel ist es schwierig, über bevorstehende betriebsbedingte Kündigungen positiv zu berichten. Aber das ändert nichts an der Tatsache, dass die Gelben ein eher schmales Aufmerksamkeitszeitfenster haben. Und sie haben auch nicht viel Geduld mit langatmigen, uninteressanten Manifesten, die sie ihrer Meinung nach gar nicht betreffen.

Angenommen, Sie hatten mit der Überschrift Erfolg. Sie haben die Aufmerksamkeit der Roten gewonnen und wahrscheinlich sind auch alle anderen Mitarbeiter noch dabei. Jetzt wollen Sie sowohl die Roten als auch die Gelben dazu bringen, sich eingehender mit Ihrem extrem gut durchdachten und wichtigen Dokument zu beschäftigen.

Um dieses Ziel zu erreichen, ist die Einleitung Ihr bester Freund. Zeitungsredakteure verstehen dieses Handwerk hervorragend. Ein Zeitungsartikel ist genau so aufgebaut, wie ich es hier beschrieben habe: zunächst eine Überschrift, die den potenziellen Leser interessiert und vielleicht auch schockiert. Dann eine Einleitung, die kurz zusammenfasst, worum es in dem Artikel geht.

Ihre gelben Mitarbeiter wollen *berührt* werden. Sie wollen, dass der Text sie innerlich erreicht und sie dazu bringt weiterzulesen. Bis zu einem gewissen Grad möchten sie unterhalten werden und etwas *erleben.*

Eine gute Einleitung fasst den Inhalt der ganzen Seite in vier knappen, aber treffenden Zeilen zusammen. Schauen Sie sich eine Abendzeitung an, und Sie wissen, was ich meine. Es besteht immer die Gefahr, dass die Gelben nach der Einleitung nicht weiterlesen, weil sie dann denken, sie hätten schon alles verstanden. Und vielleicht ist das ja auch tatsächlich so. Manchmal ist es vielleicht gar nicht nötig, noch mehr Tinte für etwas zu verschwenden, das man auch in vier Zeilen beschreiben kann.

Sie müssen sich nicht jedes Mal an die Kommunikationsabteilung wenden, wenn die Herrentoilette im zweiten Stock verstopft ist. Und verzichten Sie auf deprimierendes Bürokratendeutsch. Bei den Gelben funktioniert so etwas nicht.

Muss ich jetzt etwa Werbetexter sein? Ich habe schließlich auch noch einen Job, mit dem ich mich beschäftigen muss!

Das bleibt Ihnen überlassen. Sie sind der Chef. Ihre Aufgabe ist es, die Mitarbeiter zu erreichen.

Der Artikel

Wenn Sie mit Ihrer Headline die Aufmerksamkeit der Roten geweckt haben, kann ich Ihnen versprechen, dass Sie auch alle anderen Verhaltenstypen erreicht haben. Und wenn Sie die Gelben mit einer prägnanten Einleitung dazu gebracht haben, ihren Blick nicht gleich wieder vom Bildschirm oder Papier abzuwenden, garantiere ich Ihnen, dass Sie auch die Grünen und Blauen bei der Stange gehalten haben.

Und das ist gar nicht so einfach.

Denn die Grünen wollen auf einer elementareren Ebene überzeugt werden. Denken Sie daran, dass sie Veränderungen nicht mögen, schon gar nicht schnelle. Wenn sie den Verdacht haben, dass Sie versuchen, ihnen eine neue Vorgehensweise aufzudrängen – irgendetwas, das ihnen nicht bekannt vorkommt –, werden sie die Augen beim Lesen misstrauisch zusammenkneifen. Und das ist genau das Gegenteil dessen, was Sie erreichen wollen.

Das Schlüsselwort hier lautet *Vertrauen.*

Wenn die grünen Mitarbeiter Vertrauen zu Ihnen als Chef haben, werden sie eher bereit sein, die Nachricht oder Information aufzunehmen. Wenn sie Ihnen wirklich vertrauen, wird es Ihnen viel leichter fallen, sie zu erreichen.

Das Problem ist, dass man so ein Vertrauen nicht mit einem Stück Papier gewinnen kann. Wenn Sie sichergehen wollen, auch die Grünen zu erreichen, müssen Sie deren Vertrauen über einen langen Zeitraum hinweg aufbauen. Wenn Sie noch neu in Ihrer Position als Vorgesetzter sind, werden Ihre Mitarbeiter sicherlich lesen, was Sie schreiben; aber es wird eine Weile dauern, bis Sie ihr Vertrauen gewonnen haben. Wenn sie Ihnen als Absender der Nachricht oder Information vertrauen, spielt es gar keine Rolle, ob das, was Sie schreiben, richtig ist oder falsch. Darum geht es hier nicht. Sie müssen ihnen das *Gefühl* vermitteln, dass es sich bei Ihrer Botschaft um etwas Gutes handelt.

Andererseits: Wenn die Grünen Vertrauen zu Ihnen haben, können Sie fast alles schreiben, was Sie wollen – sie werden es garantiert schlucken. Deshalb neigen grüne Mitarbeiter dazu, mehr auf ihre Kollegen zu hören als auf das, was die Geschäftsleitung sagt. Wenn ein Mitarbeiter aus ihrer Gruppe (vielleicht sogar ein Grüner) sagt, dass das neue Geschäftssystem nichts taugt, dann spielt es keine Rolle, ob ein Chef – egal ob vertrauenswürdig oder nicht – das Gegenteil behauptet.

Die gute Nachricht ist, dass Grüne die Geduld haben, sich alles durchzulesen, was Sie zu sagen haben. Viel mehr als die Roten und die Gelben.

Aber wo sind die Beweise …?

Ihrem blauen Mitarbeiter wird es nicht schwerfallen, sich beim Lesen von der Überschrift zur Einleitung und dann bis zum Haupttext vorzuarbeiten. Um seine Geduld und Konzentration muss man sich keine Sorgen machen. Er kann wochenlang an ein und derselben Excel-Tabelle herumtüfteln.

Ihre blauen Mitarbeiter werden Sie mit einer ganz anderen Herausforderung konfrontieren. Denen geht nämlich ständig die Frage im Kopf herum: Woher weiß mein Vorgesetzter das? Gibt es irgendwelche Beweise für das, was in dieser E-Mail behauptet wird? Oder ist das nur der übliche Unsinn der Geschäftsleitung über Visionen und anderes schwammiges Zeug? Wo sind die konkreten Beweise?

Am einfachsten ist es, ein paar Daten an Ihre Nachricht anzuhängen. Das kann eine Art Diagramm sein. Zahlen sind großartig. Auch Details aus einer Tabellenkalkulation könnten ungeheuer hilfreich sein. Der blaue Mitarbeiter will wissen: Ist das richtig?

Bitte verstehen Sie mich nicht falsch: Diese Mitarbeiter werden nicht unbedingt davon ausgehen, dass Sie sie hintergehen wollen. Aber sie werden sich schon ab und zu fragen, ob Sie auch wirklich wissen, was Sache ist.

Viele Chefs ohne Blau in ihrem Farbprofil haben richtige Angst vor ihren blauen Mitarbeitern. Denn das sind diejenigen, die immer Fragen nach molekularen Details stellen, und manchmal wissen die Chefs dann nicht, was sie antworten sollen.

Damit meine ich nicht, dass man unbedingt einen Forschungsbericht samt Quellenangabe zitieren muss, wenn man sagt, dass die Leute, die heute draußen im Freien arbeiten, Winterstiefel tragen sollten. Die meisten Menschen wissen, dass es im Winter kälter ist als im Sommer. Aber wenn Sie sagen, dass die Temperatur heute früh wahrscheinlich unter dem Gefrierpunkt liegen wird, und als Beweis dafür den nationalen Wetterdienst zitieren, dann haben Sie gute Arbeit geleistet. Das zeigt ganz einfach, dass Sie sorgfältig arbeiten und Ihre Aufgabe ernst nehmen. Die Tatsache, dass Ihr Mitarbeiter – wenn er wirklich ein echter Blauer ist – die Wettervorhersage schon längst gehört hat, spielt keine Rolle. Sie waren gründlich und zuverlässig, und das wissen blaue Mitarbeiter zu schätzen. Je genauere Daten Sie liefern, umso glaubwürdiger sind Sie in ihren Augen.

Wie fassen wir das alles nun am besten zusammen?

Es ist schwierig, mit einer neuen Information alle Mitarbeiter zu erreichen. Aber das wussten Sie sowieso schon. Wenn Sie die Aufmerksamkeit der Roten geweckt und durch eine aussagekräftige Einleitung sogar die Gelben zum Weiterlesen animiert haben, wenn Sie einen Artikeltext verfasst haben, der so nett geschrieben und umfassend ist, dass Sie damit sogar die Grünen auf Ihre Seite ziehen konnten, und nun auch noch ein paar Beweise für Ihre blauen Teammitglieder anhängen – dann haben Sie bei den meisten Ihrer Mitarbeiter wirklich einen guten Eindruck hinterlassen.

Gut gemacht!

Und diese Methode können Sie auch bei Ihrer nächsten Teambesprechung einsetzen. Zeigen Sie dabei normalerweise Bilder? Sehr gut. Achten Sie darauf, dass die ersten Bilder vom Informationsfluss her so aufeinander aufbauen, wie ich es vorhin beschrieben habe. Beenden Sie die Besprechung mit einer schönen Zusammenfassung, die alles miteinander verknüpft. Und wenn möglich, verteilen Sie eine Dokumentation an alle, die sie haben möchten (die Blauen).

Wenn Sie Ihr Material nur mündlich – ohne Bilder – vortragen, können Sie es auf die gleiche Weise aufbauen. Beginnen Sie mit etwas, das die Aufmerksamkeit aller Zuhörer weckt.

Das funktioniert! Und Ihre Mitarbeiter werden denken, dass Sie ein verdammt guter, redegewandter Chef sind.

Über den Erfolg der Kommunikation entscheidet der Empfänger. Menschen hören das, was sie hören wollen. Wenn Sie Ihre Botschaft oder Information an Ihre Zuhörer anpassen, erhöht sich die Wahrscheinlichkeit, sie zu erreichen. Wenn Sie dagegen einfach so vorgehen wie immer, verringern Sie Ihre Chancen, überhaupt irgendjemanden zum Zuhören zu bewegen.

Und nun liegt es an Ihnen.

Kapitel 28

Wenn alle zustimmen, aber trotzdem nichts tun …

Sie wissen, wie das ist. In der Besprechung (in der Sie gerade die neue Richtung oder das neue IT-System angekündigt oder schlicht und einfach festgestellt haben, dass die alten Arbeitsabläufe nicht funktionieren und wir sie jetzt ändern werden) waren sich noch alle darüber einig, dass das eine gute Idee ist. Jeder hat versprochen, es mit dieser neuen Methode zu versuchen. Doch nach der Besprechung machen die meisten Mitarbeiter genauso weiter wie bisher.

Liegt das daran, dass sie schlichtweg faul sind? Gehören sie zu den Menschen, die sich weigern, ihre Arbeit richtig zu machen, und – aus purer Trägheit – an alten Gewohnheiten festhalten? Vielleicht können Sie aus all den unbotmäßigen Mitarbeitern diejenigen herausfischen, die tatsächlich zu bequem sind, um Veränderungen zu akzeptieren oder sich schlicht und einfach ein bisschen mehr anzustrengen.

Eine gute Möglichkeit, zu überprüfen, ob das, was Sie gesagt haben, auch wirklich verstanden wurde, besteht darin, um eine Bestätigung zu bitten. Wenn Sie wissen, dass ein bestimmter Mitarbeiter normalerweise mit geschlossenen Ohren zuhört, könnten Sie ihn fragen, ob er Ihre Ausführungen verstanden hat. Stellen Sie während des Gesprächs Fragen. Bitten Sie ihn, das, was Sie gerade gesagt haben, noch einmal zusammenzufassen.

Bei vielen Besprechungen ergreift außer dem Chef kaum jemand das Wort. Das ist teilweise ein kulturelles Problem, hängt aber auch davon ab, was für Mitarbeiter Sie haben. Wenn diese in erster Linie introvertiert – also grün und blau – sind, wird es bei Ihrer Besprechung leiser zugehen, als das sonst üblich ist. Nur die junge gelbe Frau dort links redet bei jeder Besprechung. Aber inzwischen haben die anderen genug von ihr; also ist sie nun ebenfalls ein bisschen ruhiger geworden.

Wenn die Mitarbeiter, die Sie vor sich haben, überwiegend extrovertiert – also rot und gelb – sind, dürfte es bei Ihrer Besprechung lebhafter zugehen. Dann kann es auch durchaus sein, dass die Teilnehmer Ihnen ins Wort fallen. Aber ich glaube, das ist nicht weiter schlimm, solange die Unterbrechungen relevante Beiträge sind und Sie – vielleicht in Form einer einfachen Agenda auf einem Blatt Papier – einen Plan für Ihre Besprechung haben, sodass Sie immer wieder zum Kernthema zurückfinden.

Wenn Ihre Gruppe hauptsächlich aus blauen und roten Mitarbeitern besteht, können Sie Ihre Botschaft oder Information eher sachlich halten. Bei einem Team aus grünen und gelben Mitarbeitern dagegen müssen Sie auch den Beziehungsaspekt berücksichtigen. Sie sollten einige Aussagen ein bisschen abmildern und auf Ihren Tonfall achten. Dabei gibt es kein Richtig oder Falsch; es kommt lediglich darauf an, sich geschickt an die Menschen anzupassen, die vor Ihnen sitzen. Und denken Sie auch daran, dass nicht alle Menschen gleich gut zuhören!

Wird nach der Besprechung überhaupt etwas passieren?

Wahrscheinlich gehörte eine Handlungsaufforderung wesentlich zu Ihrer Besprechung. Sie wollen eine neue Vorgehensweise einführen oder Ihr Team soll irgendetwas anderes verändern oder sein Augenmerk auf eine bestimmte Frage richten. Auch wenn Sie einzelnen Mitarbeitern während der Präsentation Fragen zum Verständnis Ihrer Ausführungen gestellt haben, ist die Arbeit damit noch lange nicht getan. Bei bestimmten Aufgaben werden auch Nachfassaktionen erforderlich sein. Das Leben ist voller Ablenkungen.

Warum ist es so schwierig, Veränderungen in einem Unternehmen umzusetzen? Das ist auf die gleichen psychischen Faktoren zurückzuführen, die es Ihnen erschweren, Ihre physische Konstitution zu verbessern, also körperlich fit zu werden. Der plötzliche Beginn einer Diät oder eines Trainingsprogramms ist eine ebenso große Herausforderung, wie Mitarbeiter dazu zu bringen, eine neue Unternehmensvision oder neue Ethikrichtlinien umzusetzen. Und das liegt nicht unbedingt daran, dass Ihre Mitarbeiter faul oder begriffsstutzig wären.

Das Problem ist, dass es einige Zeit dauert, bis man tatsächlich ein Ergebnis sieht. Wenn Sie anfangen zu trainieren, praktizieren Sie das vielleicht einen Monat lang sehr intensiv. Möglicherweise haben Sie dabei das Gefühl, etwas Gutes für Ihre Gesundheit zu tun; aber Sie werden nicht *sehen* können, dass die Muskeln an Ihrem Körper dadurch stärker werden. Wenn Sie sich ein Sixpack wünschen, dann nichts wie los – trainieren Sie! Aber denken Sie daran, dass diese Anzeige, die Sie gestern Abend im Fernsehen gesehen haben, falsch ist. Es reicht nicht aus, intensiv an Ihre neuen Bauchmuskeln zu denken und dann einen Proteinriegel in sich hineinzustopfen. Sie müssen sich schon richtig anstrengen, um etwas zu erreichen. Sie müssen mindestens eine Million Sit-ups machen und sich ein halbes Jahr lang streng an Ihre Diät halten.

Da das viel Zeit kostet, geben die meisten frischgebackenen Fitnessfans ihr Vorhaben schnell wieder auf. Es dauert zu lange, bis man Ergebnisse erzielt; es hat keinen Sinn, so etwas überhaupt zu versuchen.

Diese Einstellung hat nicht unbedingt etwas mit Faulheit zu tun.

Das Gleiche gilt auch für Veränderungen, die Sie in Ihrer Organisation einführen möchten. Vor allem, wenn es sich um größere Veränderungen handelt – beispielsweise Unternehmensvisionen, ethische Prinzipien oder ein neues Leitbild –, wird es lange dauern, bis man Ergebnisse sieht. Und wenn Sie Ihre Mitarbeiter fragen, ob sie irgendwelche Veränderungen an ihrem Führungsteam wahrgenommen haben – schließlich haben die Topmanager an diesem teuren Führungskräfte-Kurs teilgenommen –, werden die Antworten oft etwas unschlüssig klingen.

Sie wissen es nicht. Sie haben nicht darüber nachgedacht. Eigentlich sehen sie keine Veränderungen. Im schlimmsten Fall haben auch Sie als Vorgesetzter das, was Sie in dem Kurs gelernt haben, nicht verinnerlicht. Wie sollen Ihre Mitarbeiter dann einen Unterschied feststellen können?

Das Drei-Schritte-Modell

Ich habe eine Lieblingsmethode zur Umsetzung von Veränderungen: das Drei-Schritte-Modell.

Was bedeutet das?

1. Nachverfolgen
2. Nachverfolgen
3. Nachverfolgen

Der Weg zur Hölle ist mit guten Vorsätzen gepflastert. Wie oft haben Sie schon gedacht: *Ich werde da auf jeden Fall nachhaken, damit ich weiß, dass es auch wirklich erledigt wird. Das ist so wichtig, dass es nicht im allgemeinen Tagesgeschäft untergehen darf. Ich werde jetzt meine Verantwortung als Chef ernst nehmen, immer wieder auf meine Mitarbeiter zugehen und sie bei ihrer Weiterentwicklung unterstützen.*

Das ist gut. Dann wissen Sie ja, wie wichtig solche Nachfassaktionen sind!

Manchmal sind sie sogar unverzichtbar. Es reicht selten aus, etwas nur einmal zu sagen. Manchmal sind sich bei der Besprechung alle Mitarbeiter einig: *Ja, das wollen wir tun!*

Gut. Sehr gut. Legen wir los.

Aber dann kommt leider etwas anderes dazwischen.

Vielleicht haben Sie selbst irgendeine neue Aufgabe auf Ihrem Schreibtisch entdeckt und Ihr Augenmerk plötzlich auf etwas anderes gerichtet. Aber wenn Sie im letzten Herbst so viel Zeit in dieses Thema investiert haben, warum sorgen Sie dann nicht dafür, dass da auch wirklich etwas passiert? Dass die Leute anfangen, sich an die neue Leitlinie (oder was auch immer) zu halten?

Wenn der Chef etwas nicht weiterverfolgt, liegt das oft daran, dass er nicht das richtige Gleichgewicht zwischen seiner Führungsrolle und seiner Fachkompetenz als Spezialist gefunden hat. Denn oft geht es bei der Sache, die er nachverfolgen wollte, um eine Angelegenheit, die Führung erfordert; und wenn dieser Prozess ins Stocken gerät, dann ist ihm normalerweise etwas dazwischengekommen, was mit der fachlichen Seite seiner Aufgabe als Manager zu tun hat.

Und nun ist es Zeit für ein Geständnis: Das Drei-Schritte-Modell lautet eigentlich gar nicht so wie oben beschrieben. Hier die korrekte Beschreibung der drei Schritte:

1. Nachverfolgen
2. Bewerten
3. Dranbleiben

Nachverfolgen

Das Nachverfolgen ist gar nicht so schwierig. Sie müssen nur im Auge behalten, ob Ihre Mitarbeiter auch wirklich das tun, worauf

Sie sich mit ihnen geeinigt hatten. Wie üblich sieht das je nach Farbtyp von Mitarbeiter zu Mitarbeiter ein bisschen anders aus.

Die Roten: Zu denen müssen Sie direkt hingehen. Entweder ist die Aufgabe bereits erledigt oder sie ist irgendwo auf dem Abstellgleis gelandet. Das hängt davon ab, ob Ihr roter Mitarbeiter sie für wichtig hielt oder nicht. Wenn nicht, hat er sie beiseitegeschoben und es besteht die Gefahr, dass er sie nie wieder aufgreifen wird. Also müssen Sie sich bei ihm melden, um sicherzugehen, dass er sich auch wirklich damit befasst.

Ihr gelber Mitarbeiter hat bereits Zeit gefunden, allen zu erzählen, was für eine faszinierende Aufgabe man ihm gestellt hat. Das wird wirklich sehr spannend und er sieht die Zukunft in den leuchtendsten Farben. Doch manchmal stürzen gelbe Mitarbeiter sich voller Enthusiasmus auf irgendein Projekt, stoßen dann aber auf ein kleines Problem. Dadurch kommt das Projekt vom Kurs ab und es wird damit erst dann wieder vorwärtsgehen, wenn der Mitarbeiter seine Inspiration zurückgewinnt. Also helfen Sie ihm, auf den richtigen Weg zu kommen, sonst wird garantiert bald wieder irgendetwas Neues seine ganze Aufmerksamkeit auf sich ziehen.

Ihr grüner Mitarbeiter hat vielleicht noch gar nicht mit der Arbeit an dem Projekt begonnen. Vielleicht hat er einfach das Gefühl, dass bisher noch nicht der richtige Tag dafür gekommen ist. Also helfen Sie ihm auf die Sprünge! Es könnte natürlich auch sein, dass der Grüne das, was Sie ihm darüber gesagt haben, nicht ganz akzeptiert hat. Das ist jedoch das geringste Problem. Loyal, wie sie nun einmal sind, werden die Grünen auf jeden Fall versuchen, die Aufgabe zu erledigen.

Ihre blauen Mitarbeiter … na ja. Es ist ziemlich wahrscheinlich, dass sie bereits mit der Planung dieser Aufgabe begonnen haben. Sie haben sie in ihren Terminkalender eingetragen – doch bei ihnen besteht der erste Schritt leider nicht darin, zu tun, worum Sie sie gebeten haben, sondern sie planen erst einmal, damit anzufangen. Der Blaue wird ganz bestimmt nicht vergessen, was zu tun ist; aber vielleicht braucht er Ihre Hilfe, um die Aufgabe dann wirklich anzupacken. Unterstützen Sie ihn dabei. Hören Sie sich seine Argumente an, warum Sie das alles noch einmal genau durchdenken sollten; und dann sorgen Sie dafür, dass er mit der Arbeit an der Aufgabe beginnt, die Sie ihm aufgetragen haben.

Bewerten

Sie müssen also genau verfolgen, wie es mit der Erledigung der Aufgabe vorwärtsgeht. Auch wenn Sie bei dem Gedanken, jemandes Arbeit zu bewerten, leichte Bauchschmerzen bekommen, müssen Sie es trotzdem tun. Damit meine ich natürlich nicht, dass Sie Ihrem Mitarbeiter eine Note geben sollen. Was ich damit sagen will, ist Folgendes: Überprüfen Sie, ob er auch wirklich das tut, worum Sie ihn gebeten haben – und zwar so, wie Sie es wollten, und in dem gewünschten Tempo. Oder ist er etwa plötzlich mit etwas ganz anderem beschäftigt?

Manchmal passiert so etwas, und Ihre Aufgabe besteht dann darin, alle Vorkehrungen dafür zu treffen, das er wieder zu der Arbeit zurückkehrt, die Sie miteinander vereinbart haben. Wenn jemand inmitten dieses Projekts gute Ideen und vernünftige Vorschläge hat, hören Sie ihm natürlich zu; aber manchmal geht es einfach nur darum, dafür zu sorgen, dass die Arbeit genau so erledigt wird wie geplant.

Als Nächstes müssen Sie Ihrem Mitarbeiter Feedback geben. Darauf werde ich im Abschnitt »Feedback« noch zu sprechen kommen. Manchmal funktioniert alles genau so, wie man es sich vorgestellt hat; manchmal muss man aber auch korrigierend eingreifen. Tun Sie das. Nehmen Sie Ihre Verantwortung ernst. »Hoffen« Sie nicht einfach darauf, dass sich alles von selbst regelt.

Am wichtigsten ist jedoch der nächste Punkt: dranbleiben.

Dranbleiben

Haben Sie wirklich das Zeug dazu dranzubleiben? Immer und immer wieder auf ein und dieselbe Sache zurückzukommen …

Ihr eigenes Farbprofil kann ausschlaggebend dafür sein, wie oft Sie es schaffen, bei Mitarbeiter Y deswegen nachzuhaken. Es gibt viele Gründe, warum etwas manchmal nicht so läuft, wie Sie es sich vorgestellt haben. Normalerweise wussten Sie, was Sie taten, als Sie eine bestimmte Aufgabe an jemanden delegiert haben. Und wenn Sie im August gesagt haben, dass diese Arbeit wichtig ist, wird sie das im Oktober wahrscheinlich immer noch sein.

Ich habe die Situation bei unserer allmonatlichen Besprechung erklärt, und sie haben gesagt, sie hätten alles verstanden. Damit ist meine Aufgabe erledigt.

Nein, ist sie nicht. Ihre Aufgabe besteht darin, Ihren Mitarbeitern die Unterstützung und Anleitung zu geben, die sie brauchen, um alles erledigen zu können, was Sie vereinbart haben. Wenn die Mitarbeiter eine Menge Erfahrung haben, dürfte das kaum ein Problem sein; aber wenn ihre Aufgabe teilweise neu für sie ist, können Sie nicht einfach davon ausgehen, dass es ausreicht, sie nur ein einziges Mal – oder auch zehnmal – danach zu fragen. Manchmal muss man zigmal nachhaken, bevor es endlich klick macht.

Der rote Chef

Als rotem Chef geht Ihnen das vielleicht auf die Nerven. *Was ist denn daran so schwer zu verstehen? Bei der Besprechung hat kein Mensch etwas dagegen gesagt.*

Mein Tipp für Sie ist, diese Einstellung abzulegen und dafür zu sorgen, dass die Arbeit zu Ende geführt wird. Gehen Sie so oft wie nötig auf den betreffenden Mitarbeiter zu – so lange, bis Sie die gewünschten Ergebnisse sehen. Erinnern Sie ihn daran, dass Sie das miteinander vereinbart haben, und bieten Sie an, es ihm noch einmal zu erklären. Auf diese Weise werden Sie alle das Ziel viel schneller erreichen.

Der gelbe Chef

Wenn Sie ein vorwiegend gelber Verhaltenstyp sind, langweilen Nachverfolgungsaktionen Sie wahrscheinlich. Auf etwas zurückkommen zu müssen ist wie ein Blick in die Geschichte, und wer hat an so etwas schon Freude? Aber denken Sie einmal darüber nach. Man kann nicht nur nach vorne schauen. Nicht ohne Grund hat jedes Auto einen Rückspiegel. Manchmal muss man eben auch *dort* reinschauen.

Die Arbeit wird Ihnen natürlich viel mehr Spaß machen, wenn Sie auch wirklich das bekommen, was Sie wollen. Und Sie werden sich bei Ihren Mitarbeitern enormen Respekt verschaffen, wenn Sie ihnen zeigen, wie wichtig sie Ihnen sind – so sehr, dass Sie sogar darauf bestehen, vier Monate lang einmal pro Woche bei ihnen nachzufragen, ob sie ihre Arbeit auch wirklich erledigen! Tragen Sie diese Termine gleich jetzt in Ihren Kalender ein. Sorgen Sie dafür, dass Ihr digitaler Terminkalender Sie regelmäßig mit einer Alarmfunktion daran erinnert.

Und schalten Sie diesen Alarm bei Einsetzen nicht einfach aus. Sie dürfen nicht zulassen, dass andere Dinge Vorrang haben: Terminieren Sie keine Besprechungen im selben Zeitfenster – es sei denn, Sie verschieben die Nachfassaktion auf einen anderen Zeitpunkt am selben Tag. Gehen Sie zu Ihrem Mitarbeiter und verfolgen Sie die Sache nach.

Der grüne Chef

Wenn Ihr Verhaltensprofil vorwiegend grün ist, ist das eine schwierige Herausforderung für Sie, und das wissen Sie auch. Denn wenn Sie bei einem Mitarbeiter Nachfassaktionen durchführen müssen, kann das sehr wohl als Kritik angesehen werden. Und wer sind Sie, dass Sie sich anmaßen könnten, jemand anderen zu kritisieren? Leider muss ich Sie an dieser Stelle in aller Bescheidenheit daran erinnern, dass das Ihre Aufgabe ist. Tun Sie es auf jeden Fall in Ihrer üblichen freundlichen Art – aber sorgen Sie dafür, dass es geschieht. Sie sind der Chef.

Übrigens gibt es eine gute Möglichkeit, etwaige Reibereien zwischen Ihnen und Ihrem Mitarbeiter dabei auf ein Mindestmaß zu reduzieren: Weisen Sie ihn im Voraus darauf hin, dass Sie nachhaken werden – und zwar in der Absicht, ihm die Unterstützung zu geben, die er für die Durchführung seiner Aufgabe braucht. Erklären Sie ihm, dass Sie das in seinem eigenen Interesse tun. Aber widerstehen Sie dem Instinkt, die Nachfassaktion zu »vergessen«; denn das würde Ihnen später auf die Füße fallen. Wenn Sie es nicht gewohnt sind, die Arbeit Ihrer Mitarbeiter nachzuverfolgen, werden Sie einen gewissen Widerwillen dagegen verspüren. Das ist ganz normal. Sie müssen sich also eine neue Routine dafür angewöhnen, die Ihnen vernünftig erscheint. Markieren Sie die Zeiten für die wöchentlichen Nachfassaktionen in Ihrem Terminkalender. Ihre Mitarbeiter werden bald merken, dass Sie das nur tun, weil Sie sich wirklich um sie kümmern, und werden deshalb umso mehr Vertrauen zu Ihnen als Chef haben.

Der blaue Chef

Angenommen, Sie sind ein blauer Verhaltenstyp. Wenn das so ist, habe ich mit meinen Ausführungen gerade eben eine Menge Zeit verschwendet. Immer wieder zu einer Aufgabe zurückzukehren, hat Sie noch nie abgeschreckt – warum also sollte das ausgerechnet diesmal der Fall sein? Es ist kein Problem für Sie, Dinge nachzuverfolgen und eine regelmäßige Routine daraus zu machen. Sie haben genau verstanden, was ich oben an die Adresse des grünen Chefs geschrieben habe. Wahrscheinlich haben Sie mehr Durchhaltevermögen als alle anderen Vorgesetzten. Sie können das Gleiche immer und immer wieder tun, solange Sie einen Sinn darin erkennen.

Und wo liegt dann das Problem?

Sie müssen sich vor Augen halten, dass Ihre Mitarbeiter keine Roboter sind, sondern Menschen aus Fleisch und Blut, die denken, fühlen und Dinge erleben. Sie funktionieren nicht nach so logischen Prinzipien wie Maschinen. Und deshalb kann auf dem Weg zur Erreichung eines Ziels allerhand passieren. Nur weil sie einmal etwas zugesagt haben, bedeutet das noch lange nicht, dass es auch genau so ablaufen wird. Sie müssen immer wieder auf die Leute zugehen und überprüfen, ob auch wirklich alles gut läuft. Ihre Mitarbeiter zu beurteilen, ist für Sie ebenfalls kein Problem – obwohl es Ihnen vielleicht schwerfallen wird, regelmäßig mit ihnen zu reden. Aber Ihre Mitarbeiter brauchen Sie; und auch Ihnen selbst bringt es etwas, immer wieder Nachfassaktionen bei ihnen durchzuführen, denn dadurch wird sich die Qualität ihrer Arbeit sehr verbessern.

Und, was meinen Sie? Wie gut sind Sie in der Nachverfolgung der Arbeit Ihrer Teammitglieder? Wissen Sie die Antwort auf diese Frage oder ist Ihre Selbstwahrnehmung in dieser Hinsicht noch ein bisschen lückenhaft? Am einfachsten ist es, ein paarmal pro Woche am Schreibtisch des betreffenden Mitarbeiters vorbeizugehen und ihn zu fragen, wie es läuft.

Viel Erfolg mit dem Drei-Schritte-Modell!

Kapitel 29

Wie wird man zu einem echten Faulpelz?

So gut Sie Ihre Führungsrolle auch ausüben mögen – manchmal können trotzdem Situationen entstehen, die sich Ihrer Kontrolle entziehen. Mein Tipp: Geben Sie sich keine allzu große Schuld daran. Denken Sie daran, dass kein System perfekt ist. Akzeptieren Sie, dass Sie nicht alles kontrollieren können, auch wenn Sie Ihre Arbeit noch so gut machen. Es kann immer etwas Unerwartetes passieren.

Stellen Sie sich einen Landwirt vor, der alles genau so macht, wie es sein sollte. Er düngt seine Felder, sät Getreide aus, beseitigt regelmäßig das Unkraut. Er steht morgens in aller Herrgottsfrühe auf und geht erst ein paar Stunden vor dem nächsten Aufstehen zu Bett. (In Schweden sind die Sommertage sehr lang.) Er versucht, Schäden durch Vögel, Insekten und Ungeziefer aller Art von seinen Feldern fernzuhalten. Er sieht, wie sein Getreide wächst, und beginnt, die Ernte zu planen.

Doch dann kommt ein Unwetter mit riesigen Hagelkörnern und macht alles kaputt.

Warum?

Weil das auf unserem Planeten nun mal so ist. Manchmal geht irgendetwas total schief.

Wenn Ihre Mitarbeiter ein ähnliches Missgeschick erleben, werden sie aus dem Gleichgewicht geraten. Vielleicht versuchen sie, sich trotzdem auf ihre Arbeit zu konzentrieren; aber die Situation belastet sie viel zu sehr. Dann müssen Sie wissen, wie man richtig mit so einem Mitarbeiter umgeht.

Wenn Sie schon seit längerer Zeit Chef sind, haben Sie diese Erfahrung sicherlich bereits gemacht: Menschen zu führen ist eine komplizierte Aufgabe. Rein theoretisch mag es einfach aussehen; doch im wirklichen Leben ist es kein Zuckerschlecken.

Wenn Sie ernsthaft vorhaben, sich um eine Führungsposition zu bewerben, ahnen Sie vielleicht schon, dass diese Aufgabe mit mehr Herausforderungen einhergehen könnte, als Sie gedacht hatten.

Wenn Sie als Angestellter ohne Führungs- oder Personalverantwortung schon einmal guten Grund hatten, an den intellektuellen Fähigkeiten Ihres Chefs zu zweifeln, hoffe ich, dass Sie nun allmählich begreifen, warum nicht immer alles so läuft, wie Sie es sich als Mitarbeiter wünschen. Es gibt einfach zu viele Dinge, die völlig aus dem Ruder laufen können.

Seien wir ehrlich. Es gibt Gründe, warum viele Menschen trotzdem eine Führungsposition anstreben: der Status, den man dadurch (trotz allem) gewinnt, die Freiheit, die man dadurch zu erlangen glaubt, die Macht (natürlich) und das Gehalt, um nur ein paar Beispiele zu nennen. Aber jeder, der sich um seine erste Führungsposition bewirbt, sollte ernsthaft darüber nachdenken, ob er wirklich begriffen hat, was da auf ihn zukommt.

Damit will ich Sie in keiner Weise abschrecken. Eine Führungsposition auszufüllen ist schwierig; aber ich rate allen, die so eine Aufgabe wirklich anstreben, sich darauf einzulassen. Es ist eine überwältigende Erfahrung; und es muss Ihnen dabei ja nicht unbedingt so schlecht ergehen wie mir damals vor über 25 Jahren.

Managern, die mit der Einstellung von Führungskräften zu tun haben, möchte ich Folgendes empfehlen: Achten Sie weniger auf die formelle Ausbildung und die Prüfungen, die Ihr Kandidat absolviert hat, sondern vielmehr darauf, ob er wirklich das Zeug dazu hat, Menschen zu führen. Da es keine offizielle Ausbildung für Chefs gibt, ist es wichtig, beim Einstellungsgespräch die richtigen

Fragen zu stellen. Denn man lässt sich nur allzu leicht von einem attraktiven Lebenslauf täuschen.

Aber wenn ich die Sache mit den Farben verstanden habe, weiß ich doch jetzt eigentlich alles, was ich wissen muss, oder nicht?

Ich wünschte, es wäre so einfach. Aber die Farben – die Verhaltensprofile – sind nur eine von mehreren Dimensionen. Es ist auch wichtig, die Triebfedern eines Menschen zu verstehen. Und noch viele andere Kriterien: Erfahrung, Motivation, allgemeiner Hintergrund, Kultur und so weiter. Es gibt sehr vieles, was man bei seinen Mitarbeitern berücksichtigen muss, wenn man ein effizienter Chef sein will.

Und dann sind da natürlich auch noch die verschiedenen Entwicklungsstufen.

Graben Sie um Himmels willen nicht noch mehr Probleme aus, um mir meinen Job zu versauen!

Die Bereitschaft, eine bestimmte Aufgabe zu übernehmen, hängt davon ab, auf welcher der vier Entwicklungsstufen sich die Person befindet. Ihnen ist doch sicherlich auch schon aufgefallen, dass Ihre Mitarbeiter ein Problem manchmal innerhalb von fünf Minuten lösen, während sie in anderen Fällen fünf Stunden für etwas brauchen, das eigentlich gar nicht so kompliziert sein dürfte. Manchmal sitzen sie einfach nur da und starren verständnislos auf den Bildschirm, obwohl sie genau wissen, wie diese Aufgabe zu lösen ist – aber irgendwie scheinen sie trotzdem nicht in der Lage zu sein, sie anzugehen.

Dieses Phänomen habe ich im ersten Teil meines Buches bereits beschrieben.

Erinnern Sie sich noch an die Geschichte von meinem alten Kumpel George, der mit seinem viel zu großen SUV in einen Graben fuhr? Der Grund dafür bestand darin, dass er die Aufgabe falsch eingeschätzt hatte und dass seine Kompetenz nicht so groß war wie sein Engagement. Das führte dazu, dass er in einem Graben stecken blieb. Der einzige Grund, warum er wieder aus diesem Graben herauskam, war ein Landwirt, der zufällig vorbeikam und ihn herauszog. Er bekam also Hilfe.

Und was hat das mit Führung zu tun?

Alles! Ihre Aufgabe besteht nicht darin, Ihren Mitarbeitern die Arbeit abzunehmen, sondern darin, dafür zu sorgen, dass sie wissen, wie sie sie erledigen sollen. *Das* ist Ihre Aufgabe. Ihre Mitarbeiter sind Ihr wichtigstes Kapital.

Nicht Ihr eigener Chef und auch nicht Ihre Kunden.

Sondern Ihre Mitarbeiter.

Jetzt halt mal die Luft an, du Klugscheißer: Die Kunden sind das Allerwichtigste. Ohne sie würden wir nämlich kein Geld verdienen.

Völlig richtig. Für *Ihre Mitarbeiter* sind die Kunden das Allerwichtigste. Denn sie sollen die Kunden bedienen. Aber *Sie als Chef* sollten ihnen die bestmöglichen Voraussetzungen dafür bieten. Wenn Sie das nicht tun, sind Sie ein völlig überflüssiger Chef. Wenn Sie sich nicht um Ihre Mitarbeiter kümmern, werden Sie schlichtweg nicht gebraucht. Wenn Ihre Mitarbeiter gezwungen sind, sich gegenseitig zu helfen, während Sie sich selbst um die Kunden kümmern, sind Sie einfach nur ein überbezahlter Kundendienstmitarbeiter, Verkäufer oder was auch immer. Aber keine Führungspersönlichkeit.

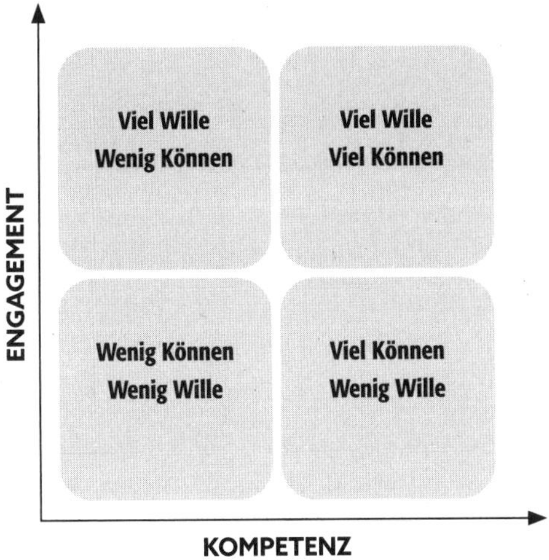

1. Worin besteht die Aufgabe?

Worum haben Sie Ihren Mitarbeiter eigentlich gebeten?

Erinnern Sie sich noch an das Beispiel von Jonas und Kenneth aus Kapitel 20? Weder der Chef noch Kenneth wusste, was Kenneth eigentlich jeden Tag tun sollte. Das führte dazu, dass die ganze Sache scheiterte und alle Beteiligten sich sehr unwohl in ihrer Haut fühlten. So muss es bei Ihnen nicht unbedingt enden. Aber sorgen Sie dafür, dass Sie und Ihre Mitarbeiter sich darüber einig sind, was sie zu tun haben.

Und diese Aufgaben sollten Sie sehr genau formulieren – nicht vage, sondern kristallklar. Dann kann Ihr Mitarbeiter immer noch sagen: *Das reicht jetzt. Ich habe es verstanden.* Doch wenn Sie sich unverständlich ausdrücken und vom Hundertsten ins Tausendste kommen, weiß der Mitarbeiter vielleicht gar nicht, was Sie ihm eigentlich erklären wollen.

Sagen Sie nicht: *Können Sie sich bitte um diesen Vertrag kümmern?*

In Ihrem Kopf mag sich das wie eine glasklare Anweisung anhören. Allerdings besteht die Gefahr, dass Ihr Kopf der einzige Ort ist, an dem sie sich sinnvoll anhört. Und nicht nur das: Es besteht sogar das Risiko, dass nicht einmal Sie selbst wirklich wissen, was Sie eigentlich von Ihrem Mitarbeiter erwarten.

Sich um den Vertrag kümmern? Geht es eigentlich noch vager?

Sagen Sie lieber: *Ich möchte, dass Sie den Kunden anrufen und ihn bitten, den Vertrag gründlich zu lesen. Ich brauche ihn bis heute Nachmittag um 17 Uhr unterschrieben auf meinem Schreibtisch. Okay?*

Das klingt schon wesentlich besser. Damit erklären Sie Ihrem Mitarbeiter genau, was Sie von ihm wollen. Sie zählen alle wichtigen Punkte auf und bitten ihn am Ende mit einem *Okay?* um seine Zustimmung.

Wie Sie sich sicherlich denken können, werden diese beiden Formulierungen zu völlig unterschiedlichen Ergebnissen führen. Und verschiedene Mitarbeiter auf verschiedenen Entwicklungsstufen werden Formulierung Nummer eins völlig unterschiedlich interpretieren. Formulierung Nummer zwei dagegen lässt viel weniger Spielraum für Interpretationen.

Bevor Sie denken: *Eigentlich will ich meinen Mitarbeitern die Freiheit geben, selbst zu denken*, möchte ich Sie darauf hinweisen, dass Sie sich darüber einig sein müssen, *worüber* Ihre Mitarbeiter selbstständig nachdenken sollen. Wenn der Vertrag bis spätestens 17 Uhr unterschrieben sein muss, lässt sich daran wohl kaum etwas ändern, nur weil Ihre Mitarbeiter sich ihre Eigenständigkeit bewahren wollen.

Kurzum: Stellen Sie sicher, dass Sie genau wissen, was getan werden muss.

2. Beurteilen Sie die Kompetenz Ihres Mitarbeiters für die betreffende Aufgabe

Okay. Sie wissen, was zu tun ist, und es fällt Ihnen auch nicht schwer, das richtig zu formulieren. Also nehmen Sie sich vor, die Aufgabe an Ihre Mitarbeiterin Karin zu delegieren. Als Nächstes müssen Sie sich fragen, ob Karin weiß, wie diese Aufgabe zu erledigen ist. Wenn es sich um eine einfache Aufgabe handelt, ist die Antwort wahrscheinlich ebenso einfach. Doch bei einer komplizierteren Aufgabe, die aus verschiedenen Teilen besteht, liegt die Antwort vielleicht nicht so ohne Weiteres auf der Hand.

Ein Anhaltspunkt könnte sein, ob Karin so eine Aufgabe schon einmal gemeistert hat. Wenn die Antwort lautet: *Ja, sie macht das jede Woche*, dann ist alles klar. Oder doch nicht? Selbst wenn sie diese Arbeit regelmäßig erledigt – macht sie das dann auch wirklich auf die bestmögliche Art und Weise? Wenn Sie wüssten, wie viele Menschen sich in ihrem Arbeitsalltag mit Dingen abquälen, von denen sie kaum eine Ahnung haben! Die Frage ist also tatsächlich relevant: *Macht sie es auf die bestmögliche Art und Weise?*

Wenn die Antwort immer noch *Ja* lautet, dann ist es eine einfache Entscheidung, die Aufgabe an sie zu delegieren. Wenn die Antwort jedoch lautet: *Nein, sie hat damit oft Schwierigkeiten*, dann haben *Sie* jetzt eine Aufgabe. Sie müssen nämlich herausfinden, woran es ihr mangelt. Vielleicht weiß Karin einfach nicht, wie man diese Aufgabe richtig ausführt.

Ein Tipp, wie Sie herausfinden können, was Karin über diese spezielle Aufgabe weiß: Fragen Sie sie!

Doch bevor Sie das tun, müssen Sie sich überlegen, was sie darauf antworten wird. Das hängt von verschiedenen Faktoren ab: ihrer Motivation, ihrem Selbstbewusstsein, ihrem DISG-Farbtyp, ja sogar von ihren Triebfedern. Ganz abgesehen von der deprimierenden Tatsache, dass nur sehr wenige Menschen offen zugeben, dass ihre Kompetenz in Bezug auf Dinge, die sie eigentlich schon seit fünf Jahren genau verstanden haben sollten, begrenzt ist. Ich persönlich würde mich jedenfalls eine ganze Weile wie ein Wurm winden, bevor ich bereit wäre zuzugeben, dass ich keinen blassen

Schimmer davon habe, was ich in den letzten Jahren bei meiner Arbeit eigentlich gemacht habe!

Der beste Weg, Karins Fähigkeiten zu beurteilen, besteht also darin, sich anzuschauen, was sie tatsächlich liefert. Sie können ganz einfach die Qualität ihrer Arbeit überprüfen.

Ja, das *können* Sie, denn Sie sind ihr Chef. Tun Sie es auf höfliche, korrekte Art und Weise, aber tun Sie es. Sie können sich nicht davor drücken, indem Sie sich einreden, dass Karin es nicht mögen oder womöglich sogar böse sein würde, wenn Sie ihre Arbeit kontrollieren. Sie sind ihr Vorgesetzter, und diese Art von Kontrollausübung gehört zu Ihren Aufgaben.

Überlegen Sie doch einmal: Wenn Sie nicht wissen, wie gut Karin ihre Arbeit macht, und sie selbst weiß es auch nicht – wer soll es denn dann wissen?

Die Leute reden oft viel zu viel, und manche sind sehr von sich eingenommen. Aber das Einzige, was zählt, ist die Kompetenz, die jemand *bei seiner Arbeit zeigt*. Angenommen, Sie würden Karin fragen, ob sie Rad fahren kann. *Natürlich kann ich das*, antwortet sie. Meiner Meinung nach müssten Sie sie nun bitten, eine Runde um den Hof zu fahren, damit Sie sehen, wie gut sie mit dem Fahrrad umgehen kann. Wenn sie daraufhin antwortet: *Nein, tut mir leid, heute ist mir nicht danach*, dann muss man sich schon fragen, wie gut sie es tatsächlich kann.

3. Versuchen Sie einzuschätzen, wie viel Engagement Ihr Mitarbeiter für diese Aufgabe mitbringt

Das lässt sich manchmal schwer messen. Am einfachsten ist es, das Engagement in zwei Bereiche zu unterteilen: Motivation und Selbstvertrauen.

Motivation

Hat Karin Lust, diese Aufgabe zu übernehmen?

Wirkt Karin begeistert, zeigt sie die nötige Energie, leuchten ihre Augen, wenn Sie sie bitten, sich um Aufgabe Z zu kümmern? Sie muss ja nicht unbedingt Luftsprünge machen; aber es wäre schon ein gutes Zeichen, wenn sie irgendeine Reaktion zeigt, während Sie die Aufgabe an sie delegieren. Wenn sie lächelt und sagt: *Es wird Spaß machen, das in den Griff zu bekommen!*, haben Sie einen Volltreffer gelandet!

Wenn Karin jedoch einen tiefen Seufzer ausstößt und Sie als Nächstes einen weltuntergangsähnlichen Kommentar darüber zu hören bekommen, dass sie *sowieso an ihrem Schreibtisch sterben wird, weil sie ständig mit so viel Arbeit überhäuft wird* – nun, dann sollten Sie sich einen Stuhl holen und sich ein bisschen mit ihr zusammensetzen.

Ich weiß, dass die Signale selten so eindeutig sind; aber Sie müssen darauf achten. Überlegen Sie, wie die verschiedenen Farbtypen sich dabei ausdrücken würden.

Wichtig: Verwechseln Sie eine allgemeine positive Einstellung nicht mit der Motivation für diese spezielle Aufgabe. Gelbe Mitarbeiter klingen zum Beispiel oft so, als hätten sie zu fast allem eine positive Einstellung, auch wenn sie eigentlich gar nicht motiviert sind. Optimistisch zu sein ist nicht dasselbe, wie die Idee gut zu finden, an einem Samstag die Abstellkammer im Keller auszumisten!

Selbstvertrauen

Diese Frage ist schon ein bisschen schwieriger. Hat Karin Vertrauen zu ihren eigenen Fähigkeiten? Auf zwei der verschiedenen Entwicklungsstufen (nähere Ausführungen dazu siehe Kapitel 16) – der ersten und der vierten – ist das Selbstvertrauen sehr groß. In der ersten Phase liegt das daran, dass die betreffende Person keinen richtigen Einblick in die Aufgabe hat. Sie hat ein gutes Gefühl dabei, weil sie nicht weiß, was auf sie zukommen wird. In Teil 1 dieses Buches habe ich diese Stufe als *unbewusst inkompetent* bezeichnet.

In der vierten Phase dagegen beruht ihr Selbstvertrauen auf dem Wissen, dass sie die Aufgabe wirklich bewältigen kann, egal, wie kompliziert sie ist. Sie hat solche Aufgaben schon mehrmals erfolgreich gemeistert, deshalb vertraut sie inzwischen auf ihre eigenen Fähigkeiten. Sie ist *bewusst kompetent.*

In Phase zwei dagegen ist Karin *bewusst inkompetent,* und das hat ihr Selbstvertrauen beeinträchtigt. Sie ist inzwischen in den Graben gefahren – wenn Sie diese Metapher noch einmal ertragen können –, und ihr ist nun schmerzlich bewusst geworden, dass sie diese Aufgabe nicht bewältigen kann. Ihr Vertrauen in die eigenen Fähigkeiten ist sehr gering. Vielleicht ist es auch gar nicht vorhanden. Sie hat aufgegeben.

Die Stufen eins, zwei und vier sind eigentlich recht einfach zu erkennen. Mit ein paar Kontrollfragen können Sie schnell herausfinden, auf welcher Entwicklungsstufe Karin sich befindet.

Aber bei der dritten Stufe ist das schon schwieriger. Auf dieser Entwicklungsstufe ist Karin *unbewusst kompetent,* das heißt: Sie beherrscht die Aufgabe eigentlich ganz gut, hat das aber noch nicht erkannt. Deshalb zögert sie, obwohl Sie – ihr Chef – vielleicht der Meinung sind, sie solle endlich ihre Laufschuhe anziehen und in die Startlöcher gehen. Aber Karin selbst hat das noch nicht begriffen. Sie hat noch kein Erfolgserlebnis gehabt, das sie innerlich aufbauen könnte; deshalb fühlt sie sich unsicher.

Und was schließen wir daraus?

Sie müssen auf Karins Selbstvertrauen achten. Hier geht es nicht um Kompetenz. Und es geht auch nicht darum, ob sie die nötige Energie hat, um diese Aufgabe auszuführen, oder ob sie es will. Sie müssen vielmehr darauf achten, ob sie selbst *daran glaubt,* es zu können.

Dazu brauchen Sie nur einen Blick auf sich selbst zu werfen. Oder auf mich. Es gibt viele Dinge, die ich zwar gerne tun, aber trotzdem niemals ernsthaft versuchen würde. Das Gleiche gilt auch für Karin.

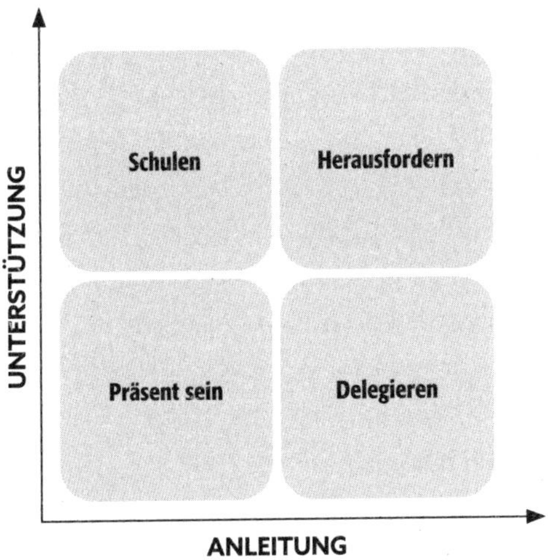

Die Herausforderung auf der dritten Entwicklungsstufe besteht darin, dass sie sehr variabel sein kann. Oft hängt das Selbstvertrauen des Mitarbeiters auf dieser Entwicklungsstufe von der Tagesverfassung ab. An guten Tagen kann es relativ hoch sein; an anderen Tagen ist es vielleicht total im Keller. Karin befindet sich erst dann auf Stufe vier, wenn bei ihr alle drei Faktoren stabil sind: Kompetenz, Motivation und Selbstvertrauen.

Aber das ist doch ein völlig normaler Prozess … Wozu werde ich da überhaupt gebraucht?

Manchmal begegne ich Chefs, die alle möglichen Kommentare zu diesem Thema abgeben. Einige weisen mich darauf hin, dass ihre Mitarbeiter sich doch eigentlich selbst managen müssten, weil ihr

Chef ja so viel zu tun hat. Doch damit verfehlen sie das Thema, auf das es ankommt; oder sie haben sich bewusst entschieden, es zu ignorieren.

Jede Stufe geht mit anderen Herausforderungen einher. Jedes Mal, wenn Sie eine Aufgabe delegieren, sollten Sie Folgendes tun:

1. Beschreiben Sie die Aufgabe klar und deutlich.
2. Beurteilen Sie die Entwicklungsstufe Ihres Mitarbeiters.
3. Überlegen Sie, welchen Führungsbedarf er hat.
4. Geben Sie ihm das, was er braucht.

Eigentlich ganz einfach, oder?

Ein weiser Mensch hat einmal gesagt: *In der Theorie gibt es keinen Unterschied zwischen Theorie und Praxis. Aber in der Praxis gibt es einen.*

Nachfolgend finden Sie eine Checkliste mit allen Punkten, die Sie dabei beachten müssen:

Entwicklungsstufen	Wie sie sich verhalten	Was sie brauchen	Was Sie ihnen geben sollten
1. Stufe	Kann alles selber; optimistisch; eifrig; bereit, alles zu versuchen; neugierig; unwissend; will alles wissen; stellt Fragen; macht viele Fehler; schlechte Ergebnisse	Lob für Enthusiasmus; klare Ziele; Anweisungen zum Was, Wann und Wie; klare Aktionspläne; viele Fakten; Zeitrahmen; engmaschige Nachverfolgung; häufiges Feedback; Begrenzung der Zuständigkeiten	Ihren Enthusiasmus loben; Ziele setzen; über gewünschte Ergebnisse sprechen; klare Anweisungen zum Wann, Was, Wie und Mit-Wem geben; bereits getroffene Vorentscheidungen; entscheiden, was, wann und zusammen mit wem

2. Stufe	Sind gestresst und innerlich angespannt, unmotiviert, frustriert, enttäuscht; hören nicht zu; stellen alles infrage; beschweren sich oft; langsames Arbeitstempo; keine Ergebnisse	Lob dafür, dass sie es versuchen; klare Ziele; Erklärung, warum; Überblick über die größeren Zusammenhänge; Erlaubnis, Fehler zu machen; jemand, der an sie glaubt; jemand, der ihnen zuhört; engmaschige Nachverfolgung; häufiges Feedback; immer wieder aufmunternde Worte	Loben Sie sie dafür, dass sie es versuchen; lassen Sie sie über ihre Probleme sprechen; erklären Sie ihnen, warum; liefern Sie ihnen einen Überblick über die größeren Zusammenhänge; beteiligen Sie sie an der Problemlösung; treffen Sie die endgültige Entscheidung, nachdem Sie ihnen zugehört haben; ermutigen Sie sie ständig – geben Sie Feedback
3. Stufe	Selbstkritisch, vorsichtig, zögernd; fragen selbst dann nach, wenn sie die Antwort bereits wissen; haben zwar die nötige Kompetenz, trauen sich aber nicht zu handeln; unsicher; schwankende Stimmung; Berg- und Talfahrt; variable Ergebnisse; machen Fortschritte	Lob für Kompetenz; Möglichkeit, über ihre Sorgen zu sprechen; Unterstützung und Ermutigung dabei, ihre Probleme selbst zu lösen; Zugang zu einem Mentor; Hilfe bei der Beseitigung von Hindernissen; eigene Erfolge; mehr Freiraum; Schulterklopfen	Ihre Kompetenz loben; Hindernisse aus dem Weg räumen; sie auffordern, die Initiative für einen Aktionsplan und eine Problemlösung zu ergreifen; als Resonanzboden dienen und Diskussionen anregen; gemeinsam mit dem Mitarbeiter die Verantwortung für die Feststellung von Problemen und die Festlegung von Zielen übernehmen; den Mitarbeiter auf frühere Erfolge und auf sein Wissen hinweisen, um sein Selbstvertrauen zu stärken

4. Stufe	Eigenständig; voller Selbstvertrauen; hochkompetent; inspirieren andere; selbstdiszipliniert; schnelles Arbeitstempo; gute Ergebnisse; Ideen	Lob für Ergebnisse; wollen wahrgenommen werden; Unabhängigkeit; Eigenverantwortung; brauchen eine Führungskraft, die sich nicht so sehr wie ein Vorgesetzter verhält, sondern eher als Resonanzboden fungiert; Abwechslung, Herausforderungen; das Gefühl, zu wachsen und sich weiterzuentwickeln	Loben Sie das Ergebnis; definieren Sie gemeinsam mit dem Mitarbeiter die Probleme und das gewünschte Resultat; lassen Sie ihn als Mentor für andere Mitarbeiter in der Organisation fungieren; drängen Sie ihn dazu, es noch besser zu machen; lassen Sie ihn die Führung übernehmen

Wie üblich können Sie natürlich tun, was Sie wollen. Aber es dürfte Ihnen nicht schwerfallen, diese vier Schritte auf Ihre spezielle Situation anzuwenden.

Sich in der Analyse seiner Mitarbeiter zu verbessern, ist gar nicht so schwierig. Das können Sie zum Beispiel erreichen, indem Sie sich selbst analysieren. Wenn Sie das schaffen, ohne die Wahrheit zu beschönigen, dann sind Sie wahrscheinlich auch in der Lage, die Bedürfnisse Ihres Mitarbeiters zu erkennen und zu erfüllen.

Ich führe diese Selbstanalyse immer dann durch, wenn ich irgendeine Aufgabe übernehme – natürlich nur bei wichtigeren Vorhaben, nicht bei meiner alltäglichen Arbeit –, und in diesen Situationen habe ich meistens das Gefühl, mich auf der vierten Stufe zu befinden. Aber ich will ganz ehrlich sein und mir nicht zu viel einbilden.

Mein Gefühl, mich bei allen bevorstehenden Aufgaben auf Stufe vier zu befinden, könnte auf drei verschiedene Ursachen zurückzuführen sein:

1. Ich bin nicht nur gut in meiner Arbeit, sondern kann mich auch gut selbst betrügen.
2. Meine Selbstwahrnehmung ist unter aller Kritik.
3. Es ist schon lange her, dass ich etwas Neues ausprobiert habe.

Ein Beispiel: Thomas (Dozent)

Ich halte eine Menge Vorträge. Furchtbar viele. Wenn Sie dieses Buch in der Hand halten, bin ich wahrscheinlich gerade auf dem Weg zu einem Vortrag, halte einen Vortrag oder bin auf dem Heimweg von einer Vortragsveranstaltung. Ich halte meine Vorträge vor unterschiedlichem Publikum; aber fangen wir einmal ganz vorne an und befolgen das Prinzip von Hersey und Blanchard.

Schritt 1: Definieren Sie die Aufgabe

Vor einem mir unbekannten Publikum einen Vortrag über effektive Kommunikation zu halten.

Schritt 2: Bewerten Sie Ihre eigene Kompetenz für diese Aufgabe

Nachdem ich mich über 20 Jahre lang mit diesem Thema beschäftigt habe, glaube ich, sehr gut darin zu sein. Ich weiß, wie man die Informationen präsentiert, kann PowerPoint-Präsentationen erstellen und bin ein guter Unterhalter. Meine Kompetenz ist also *hoch*.

Schritt 3: Bewerten Sie Ihr eigenes Engagement für diese Aufgabe

Da ich gerne ein bisschen Theater spiele, stehe ich auch gern auf einer Bühne und spreche mit Menschen, die wirklich hören wollen, was ich zu sagen habe. Meine Motivation ist also sehr groß. Da ich schon mindestens mehrere Tausend Mal über das Thema Kommunikation auf der Basis des DISG-Tools gesprochen habe, ist mein Selbstvertrauen in dieser Hinsicht ebenfalls sehr groß. Man kann mein Engagement also als *hoch* bezeichnen.

Und wie lautet nun die Analyse?

Dass ich mich auf Stufe vier befinde, wenn ich einen Vortrag über effektive Kommunikation halte. Mein Coach muss nur dafür sorgen, dass ich immer wieder neue Anregungen und Herausforderungen bekomme. Und mir den nötigen Bewegungsspielraum geben.

Okay, ich bin ein kompetenter, erfahrener Referent. Ich kann auf einer Bühne über alles Mögliche sprechen. Buchen Sie mich am besten für alle Ihre Veranstaltungen!

Aber halt … Stimmt das wirklich?

Stellen Sie sich einmal Folgendes vor: Wenn der Organisator des Events zwei Minuten vor Beginn meines Vortrags auf die Bühne kommt und mir ins Ohr flüstert, ich solle mir keine zu großen Gedanken über das mürrische Publikum machen – *sie gehen wirklich ungern zu Vorträgen und halten diesen ganzen Kommunikationskram für Blödsinn* –, würde sich das zweifellos negativ auf mein Selbstvertrauen auswirken.

Ich möchte den Vortrag dann zwar trotzdem immer noch halten und kenne mich auch gut mit dem Thema aus – aber was ist, wenn meine Zuhörer das, was ich ihnen zu sagen habe, nicht gut finden und anfangen, mich auszubuhen? So etwas habe ich auch schon erlebt und es macht überhaupt keinen Spaß. Bei diesem speziellen Vortrag befinde ich mich also auf der dritten Stufe: hohe Kompetenz, aber zweifelhaftes Engagement. Die Situation hat sich verändert. Trotzdem weiß ich immer noch genau, was ich zu tun habe.

Aber was ist, wenn mich jemand bittet, einen Vortrag über ein Thema zu halten, mit dem ich mich nicht auskenne? Vielleicht soll ich über Kinder mit psychiatrischen Erkrankungen spreche? Dann befinde ich mich auf Stufe zwei: Ich bin nicht in der Lage, über psychiatrische Erkrankungen zu sprechen (weil ich nichts davon verstehe), und ich will das auch nicht.

Geringes Engagement aufgrund von geringer Motivation und geringem Selbstvertrauen – schließlich weiß ich, dass es in diesem Land 10 000 Menschen gibt, die sich mit diesem Thema besser auskennen als ich. Und mit meiner *geringen Kompetenz* würde ich nicht mal die ersten 15 Minuten meines Vortrags überstehen. Die Fassade des erfahrenen Referenten ist in sich zusammengebrochen. Denn dabei geht es nicht nur um mich, sondern um mich in Bezug auf eine bestimmte Aufgabe.

Es kommt immer auf die Situation an!

Das macht den Führungsalltag schon ein bisschen schwieriger, als Sie vielleicht gedacht haben. In meinem Fall ist es zum Beispiel so, dass ich nicht grundsätzlich ein guter Referent bin, wohl aber bei bestimmten Themen, in denen ich mich auskenne und über die ich sprechen möchte. Aber man kann nicht behaupten, dass ich *immer* ein guter Referent bin. Das hängt ganz einfach von der Situation ab.

Man sollte verschiedene Menschen unterschiedlich behandeln. Erinnern Sie sich an alles, was ich über DISG-Farbprofile und Triebfedern geschrieben habe!

Aber nicht nur das: Man sollte sogar *ein und dieselbe* Person *unterschiedlich* behandeln. Denn auch wenn die Farbprofile und Triebfedern der Menschen konstant bleiben, verändert sich ihre Entwicklungsstufe doch ständig.

Was sollten wir aus all dem schließen?

Dass es nicht nur einen einzigen, genau festgelegten Weg gibt, Menschen zu führen. Führung hängt von vielen verschiedenen Faktoren ab. Wer steif und fest behauptet, dass man als Vorgesetzter unbedingt dies oder jenes tun muss, liegt genau aus diesem Grund oft falsch.

Das ist es, was Hersey und Blanchard in ihren Untersuchungen herausgefunden haben. Und ich denke, wir können getrost davon ausgehen, dass dieses Modell auf die meisten von uns zutrifft. Nun müssen Sie sich nur noch angewöhnen, Ihre Mitarbeiter im Licht dieser vier Entwicklungsstufen zu betrachten. Mit Ihren neu gewonnenen Erkenntnissen werden Sie mit Ihrem Team jetzt bestimmt wahre Wunder bewirken!

Kapitel 30

Und nun das Allerschwierigste: Feedback

Feedback zu geben, ist grundsätzlich ein heikles Thema. Es ist selten einfach, und viele Chefs machen einen großen Bogen darum, weil sie nicht wissen, wie sie damit umgehen sollen. Aber das ist natürlich nicht die richtige Lösung. Die richtige Lösung besteht darin herauszufinden, wie es funktioniert, und das Gelernte dann in der Praxis anzuwenden.

Elizabeth Kuylenstierna schreibt in ihrem ausgezeichneten Buch *Framgång med feedback* [Erfolg mit Feedback], dass wir ungefähr 90 Prozent (oder noch mehr) des gesamten Feedbacks in unserem Leben während der ersten sechs Jahre erhalten. Und es ist auch gut, dass Eltern ihren Kindern Feedback geben. Aber was ist später? Sollen die restlichen zehn Prozent auf die letzten 80 Lebensjahre verteilt werden?

Seien wir ehrlich: Wenn es darum geht, uns gegenseitig Rückmeldung zu geben, sind wir alle hoffnungslose Fälle. Und nicht nur das: Wir sind auch hoffnungslos unbegabt darin, Feedback entgegenzunehmen. Richtiges Feedback, das wirklich beim Empfänger ankommt und Veränderungen bewirkt, erfordert eine ganz besondere Art der Kommunikation. Man kann sich dabei nicht vage ausdrücken und man muss genau wissen, was man seinem Gesprächspartner vermitteln möchte.

Die beiden Herausforderungen beim Feedback

Um ein Problem lösen zu können, muss man sich zunächst einmal darüber im Klaren sein, worin das Problem besteht. Daher habe ich das Thema des effektiven Feedbacks in zwei wichtige Herausforderungen unterteilt:

1. Niemand will Feedback geben.
2. Niemand will Feedback entgegennehmen.

Viel zu wenige Menschen sind wirklich daran interessiert, gutes Feedback zu geben, und kaum jemand will so etwas hören. Wenn es uns gelingt, nur diese beiden kleinen Probleme zu lösen, werden Sie wahrscheinlich sehr gut mit Ihrer Rolle als Führungskraft zurechtkommen.

Gutes Feedback hat auch etwas mit Kommunikation zu tun. Und wie immer besteht das Problem bei der Kommunikation darin, dass Sie denken, sie habe bereits stattgefunden. Manchmal reicht ein kleines Nicken und ein anerkennendes Grunzen von Ihnen als Chef tatsächlich aus, um zu zeigen, dass Sie von der Leistung Ihres Mitarbeiters angetan sind. Aber oft müssen Sie sich schon ein bisschen mehr Mühe geben.

Da es sowohl positives als auch negatives Feedback gibt, kann eine hochgezogene Augenbraue im falschen Augenblick als sehr negativ interpretiert werden. Es kommt darauf an, wer die Augenbraue hochgezogen hat, aber auch darauf, wer das gesehen hat.

Ein paar Dinge, die Sie als Chef beachten sollten

Rote Chefs geben am liebsten gar kein Feedback, weil sie nicht verstehen, was diese Süßholzraspelei soll. *Schließlich werden die Leute* *dafür bezahlt, ihre Arbeit zu machen. Also kommen Sie nur ja nicht zu mir, um gelobt zu werden!* Und wenn sie tatsächlich einmal Feedback geben, ist es oft negativ. *Irgendetwas ist hier gründlich schiefgelaufen, und jetzt müssen wir herausfinden, wer daran schuld ist.*

Gelbe Chefs geben oft kein sinnvolles Feedback, weil sie sehr egozentrisch sind: Sie vergessen häufig, dass auch andere Menschen ab und zu ein Lob hören wollen. Und wenn sie tatsächlich einmal Feedback geben, ist es zwar positiv, aber so langatmig und überzogen, dass der Empfänger es als peinlich empfindet. Negatives Feedback vermeiden sie nach Möglichkeit völlig, denn es ist schwer, so etwas auszusprechen, und wer weiß – vielleicht löst sich das Problem ja auch von selbst.

Grüne Chefs wollen ebenfalls kein negatives Feedback geben, weil das zu Konflikten führen könnte. Vielleicht wird der Mitarbeiter dann böse oder regt sich womöglich sogar furchtbar auf, was natürlich genauso schlimm wäre. Positives Feedback dagegen kann der grüne Vorgesetzte seinen Mitarbeitern von Angesicht zu Angesicht geben; das ist relativ risikolos.

Blaue Chefs verstehen es ganz hervorragend, negatives Feedback zu geben. Sie notieren sich alle Fehler, und in ihrem Streben nach himmlischer Perfektion weisen sie ihre Mitarbeiter gewissenhaft auf jeden einzelnen Fehler hin. In positivem Feedback sind sie dagegen nicht so gut. Bei ihnen gilt: *No news is good news.*

Das Problem ist, dass viele Chefs bei ihrer Feedbackstrategie von ihrer eigenen Einstellung ausgehen. Manche Vorgesetzte behaupten allen Ernstes, selbst kein Lob zu brauchen: Sie wissen sowieso schon, was sie gut können, und benötigen daher keine Anerkennung.

Um es an dieser Stelle ganz klar zu sagen: *Das ist totaler Unsinn* – unreifes Machogehabe und alles andere als glaubwürdig. Jeder Mensch wird gerne gelobt, aber es muss die richtige Art Lob zur richtigen Zeit sein; und außerdem müssen sich die anerkennenden

Worte auf etwas beziehen, das dem Empfänger wirklich am Herzen liegt.

Wenn wir von den vier Entwicklungsstufen ausgehen, können Sie genau erkennen, auf welche Bereiche Sie Ihr Lob und Ihr Feedback richten sollten. Im Folgenden will ich Ihnen eine Art Schlüssel in die Hand geben, wie Sie dabei vorgehen können. Aber vergessen Sie nicht: Diese Empfehlungen beziehen sich nur auf das *Was*. *Wie* Sie Ihr Feedback geben sollen, hängt vom DISG-Farbprofil des jeweiligen Mitarbeiters ab. Alles klar?

Erste Stufe: Viel Wille, wenig Können

Was loben wir hier? Auf dieser Stufe brauchen Mitarbeiter Anerkennung für ihren Enthusiasmus. Sie wollen hören, dass sie wirklich mit bewundernswertem Schwung an die Sache herangehen und wie schön es ist, dass sie sich immer hundertprozentige Mühe geben. Das ist etwas ganz anderes, als zu hören, dass man seine Arbeit fantastisch macht.

Sie sollten einem glücklichen Anfänger *nicht* sagen, dass er seine Arbeit gut macht, weil es nicht stimmt. Durch welche Eigenschaften zeichnet sich Stufe eins aus? Großes Engagement und *geringe* Kompetenz. Es ist ganz einfach falsch zu sagen, dass jemand mit geringer Kompetenz seine Arbeit gut macht. Das wäre eine Lüge, und Lügen sollte man vermeiden.

Außerdem müssen Sie Ihrem Mitarbeiter in dieser Phase nicht *noch mehr* Energie einflößen. Was Sie als Chef jetzt tun sollten, ist, seine Energie in die richtige Richtung zu lenken. Das tun Sie am besten, indem Sie ihm Anweisungen geben, und nicht, indem Sie sein Ego noch weiter aufblähen.

Es freut mich, dass Sie mit so großem Eifer bei der Sache sind. Also, Folgendes sollten Sie jetzt tun …

Zweite Stufe: Wenig Wille, wenig Können

Wie lobt man jemanden, der in einem Minenfeld aus lauter Problemen gestrandet ist? Auf dieser Stufe braucht Ihr Mitarbeiter Anerkennung dafür, dass er es wenigstens *versucht*. Es ist ja schon eine Herausforderung, überhaupt noch zu arbeiten, wenn sowieso immer alles schiefgeht. Diesen Mitarbeiter muss man dafür loben, dass er nicht aufgegeben hat. Denn er hat eine geringe Kompetenz *und* kaum Engagement. Das wenige, was er anpackt, geht schief.

Aufmunternde oder anfeuernde Worte wie *Sie schaffen das schon!* klingen in so einer Situation herablassend und schaden mehr, als sie nützen. Über diesem armen Kerl stürzt gerade das Dach ein. Also vermitteln Sie ihm das Gefühl, dass Sie seine Schwierigkeiten nachvollziehen können, und geben Sie ihm positives Feedback, damit er *nicht aufgibt*. Manchmal müssen Sie das vielleicht mehrere Monate lang jeden Tag tun.

Ich weiß, es ist hart, aber ich werde Ihnen dabei helfen.

Dritte Stufe: Wenig Wille, viel Können

Das sind die Leute, denen man sagen muss, dass sie es schaffen können. Sie brauchen Lob für ihre Kompetenz. Denn sie verfügen zwar über ziemlich viel Kompetenz, haben aber oft zu wenig Selbstvertrauen. Jetzt ist der richtige Zeitpunkt, um zu sagen: *Sie schaffen das schon! Ich glaube an Sie!*

Denn Ihr Mitarbeiter glaubt nicht an sich selbst. Er hat keine *Erfolgsbilanz*, auf die er zurückblicken kann. Er hat sich bisher noch nicht als erfolgreich erlebt. Deshalb braucht er diese aufmunternden Worte.

Ich weiß, dass Sie sich unsicher fühlen, aber Sie haben das Zeug dazu. Sie haben das doch auch vorher schon geschafft.

Vierte Stufe: Viel Wille, viel Können

Man kann leicht den Eindruck gewinnen, dass diese völlig eigenständig arbeitenden Mitarbeiter doch eigentlich gar nichts mehr von Ihnen brauchen. Aber das stimmt nicht. Es wäre völlig falsch, sie für ihren Enthusiasmus zu loben. Ihnen Anerkennung zu zollen, weil sie fleißig sind, wäre fast schon eine Beleidigung. Und ihnen zu sagen, dass sie ungeheuer clever sind, ist auch nicht besonders sinnvoll – denn das wissen sie schon.

Sie verfügen über hohe Kompetenz und großes Engagement. Wofür man ihnen Anerkennung zollen sollte, das sind die Ergebnisse, die sie erzielen. Wenn Sie einem Mitarbeiter, der lange Zeit hervorragende Arbeit geleistet hat, sagen, dass er ein cleverer Bursche ist, wird er Sie nur komisch ansehen. Dieses Kompliment ist fast schon lächerlich. Er wird dann höchstens denken: *Aber das weiß ich doch.*

Also stellen Sie die erzielten Ergebnisse in den Vordergrund.

Ich bin wirklich zufrieden mit dem, was Sie zum Erfolg unserer Abteilung/unseres Unternehmens beitragen.

Der unehrliche Filialleiter

Unterschiedliche Entwicklungsstufen erfordern also unterschiedliche Schwerpunkte beim Lob. Viele Chefs sind mit ihrem Lob nicht besonders erfolgreich, und manchmal denke ich, das liegt daran, dass sie das falsche Lob zum falschen Zeitpunkt aussprechen. Es gibt aber auch Chefs, die die Leistungen ihrer Mitarbeiter als selbstverständlich hinnehmen. Oder sie sind so sehr in ihre Arbeit vertieft, dass sie gar nicht auf die Idee kommen, jemanden zu loben. Für positives Feedback an Ihre Mitarbeiter brauchen Sie einen Plan. Aber achten Sie darauf, dass das ein guter Plan ist – einer, der auch wirklich funktioniert.

Vor vielen Jahren habe ich (wie schon mehrfach erwähnt) in einer Bank gearbeitet. Das war zu der Zeit, als wir noch Filialen hatten. Wir arbeiteten vorne im Kundendienstbereich, und Ulf, der Filialleiter, warf uns von seinem Büro am Ende des Korridors aus oft beobachtende Blicke zu. Manchmal kam er auch zu uns hinüber und erklärte uns, dass er mit unserer Arbeit in dieser Woche zufrieden sei. Und dieses Lob ist uns natürlich jedes Mal runtergegangen wie Öl.

Dieses Szenario wiederholte sich immer wieder: Der Chef kam heraus und lobte uns – wir hätten alle gute Arbeit geleistet. Wunderbar. Aber nach einer Weile begann einer aus unserem Team sich zu fragen, *womit* genau dieser Chef denn so zufrieden war. Und als er das nächste Mal zu uns in den Servicebereich kam, fragte ihn jemand: *Es ist schön, dass du so zufrieden mit uns bist, Ulf; aber gibt es irgendetwas besonders Positives, das du hervorheben möchtest, damit wir uns in Zukunft noch stärker darauf konzentrieren können?*

Daraufhin sagte Ulf, er finde, dass wir einfach *ein starkes Team* seien. *Weiter so!* Mit diesen Worten verließ er uns wieder.

Dabei hatte er keine Ahnung, was wir in dieser Woche eigentlich geleistet hatten. Außerdem hatten wir begonnen, ein gewisses Muster in seinem positiven Feedback zu erkennen. Jemandem war aufgefallen, dass er jede Woche ungefähr zur gleichen Zeit zu uns kam: freitags nach 15 Uhr.

Eines Nachmittags, als Ulf nicht da war, schlichen wir uns in sein Büro und warfen einen Blick in seinen Terminkalender. Damals war das noch eine analoge Einrichtung; und was wir vorfanden, als wir in diesem Kalender ein paar Wochen zurückblätterten, hat uns auf grausame Weise die Augen geöffnet.

Dort stand nämlich für jeden Freitag um 15 Uhr: *das Personal loben.*

Was für eine deprimierende Erkenntnis! Er musste sich das also aufschreiben, weil er sonst gar nicht daran gedacht hätte, unsere Leistung zu würdigen. Als Ulf das nächste Mal vorbeikam, um uns kurz vor dem Wochenende seine üblichen anspornenden Worte zuzurufen, machte keiner von uns sich auch nur die Mühe, von der Arbeit aufzublicken und ihm zu danken. Wir hatten das Vertrauen zu ihm und seinen positiven Absichten völlig verloren.

Machen Sie es nicht so wie Ulf. Finden Sie heraus, was Ihre Mitarbeiter gut können, damit Sie ihnen auch wirklich ein sinnvolles Lob aussprechen können.

Aber was ist mit schlechten Nachrichten?

Ich weiß gar nicht mehr, wie oft ich das folgende Gespräch mit dem einen oder anderen Chef, den ich in puncto Führung gecoacht habe, so oder so ähnlich schon geführt habe. Vermutlich haben wir darüber gesprochen, wie dieser Vorgesetzte Nachfassaktionen bei seinen Mitarbeitern durchführt, und wir sind sicherlich auch auf das Thema Feedback eingegangen. Oft laufen solche Gespräche ungefähr folgendermaßen ab:

> **Ich:** *Ich hatte heute früh eine kurze Besprechung mit Martin. Er hat sich benommen wie immer. Wollten Sie ihn denn nicht letzte Woche auf dieses schlechte Verhalten ansprechen?*
> **Der Chef:** *Ja, wollte ich, aber Sie wissen ja, wie das ist …*
> **Ich:** *Keine Ahnung. Wie ist das?*
> **Der Chef:** *Ich warte immer noch auf den richtigen Augenblick.*
> **Ich:** *Den richtigen Augenblick? Wann ist denn der?*
> **Der Chef:** (oft mit ausdrucksstarker Körpersprache) *Das ist ja gerade das Problem!*

Spätestens jetzt erwartet er von mir, dass ich ihm darin zustimme, wie schwierig es doch ist, den richtigen Moment zu finden, um dem armen Martin mitzuteilen, dass wegen seines Verhaltens die Hälfte der Mitarbeiter gekündigt hat.

Aber das kaufe ich ihm nicht ab. Es gibt *nie* einen *richtigen* Zeitpunkt für negatives Feedback.

Denken Sie doch einmal darüber nach, wie es Ihnen selbst in so einer Situation gehen würde. Jemand aus Ihrem allernächsten Umfeld – das könnte Ihr Chef, aber auch Ihr Mann oder Ihre Frau sein – hat eine nicht besonders schmeichelhafte Meinung von Ihrem Verhalten. Können Sie mir sagen, wann für Sie ein guter Zeitpunkt wäre, um dieses negative Feedback entgegenzunehmen?

Nach dem Essen? Oder kurz davor? Am Morgen, sodass der ganze Tag ruiniert ist? Oder vielleicht am Abend, sodass Sie Ihren Nachtschlaf vergessen können? Am Anfang oder am Ende der Woche? Sollte dabei die Sonne scheinen oder ist es für Sie auch in Ordnung, ein paar unangenehme Wahrheiten zu hören, während es draußen regnet?

Und denken Sie auch daran, wie es wäre, wenn Sie an diesem Tag bereits negative Kritik von jemand anderem erhalten hätten. Wollen Sie gleich noch mehr davon oder sollten sich die schlechten Nachrichten lieber ein bisschen gleichmäßiger über die Woche verteilen? Vielleicht bei einer Tasse frisch gebrühtem Kaffee, an einem warmen Nachmittag, wenn Sie gerade einen neuen Verkaufsrekord aufgestellt haben – ist das ein guter Augenblick, um zu hören, was für ein Vollidiot Sie sind?

Egal, wie man es dreht und wendet – es gibt einfach keinen idealen Zeitpunkt dafür.

Also akzeptieren Sie das und beraumen Sie einfach einen Termin für dieses unangenehme Gespräch an. Wenn Sie sich nicht dazu durchringen können, liegt das wahrscheinlich daran, dass Sie sich unsicher fühlen oder nicht wissen, wie Ihre Kritik ankommen wird; vielleicht möchten Sie die betreffende Person nicht verletzen;

oder es könnte auch sein, dass Sie gar nicht wissen, was Sie ihr sagen wollen.

Sie haben ein Herz. Dafür respektiere ich Sie.

Speck im Bart

Stellen Sie sich einmal Folgendes vor: Sie sitzen in einer morgendlichen Besprechung, und einem der Teilnehmer hängt noch etwas von seinem Frühstück im Bart. Sie können nicht genau erkennen, was es ist, aber es sieht ausgesprochen unappetitlich aus. Was tun Sie?

Antwort: *nichts.*

Schließlich wollen Sie ihn nicht vor allen anderen Leuten in Verlegenheit bringen. Natürlich sehen alle diesen Essensrest, aber sie denken genau das Gleiche wie Sie. Sie leiden während der ganzen Besprechung Höllenqualen, und jedes Mal, wenn dieser Mann den Mund öffnet, versuchen Sie ihn anzuschauen, ohne daran zu denken, dass er Speck im Gesicht hat. Aber Sie schaffen es einfach nicht.

Um 16 Uhr treffen Sie denselben Mann auf dem Flur. Er hat immer noch diese Speckkrümel im Bart. Inzwischen sieht das sogar noch ekliger aus als heute früh, und Sie fragen sich: *Ist der etwa den ganzen Tag so rumgelaufen? Warum hat ihm denn keiner etwas gesagt?*

Und was tun Sie jetzt?

Antwort: *nichts.* Sie wollen ihn immer noch nicht in Verlegenheit bringen. Und außerdem: Wenn Sie es ihm *jetzt* sagen, wird er merken, dass der Speck von seinem Frühstück stammt; und dann wird er wissen, dass Sie ihn schon bei der morgendlichen Besprechung gesehen haben müssen. Sie sitzen also in der Falle Ihres eigenen Verhaltens.

Tauschen Sie den Mann gegen eine Frau und den Speck gegen ein Blatt in ihrem Haar aus. Sie wissen schon, worum es geht.

Was wäre Ihnen persönlich lieber? Den ganzen Tag mit Essen im Gesicht herumzulaufen oder dass irgendjemand Sie diskret darauf hinweist: *Ich glaube, Sie haben da was …*?

Feedback ist nicht gefährlich

Jeder, der Fehler macht, muss das zu hören bekommen; das heißt, er muss negatives Feedback akzeptieren. Kein Mensch ist fehlerfrei. Vielleicht muss nicht jeder kleine Ausrutscher eines Mitarbeiters unbedingt kommentiert werden; aber wenn man eine klare Meinung zu etwas hat, sollte man die betreffende Person auch darauf ansprechen.

Wenn Menschen bei der Arbeit Fehler machen, ist das nicht das Ende der Welt. Es zeigt einfach nur, dass sie noch etwas lernen müssen. Und wenn es sich dabei um Defizite in der Kompetenz handelt, dann haben Sie einen klaren Auftrag: Sorgen Sie dafür, dass dieser Mitarbeiter besser lernt, wie die Arbeit ausgeführt werden sollte. Das ist eine ganz einfache Lösung.

Unpassendes Verhalten zu korrigieren, das mit fehlendem Engagement zusammenhängt, oder Probleme zu bemängeln, die sich aus gewissen persönlichen Eigenschaften eines Mitarbeiters ergeben, ist schon schwieriger. Je länger jemand ein und dieselbe Position bekleidet, umso seltener wird das Problem mit seiner Kompetenz zusammenhängen. Das Gleiche gilt auch für Chefs: Je höher sie aufsteigen, umso seltener haben sie Kompetenzprobleme. Meist geht es um ihr Verhalten. Und wie ich bereits erwähnt habe, ist es Ihre Aufgabe als Vorgesetzter, das Verhalten Ihrer Mitarbeiter zu korrigieren, wenn sie sich nicht an die Regeln halten, nachlässig sind oder Details vergessen.

In Ihrer Rolle als Führungskraft müssen Sie also negatives Feedback – oder Kritik – aussprechen.

Wie ich weiter oben gezeigt habe, brauchen Mitarbeiter in verschiedenen Entwicklungsstufen unterschiedliche Arten von Feedback. Nun wollen wir uns einmal anschauen, wie Sie dabei vorgehen sollten. Dazu müssen wir uns wieder an die DISG-Farben erinnern.

Denn ob Ihr Feedback wirkungsvoll ist, hängt davon ab, wie Sie es kommunizieren.

Ihr roter Mitarbeiter

Die Roten gehen nachlässig mit Details um und nehmen gern Abkürzungen, um Zeit zu sparen. Wenn bei ihrer Arbeit etwas schiefgeht, neigen sie dazu, anderen die Schuld daran zu geben. Das Einfachste, was Sie tun können, ist, sie direkt darauf anzusprechen. Beschönigen Sie das Problem nicht.

Sagen Sie: *Was Sie bei Projekt X gemacht haben, war nicht das, was wir vereinbart hatten.*

Und wenn Ihr roter Mitarbeiter daraufhin ins Kriegshorn bläst und zu toben anfängt, sollten Sie sehr konkret werden.

Sagen Sie: *Sie hatten mir versprochen, diese Arbeit bis Freitag zu erledigen und dem Kunden zu sagen, dass alles fertig ist. Stattdessen sind Sie gleich nach Hause ins Wochenende gefahren, obwohl Sie in Punkt zwei und Punkt drei vom Plan abgewichen sind. Also machen Sie es noch einmal und machen Sie es diesmal richtig.*

Das ist ausgesprochen konkret. Ihr roter Mitarbeiter könnte durchaus wütend darüber werden, also sorgen Sie dafür, dass Sie auch wirklich stichhaltige Argumente haben. Die Atmosphäre kann sehr unangenehm werden. Aber bleiben Sie trotzdem ruhig – gehen Sie ihm nicht in die Falle. Zeigen Sie ihm, dass Sie nicht bereit sind nachzugeben. Sie haben keinen Grund, einen Rückzieher zu machen.

Sobald sich die Wut des Roten ein bisschen abgekühlt hat und er merkt, dass Sie nicht lockerlassen, kehrt vielleicht plötzlich Ruhe ein. Womöglich werden Sie sogar darüber staunen, wie schnell sein Zorn wieder verflogen ist; und dann fordern Sie ihn auf, zu wiederholen, was Sie gerade gesagt haben. Vergewissern Sie sich, ob er alles richtig verstanden hat.

Und zum Schluss fragen Sie ihn, ob Sie das, was Sie jetzt vereinbart haben, nachverfolgen müssen. Wenn es sich um eine wichtige Sache handelt, bei der unbedingt alles haargenau richtig gemacht werden muss, gehe ich davon aus, dass Sie die Angelegenheit ohnehin im Auge behalten werden. Aber wenn Ihr roter Mitarbeiter verstanden und akzeptiert hat, dass er ein großes Chaos angerichtet hat, wird er es auch wieder in Ordnung bringen.

Ihr gelber Mitarbeiter

Gelbe Mitarbeiter lassen Details außer Acht, erinnern sich nicht mehr daran, was sie versprochen haben, und es fällt ihnen auch schwer, ihre Akten und Papiere zu finden. Wenn Sie so jemandem mit Kritik kommen, kann das ein bisschen so sein, als würden Sie ihm den Boden unter den Füßen wegziehen.

Es ist also schon aus Selbstschutzgründen eine gute Idee, sich alle Kritikpunkte auf einer Liste zu notieren. Diese Liste könnte zum Beispiel folgendermaßen aussehen:

- Sagen, dass bei Projekt X sowohl der Termin als auch das Budget überschritten wurden

- Konkrete Beispiele nennen

- Henrik auffordern, jeden einzelnen Punkt zu bestätigen

- Nach einem Plan für das weitere Vorgehen fragen
- Hervorheben, dass Henrik trotzdem bei allen Projektteilnehmern sehr beliebt ist

Sagen Sie nicht, dass Henrik nachlässig war, sondern dass er es versäumt hat, alles plangemäß zu dokumentieren. Sagen Sie nicht, dass er immer zu spät kommt, sondern dass er bei zwei der Projektbesprechungen, die er selbst leiten sollte, zu spät gekommen ist.

Henrik würde lieber über angenehmere Dinge reden; also achten Sie darauf, dass er Ihnen die einzelnen Kritikpunkte während des Gesprächs immer wieder bestätigt. Und überprüfen Sie anschließend, ob er Ihre Worte auch wirklich gehört hat.

Denn er wird immer wieder das Thema wechseln.

Außerdem werden Sie mit Abwehrmechanismen rechnen müssen. Henrik könnte zum Beispiel sagen, dass das alles nicht seine Schuld ist, und die Probleme jemand anderem in die Schuhe schieben. Und es besteht durchaus das Risiko, dass Sie daraufhin Ihre Meinung ändern, denn Henrik kann sehr gut mit Worten umgehen. Also gehen Sie zum Schluss noch mal Ihre Checkliste durch und vergewissern Sie sich, dass Sie alle Punkte abgearbeitet haben.

Heben Sie hervor, dass es Ihnen darum geht, was Henrik *getan* (oder nicht getan) hat, und nicht darum, was für ein *Mensch er ist*. Betonen Sie, dass er an bestimmten Verhaltensweisen etwas verbessern muss. Seien Sie bei den Problempunkten, die Sie ansprechen, hart in der Sache, aber zartfühlend in der Beziehungsfrage. Lassen Sie nicht zu, dass Henrik in eine lange Tirade darüber ausbricht, dass Sie ihn nicht mehr leiden können. Bitten Sie ihn, zu wiederholen, was Sie gesagt haben. Praktizieren Sie das so lange, bis Henrik alles erfasst hat.

Und denken Sie daran: Wenn Henrik wieder an seinen Schreibtisch zurückkehrt, fällt ihm vielleicht etwas viel Angenehmeres ins Auge. Also sorgen Sie dafür, dass die Sache nicht in Vergessenheit gerät. Denken Sie daran nachzuhaken – und zwar ziemlich bald.

Ihr grüner Mitarbeiter

Die Fehler der grünen Mitarbeiter hängen oft mit ihrer Passivität zusammen. Sie warten zu lange, weil sich die Sache für sie irgendwie noch nicht richtig anfühlt; sie ignorieren unangenehme Aufgaben und neigen dazu, sich vor Problemen wegzuducken. Sie sind zu vage in Bezug auf das, was sie von anderen Menschen wollen – von Kunden, Kollegen, ihren eigenen Mitarbeitern (falls es sich um einen Vorgesetzten der mittleren Managementebene handelt) oder vielleicht sogar von Ihnen. Und das bedeutet eben leider, dass manchmal nichts richtig funktioniert.

Sie sollten dieses Gespräch mit sanften, freundlichen Worten beginnen. Achten Sie darauf, Ihre Beziehung zu diesem Mitarbeiter nicht zu beschädigen. Andererseits muss er aber auch verstehen, was Sie ihm zu sagen haben.

Seien Sie hart, wenn es um die Sache geht; aber achten Sie darauf, dass Ihre Beziehung zueinander trotzdem intakt bleibt.

Ebenso wie beim gelben Mitarbeiter sollten Sie konkrete Beispiele anführen. (Ich kenne keinen Farbtyp, der vage, abstrakte Beispiele braucht.) Versuchen Sie, den goldenen Mittelweg zwischen behutsamer Wortwahl und übertriebener Beschönigung zu finden. Ersteres ist gut, Letzteres kann verhängnisvoll sein.

Und lassen Sie Jennifer nicht einfach nur stumm dasitzen. Vielleicht wird sie nicht versuchen, jemand anderem die Schuld zuzuschieben; aber es kann durchaus sein, dass die grüne Jennifer unter

Ihrer Kritik förmlich zusammenbricht und zu allem nur noch Ja und Amen sagt. Sie könnte total kapitulieren und sich beschuldigen, für alle Fehler verantwortlich zu sein, die seit Anbeginn der Menschheit auf der Welt passiert sind.

Ich bin so dumm!

Jetzt besteht die Gefahr, dass Sie mit einer richtigen Märtyrerin konfrontiert werden. Das bemitleidenswerte Opfer tritt in Erscheinung, und wenn Sie nicht sehr vorsichtig sind, könnten Sie anfangen, Mitleid mit ihr zu haben.

Also halten Sie sich an Ihren Plan.

Sagen Sie Dinge wie: *Ich weiß, dass das schwierig für Sie ist, Jennifer, aber ich kann Ihnen helfen, es wieder in Ordnung zu bringen.*

Bestätigen Sie Ihr, dass sie von allen geschätzt wird. Sie ist nicht so beliebt wie die Gelben – aber sie wird geschätzt.

Bitten Sie sie, noch einmal zu wiederholen, worauf Sie sich geeinigt haben. Korrigieren Sie sie, sobald sich irgendetwas nicht so anhört, wie Sie es erwartet haben.

Und denken Sie auch bei dieser Mitarbeiterin daran, in dieser Angelegenheit ziemlich bald nachzuhaken. Denn sie wird ihre Gewohnheiten nicht ändern wollen, nur weil sie das in einem Gespräch mit ihrem Chef versprochen hat. Ihre Aufgabe ist es, dafür zu sorgen, dass es trotzdem passiert.

Ihr blauer Mitarbeiter

Auch blaue Mitarbeiter machen Fehler, obwohl sie Perfektionisten sind. Sie vertiefen sich zu sehr in bestimmte Fragen und werden einfach nicht rechtzeitig mit ihrer Arbeit fertig. Sie neigen dazu, Termine zu überschreiten.

Wirklich blaue Verhaltenstypen können sich über einen winzig kleinen Fehler furchtbar aufregen. Sie haben einen unnatürlichen Perfektionsanspruch und tun sich schwer damit, auch nur die geringste Verfehlung zu akzeptieren – auch bei sich selbst.

Sie mögen es aber nicht, wenn jemand anders entdeckt, dass sie einen Fehler gemacht haben. Wenn Sie sich mündlich zu ihrem Verhalten äußern, werden sie das als sehr unangenehm empfinden. Wenn Sie eine schriftliche Dokumentation vorlegen könnten, wäre ihnen das sehr viel lieber.

Tun Sie Ihr Bestes, in diesem Gespräch nicht persönlich zu werden. Aber beschönigen Sie nichts, und auch wenn Ihr Mitarbeiter einen niedergeschlagenen Eindruck macht – fassen Sie ihn nicht an. Er will nicht getröstet werden. Bleiben Sie bei den Fakten.

Als Nächstes werden detaillierte Fragen kommen. Wer hat was gesagt? Was hat er damit gemeint? Woher wissen Sie das? Sind Sie auch wirklich sicher? Diese Fragen nehmen kein Ende, und wenn Sie wirklich wollen, dass sich bei Ihrem blauen Mitarbeiter etwas verändert, sollten Sie nach Möglichkeit versuchen, sie zu beantworten.

Wie üblich soll Ihr Mitarbeiter bestätigen, dass er verstanden hat, was Sie gesagt und worauf Sie sich nun geeinigt haben. Wenn Sie gemeinsam eine Frist für irgendetwas festgelegt haben, müssen Sie sichergehen, dass Ihr Mitarbeiter sie akzeptiert. Und haken Sie auch bei ihm nach einer gewissen Zeit nach.

Zusammenfassung

Sie können Ihr Feedback natürlich noch feiner kalibrieren. Welche Strategie Sie wählen, hängt von der Situation ab; ich habe mich hier in erster Linie auf die Frage konzentriert, wie Sie – je nach Farbtyp – den Dialog mit Ihrem Mitarbeiter führen können. Denn dass Sie wissen, was Sie tun müssen, ist gut; aber Sie müssen auch wissen, *wie* es getan werden sollte.

Kapitel 31

Warum »Warum?« die wichtigste Frage ist

Im ersten Teil dieses Buches habe ich von den verschiedenen Triebfedern der Menschen gesprochen. Es ist sehr wichtig, diese inneren Antriebe zu berücksichtigen, wenn Sie das bestmögliche Team zusammenstellen, das Beste aus jedem Mitarbeiter herausholen, eine möglichst angenehme Arbeitsatmosphäre schaffen und vor allem die Ergebnisse erzielen möchten, auf die es Ihnen ankommt. Egal, ob es dabei um Profitabilität, Kundenzufriedenheit, Mitarbeiterzufriedenheit oder Qualität geht: Wenn Sie über die Triebfedern Ihrer Mitarbeiter Bescheid wissen, werden Sie schnell herausfinden, auf welche Knöpfe Sie bei ihnen drücken müssen.

Wenn Sie in Ihrem Team beispielsweise eine Veränderung einführen wollen – wie gehen Sie dann vor? Sie können natürlich darauf achten, welche DISG-Farbprofile die Mitarbeiter haben. Gelbe Mitarbeiter werden begeistert darüber sein, dass Sie endlich etwas Neues vorschlagen. Die Roten werden fragen, warum das so lange gedauert hat; die Grünen werden wahrscheinlich ein bisschen gestresst sein; und die Blauen werden wissen wollen, warum gerade *diese* Veränderung so eine gute Idee sein soll. Mit diesem Wissen können Sie sich von vornherein die Argumente zurechtlegen, mit denen Sie auf Ihre Mitarbeiter zugehen.

Den Roten können Sie ohne Umschweife sagen, was Sache ist, und sie losschicken, um die Veränderung in die Wege zu leiten.

Die Gelben müssen Sie so inspirieren, dass sie vor lauter Freude jubeln und Luftsprünge machen, wenn sie von Ihren Ideen erfahren. Bei den Grünen sollten Sie behutsam vorgehen und sie in drei aufeinanderfolgenden Besprechungen schonend darauf vorbereiten.

Und bei den Blauen planen Sie am besten eine ziemlich lange Sitzung ein, in der Sie ihnen die phänomenale Dokumentation vorführen, die Sie zusammengestellt haben, um zu beweisen, dass Sie die richtige Entscheidung getroffen haben.

Aber dies alles betrifft nur das *Wie*: die Art und Weise, wie Sie Ihre Ideen und Vorschläge vermitteln sollten, damit die Mitglieder Ihres Teams Sie verstehen – jeder auf seine Weise. Das heißt aber noch lange nicht, dass Ihre Mitarbeiter auch tatsächlich anfangen werden, nach dem neuen Verfahren zu arbeiten, oder sich an die neuen Anweisungen (oder was auch immer Sie sich ausgedacht haben) halten werden.

Sie müssen also nun etwas an den Gewohnheiten Ihrer Mitarbeiter verändern; denn diese alten Gewohnheiten drängen sie dazu, weiterhin alles so machen zu wollen wie bisher. Neue Gewohnheiten sind der Schlüssel zu jeder Veränderung. Es reicht nicht aus, die Leute darüber zu informieren, wie es in Zukunft laufen soll; und es genügt auch noch lange nicht, Kurse über das neue Verfahren zu veranstalten. Wissen allein wird Ihre Mitarbeiter nicht bis ans Ziel bringen.

Wie viele unternehmensinterne Kurse haben *Sie* im Lauf der Jahre schon absolviert, ohne wirklich etwas davon in Ihren Arbeitsalltag mitzunehmen?

Seien Sie ehrlich, wenigstens zu sich selbst.

Warum wollen wir uns eigentlich nicht verändern? Weil wir komplexe Geschöpfe sind. Warum tun wir dies oder jenes nicht, obwohl es doch so einfach wäre? Antwort: weil es noch einfacher ist, es *nicht* zu tun.

Wie kann man die Gewohnheiten der Menschen ändern? Indem man sich ihre Triebfedern anschaut.

An diese inneren Antriebe eines Menschen muss man appellieren, um ihn ins Boot zu holen.

Warum soll man das Licht ausschalten?

Ich bin während der ersten Ölkrise aufgewachsen. Anfang der 1970er-Jahre wurde den Menschen bewusst, dass die Ölvorräte nicht ewig reichen würden. Die Frage, wie wir unsere Energie nutzen, wurde plötzlich hochaktuell, und man begann darüber zu sprechen, dass die Menschen ihren Ölkonsum in irgendeiner Weise einschränken sollten. Die Benzinpreise schossen in die Höhe, und die Leute gingen auf die Straße, um zu protestieren. Aber auch die Frage nach unseren leider doch nicht ganz so endlosen Ressourcen wurde diskutiert. Es wurde populär, Energie zu sparen. Soviel ich weiß, war dies das erste Mal in der Geschichte, dass Menschen so etwas taten.

Damals forderten meine Eltern mich auf, das Licht auszumachen, wenn ich das Zimmer verließ. Nicht, weil unsere Glühbirnen mit Öl betrieben wurden, sondern weil die Energiekosten damals von unmittelbarem Interesse waren. Vielleicht hing das damit zusammen, dass das Heizen bei uns im kalten Norden extrem teuer wurde, sodass wir bei anderen Dingen Abstriche machen mussten. Ich weiß es nicht.

Jedenfalls sagten sie mir, ich solle das Licht ausmachen, wenn ich ein Zimmer verließ und nicht gleich wieder dorthin zurückkehren wollte.

Und so logisch sich das auch anhören mag: Es gibt viele Menschen, die dieses Buch lesen und der Meinung sind, dass so etwas überhaupt keine Rolle spielt. Was macht es schon für einen Unterschied, wenn ich das Licht ein paar Stunden lang anlasse? Ich komme später ja sowieso wieder in dieses Zimmer zurück.

Warum tun wir bestimmte Dinge?

Verschiedene Menschen mit unterschiedlichen Triebfedern werden nur dann darüber nachdenken, Strom zu sparen, wenn es einen vernünftigen Grund dafür gibt.

Mit diesem Problem hat die Umweltbewegung immer noch zu kämpfen: Die Menschen in unserem Teil der Welt verschwenden nach wie vor Energie. Und warum? Nun ja, wir können es uns leisten. Wenn es nicht so komisch aussähe, würden wir vielleicht auch die Wasserhähne in der Küche weiterlaufen lassen, während wir irgendetwas anderes tun. Schließlich werde ich in ein oder zwei Stunden wieder Wasser brauchen. Was spielt das schon für eine Rolle?

Oder wir glauben nicht an den Klimawandel und halten die Angst vor dem Treibhauseffekt für übertrieben. Oder vielleicht ignorieren wir das Thema auch einfach. Andere Dinge sind wichtiger.

Doch nun kommt der entscheidende Punkt: Wenn ein echter Motivationsfaktor für eine Veränderung spricht, werden die meisten Menschen sich für diese Veränderung einsetzen. Der Knackpunkt dabei ist nur, dass verschiedene Menschen ein und dieselbe Veränderung aus völlig verschiedenen Gründen akzeptieren.

Jemandem mit **ausgeprägtem Nützlichkeitsdenken** ist Effizienz wichtig. Das Licht anzulassen zeugt von Ineffizienz. Das wäre ganz einfach eine Verschwendung von Ressourcen. Selbst wenn ich es mir leisten kann, könnte ich das Geld trotzdem für etwas Sinnvolleres verwenden.

Wenn ich dagegen eine **gering ausgeprägte utilitaristische Triebfeder** habe, ist mir das vielleicht nicht so wichtig. Ein paar Cents hier, ein paar Cents da – was macht das schon für einen Unterschied?

Ein **Theoretiker** könnte den konkreten Nutzen des Ausschaltens von Lampen erkennen, wenn er versteht, wie sich das auf den Energieverbrauch insgesamt auswirken würde.

Ein **Ästhet** müsste die Energieverschwendung mit der Erkenntnis in Verbindung bringen, dass sie die Ressourcen von Mutter Erde aufbraucht und dass wir vielleicht bald keinen Planeten mehr haben, den wir nach Belieben nutzen können.

Ein **Individualist** würde höchstwahrscheinlich tun, was er will. Sollte diese Person jedoch irgendwann einen Posten in einer Behörde oder Organisation annehmen, in der Energiesparen eine wichtige Rolle spielt, dann würde sie sich dafür einsetzen, dass in allen Häusern die Lichter ausgeschaltet werden.

Und der **Traditionalist** ist der Meinung, dass es schlichtweg falsch ist, das Licht anzulassen, wenn niemand da ist, um es zu sehen. Ihm bräuchte man so etwas vielleicht nicht einmal zu erklären. Andererseits könnte er es als ein Menschenrecht betrachten, das Licht anzulassen. Es kommt darauf an, welche ethischen Werte ihm wichtig sind.

Mit diesem stark vereinfachten Beispiel möchte ich nur eines verdeutlichen: Wenn Sie Menschen dazu bringen wollen, eine Veränderung zu akzeptieren, denken Sie über ihre Triebfedern nach und passen Sie Ihre Argumente dementsprechend an!

Unterschiedliche Menschen lassen sich aus *unterschiedlichen* Gründen auf *ein und dieselbe* Veränderung ein.

Ich persönlich schalte auch heute immer noch das Licht aus, wenn ich einen Raum verlasse. Denn in meiner Jugend haben meine Eltern so viel über dieses Thema geredet, dass ich gar nicht mehr darüber nachdenken muss. Es passiert einfach – automatisch.

Hin und wieder denke ich darüber nach, warum ich das immer noch tue. Meine Stromrechnung ist nicht meine größte Sorge. Warum schalte ich also weiterhin das Licht aus, obwohl ich weiß, dass ich anderen Menschen in meinem Haushalt damit auf die Nerven gehe?

Weil mir das zur Gewohnheit geworden ist, als ich noch ein Kind war. Es wurde zu einem untrennbaren Teil von mir und meinen ethischen Werten, also meinen Triebfedern. In meinem Fall ist es die utilitaristische Triebfeder, die mich dazu motiviert. Ich mag keine Verschwendung. Dabei geht es nicht um Geiz. Ich kann Geld für einen wirklich guten Wein ausgeben; aber dann bekomme ich auch etwas für dieses Geld. Aber wenn das Licht an ist, obwohl niemand zu Hause ist – was habe ich dann davon? Nichts. Also schalte ich es aus.

Aber Sie können nicht bis in die Kindheit Ihres Mitarbeiters zurückgehen und ihn neu formen. Sie müssen es mit etwas anderem versuchen. Und genau da kommen die Triebfedern ins Spiel.

Wie können Sie dieses Wissen nutzen?

Es ist wichtig, sich bei Ihren Überlegungen nicht nur auf die Farben zu beschränken. Denn die beantworten nicht alle Fragen. Sie verraten Ihnen, wie Ihre Mitarbeiter kommunizieren, und geben Ihnen Anhaltspunkte dafür, wie *Sie mit ihnen* kommunizieren können. Aber die Triebfedern helfen Ihnen, zu verstehen, warum bestimmte Dinge einem bestimmten Menschen besonders wichtig sind. Das ist eine wichtige Entscheidungshilfe für Ihre Gespräche mit dieser Person, denn dann wissen Sie, worauf Sie den Schwerpunkt dieses Gesprächs legen müssen. Wie man seine Botschaft strukturiert, hängt dann wiederum vom jeweiligen Farbprofil des Mitarbeiters ab.

Hier die Grundregel:

1. Versuchen Sie herauszufinden, worin die Triebfeder Ihres Mitarbeiters besteht.
2. Gestalten Sie Ihren Dialog seinem Farbprofil entsprechend.

Angenommen, Sie sehen, wie jemand auf Sie zugehumpelt kommt.

Stellen Sie sich die Farben dieses traurigen Bildes wie bei einem ganz normalen Foto vor. Sie erkennen, dass diese Person humpelt, aber Sie verstehen nicht, warum.

Die meisten Menschen können erkennen, was ein Foto zeigt. Das erfordert keine besonderen Vorkenntnisse.

Aber wenn man statt eines bloßen Fotos ein Röntgenbild hätte, könnte man den alten Knochenbruch sehen, der nicht richtig verheilt ist, sodass dieser Mensch jetzt humpelt.

Das Röntgenbild steht in diesem Szenario für die Triebfedern eines Menschen: Plötzlich wissen Sie, *warum* er humpelt.

Genau wie bei einem Röntgenbild braucht man schon ein paar Vorkenntnisse, um zu verstehen, was man da sieht. Sie und ich könnten beim Anblick des Röntgenbilds vielleicht nur sagen, dass das wie ein Oberschenkelknochen aussieht. Ein Orthopäde dagegen würde mühelos erkennen: Hier handelt es sich um einen Knochenbruch, der nicht richtig zusammengeheilt ist.

Genauso verhält es sich auch mit den Triebfedern unserer Mitmenschen: Sie sind an der Oberfläche nicht sichtbar. Man muss schon ein bisschen genauer hinschauen.

Warum sind Sie Chef geworden?

Weiter vorne in diesem Buch habe ich Sie gefragt, ob Sie wissen, warum Sie diese Führungsposition übernommen haben.

Ihre Triebfedern können Ihnen helfen, sich über Ihre wahren Motive für diese Entscheidung klar zu werden.

Als Theoretiker sind Sie vielleicht Chef geworden, weil Sie in dieser Position viel Neues lernen können. Und Sie können dieses Wissen auch an andere Menschen weitergeben.
Als Mensch mit utilitaristischer Triebfeder möchten Sie Ergeb-

nisse sehen und Geld verdienen. Entweder für das Unternehmen oder für sich selbst.
Als Ästhet tun Sie das alles vielleicht, um Gleichgewicht und Harmonie in Ihrem Team zu schaffen.
Als Individualist gefällt es Ihnen, dass dieser Posten Ihnen Macht über sich selbst, andere Menschen und Entscheidungen verleiht.
Als Chef mit sozialer Triebfeder haben Sie vielleicht das Gefühl, anderen Menschen als Vorgesetzter von Nutzen zu sein.
Als Traditionalist könnte diese Entscheidung mit Ihren ethischen Wertvorstellungen (wie auch immer diese aussehen mögen) zusammenhängen.

Keines der oben aufgezählten Motive ist besser oder schlechter als irgendein anderes; und alle diese Triebfedern erfüllen wichtige Funktionen. Aber es könnte eine gute Idee sein, einmal genauer über die tieferen Zusammenhänge nachzudenken. Die Konflikte, die Sie mit Ihren Mitarbeitern – und vielleicht auch mit Ihrem eigenen Chef – haben, hängen wahrscheinlich stark mit Ihren Triebfedern zusammen.

Wie sollte man ein Team anhand der Triebfedern der Mitglieder zusammenstellen?

Wenn wir über DISG-Farbprofile sprechen und sagen, dass das optimale Team durch die Präsenz aller Farben charakterisiert ist, vereinfachen wir den Sachverhalt ein bisschen. Durch einen ausgewogenen Farbmix entsteht zwar tatsächlich die beste Dynamik in einem Team. Wenn alle vier Farben im Besprechungsraum vertreten sind, wird ein Problem mit Sicherheit von allen Seiten beleuchtet. Insofern ist dies also tatsächlich die bestmögliche Mischung für jedes Team.

Man muss bei der Teambildung aber auch die Triebfedern der Mitglieder berücksichtigen.

Keine Triebfeder ist besser als die andere. Diese inneren Antriebe funktionieren nur sehr unterschiedlich und jeder leistet einen anderen Beitrag. Aber es ist einfacher, zu einer Einigung zu kommen, wenn die Triebfedern Ihrer Teammitglieder sich gut ergänzen. Wenn zum Beispiel jeder im Team eine Kombination aus theoretischen und utilitaristischen Triebfedern hat, erspart Ihnen das eine Menge Kopfzerbrechen, denn dann müssen Sie Ihre Teammitglieder nicht davon überzeugen, mit dem, was sie tun, tatsächlich etwas zu bewirken. Alle werden zum Beispiel der Ansicht sein, dass man sich genügend Wissen aneignen muss, um bessere Ergebnisse zu erzielen.

Alle kommen aus dem gleichen Grund zur Arbeit.

Sicherlich ist Ihnen klar, wie wichtig dieser Aspekt bei der Zusammenstellung eines funktionsfähigen Teams ist.

Vielleicht werden Sie jetzt zu der Schlussfolgerung kommen, dass für die Triebfedern das Gleiche gilt wie für die Farben: Das beste Team entsteht durch eine Mischung aus allen Triebfedern. Diesen Satz würde ich in neun von zehn Fällen unterschreiben. Nur in einer einzigen Situation würde ich dem nicht zustimmen: nämlich dann, wenn zu viele Mitglieder einer Gruppe eine extrem starke individualistische Triebfeder haben. Da starke Individualisten alles selbst entscheiden wollen (ihre Farbe bestimmt lediglich, wie sie dabei vorgehen), ist Teamarbeit in einer solchen Gruppe unmöglich. Individualisten haben eigentlich kein Interesse an Kooperation. Wenn sie doch einmal miteinander kooperieren, dann nur, weil sie sehen, dass ihnen das wirklich etwas bringt.

Die hauptsächlich aus Individualisten bestehenden Teams, die ich persönlich beobachtet habe, waren nicht besonders flexibel oder kooperativ. Damit will ich nicht sagen, dass Sie niemals einen Mitarbeiter mit einer individualistischen Triebfeder einstellen sollten.

Vielleicht hilft diese Triebfeder Ihnen weiter, um in einer Gruppe, die sich festgefahren hat, vorwärtszukommen. Der Individualist geht größere Risiken ein und lehnt sich ein bisschen weiter aus dem Fenster als alle anderen. Manchmal ist das genau das, was man braucht: jemanden, der sich traut und der das Kommando übernehmen will. Aber zu viele von dieser Sorte in einem Team … Ich denke, Sie wissen schon, was ich meine: Das wäre dann ein bisschen so wie in der italienischen Fußballmannschaft.

Ich wünschte, ich hätte dieses Buch nie zur Hand genommen!

Alles viel zu verwirrend? Es geht nun mal nicht nur darum, *wie* wir miteinander reden, sondern auch darum, *worüber* wir reden. Welchen Dingen wir eine hohe Priorität einräumen und was für Wertvorstellungen wir haben.

Aber was lernen wir aus all dem? Eigentlich sogar gleich mehrere Dinge:

- Die Triebfedern sind unsere Motivationsfaktoren.

- Sie können sich im Lauf der Zeit ändern – sie bleiben nicht ein Leben lang gleich. Wir messen unterschiedlichen Dingen einen hohen Wert zu, je nachdem, in welcher Lebensphase wir uns gerade befinden.

- Unsere beiden stärksten Triebfedern sind diejenigen, die unsere Entscheidungen am meisten beeinflussen.

- Die Kombination der Triebfedern spielt eine wichtige Rolle.

- Oft erkennt man keinen Zusammenhang zwischen dem Farbtyp und den Triebfedern einer Person.

- Ein Verhalten ist leicht zu erkennen, aber eine Triebfeder kann man nicht sehen. Dafür muss man unter die Oberfläche schauen.

Aber wir können daraus auch noch etwas anderes lernen: Menschen zu führen ist nicht einfach. Bei Mitarbeitern, die ein anderes Farbprofil haben als man selbst, ist das noch gar nicht einmal so schwierig: Wenn Sie selbst gelb-rot sind, können Sie lernen, besser mit einem grün-blauen Mitarbeiter zu kommunizieren. Und wenn Sie grün-gelb sind, können Sie lernen, besser mit jemandem zu kommunizieren, der blau-rot ist. Das ist eigentlich gar nicht so kompliziert, wenn man es sich genau überlegt. Man muss sich nur ein bisschen Mühe geben und daran denken, nicht immer von seinem eigenen Charakter auszugehen.

Bei den Triebfedern ist es schon wesentlich schwieriger, denn hier geht es darum, was uns motiviert: um unsere Werte und das, was wir mögen oder nicht mögen.

Aber wer sagt denn, dass Führung unbedingt einfach sein muss?

Trotzdem sollten Sie jetzt nicht gleich das Handtuch werfen. Ganz im Gegenteil: Sie sollten sich darüber freuen, dass es vielleicht Erklärungen dafür gibt, warum bestimmte Situationen in Ihrem Arbeitsalltag nicht so gelaufen sind, wie Sie es erwartet hatten. Wahrscheinlich war das nicht nur Ihre Schuld. Sie wussten einfach nicht über alle wichtigen Aspekte Bescheid. Jetzt haben Sie mehr Munition, um Ihre nächste Besprechung mit diesem schwierigen Mitarbeiter zu meistern.

Schlusswort:

Mitarbeiter kündigen nicht wegen ihres Jobs, sondern wegen ihres Chefs

Nach fast 20-jähriger Tätigkeit als Managementberater habe ich die Erfahrung gemacht, dass der Hauptgrund, warum Menschen ihren Arbeitsplatz verlassen, ihr direkter Vorgesetzter ist. Manchmal schafft der Chef ein Umfeld, in dem sich die Menschen nicht wohlfühlen, in dem sie sich nicht fair behandelt fühlen und vielleicht nicht mal eine Chance haben, gute Arbeit zu leisten. Es gibt unzählige Beispiele für schlechte Führungstechniken, die dazu beitragen, die Beziehung zwischen einem Chef und seinen Mitarbeitern zu beschädigen.

Aber auch der Chef braucht gute Arbeitsbedingungen – und da gilt es, sehr viele Faktoren im Auge zu behalten. Eine Führungsposition ist nichts für jemanden, der einfach nur die Hände in den Schoß legen möchte. Dafür gibt es bei so einem Posten einfach zu viele Stolperfallen; außerdem ist es schwierig, ein Chef und eine Führungskraft zu sein, wenn man nicht die richtige Schulung dafür erhalten hat.

Aber – um kein Trottel zu sein, braucht man keine Schulung, sondern nur ein bisschen gesunden Menschenverstand.

Gute Führung bedeutet, die Verantwortung zu übernehmen, wenn es notwendig ist, und anderen die Anerkennung für das zu überlassen, was gut gelaufen ist, wenn sie diese Anerkennung verdient haben. Mittelmäßige Führungskräfte nutzen jede Gelegenheit, um eventuelle Rückschläge anderen in die Schuhe zu schieben; aber das bringt ihnen nur vorübergehend etwas, weil ihre Unzulänglichkeiten früher oder später immer ans Tageslicht kommen.

Schlechte Chefs sind für ihr Unternehmen überflüssig. Niemand braucht sie. Achten Sie darauf, keiner von diesen Vorgesetzten zu werden!

Chef zu sein ist kein Kinderspiel. Dabei kann eine Menge schiefgehen.

Aber so schwierig es auch sein mag – tun Sie immer Ihr Bestes. Sie haben es mit Menschen zu tun. Und die verdienen das Allerbeste.

Wenn Sie der Meinung sind, dass manche Menschen keine ordentliche Arbeit leisten, weil sie faul sind, sollten Sie noch einmal genauer darüber nachdenken. Denn diese Annahme geht von Theorie X aus, und Sie haben doch bereits gesagt, dass Sie nicht an diese Theorie glauben. Theorie Y ist das genaue Gegenteil davon: Unter den richtigen Bedingungen können die meisten Menschen ihre Arbeit gut machen und extrem hohe Leistungen erbringen.

Ihre Aufgabe ist es, diese Bedingungen zu schaffen.

Was Sie bis hierher gebracht hat, wird Sie nicht weiterbringen

Wenn Sie mit der Lektüre meines Buches bis hierher gekommen sind, möchte ich mich bei Ihnen bedanken. Vielleicht sind Sie bereits Chef und haben den Ehrgeiz, diese Aufgabe noch besser zu erfüllen als bisher. Zu diesem Entschluss möchte ich Sie beglückwünschen. Ich hoffe, dass mein Buch Ihnen bei der Entwicklung Ihrer Führungsqualitäten weitergeholfen hat.

Sich stets weiterzuentwickeln ist das Einzige, was Sie tun können.

Denn was Sie *bis hierher* gebracht hat, wird Sie **nicht** *weiter*bringen.

Selbst wenn Sie bereits eine kluge und angesehene Führungskraft sind, wäre es ein Fehler, jetzt einfach die Hände in den Schoß zu legen. Erinnern Sie sich lieber daran, was Sie zu der guten Führungspersönlichkeit gemacht hat, die Sie heute sind: Sie haben immer wieder etwas Neues gelernt, sich auf neue Managementinstrumente eingelassen und diese bei Ihrer Arbeit eingesetzt. Sie haben Kurse absolviert, Bücher gelesen und von erfahreneren Chefs gelernt. Weiter so!

Wenn Sie aufhören, immer besser zu werden, werden Sie bald aufhören, gut zu sein.

Also machen Sie weiter.

Wenn Sie mein Buch gelesen haben, weil Sie eine Managementkarriere anstreben – also Chef werden wollen –, möchte ich Ihnen viel Glück wünschen. Sie begeben sich auf eine spannende, manchmal auch verwirrende Reise; und wie Sie gesehen haben, gibt es dabei eine Menge zu beachten. Aber mit Ihrer Einsatzbereitschaft und Ihrem Engagement werden Sie es schaffen.

Ich glaube an Sie – und das sollten Sie auch tun.

Hoffentlich habe ich Sie mit meinen Worten nicht abgeschreckt! Denn ich möchte Sie im Gegenteil in Ihren Ambitionen bestärken. Ich möchte, dass Sie der beste Chef werden, den Sie je kennengelernt haben. In diesem Buch habe ich versucht, Ihnen drei verschiedene Parameter aufzuzeigen, mit deren Hilfe Sie die Rätsel, die Ihre Mitarbeiter Ihnen aufgeben, besser lösen können. Diese Parameter zeigen Ihnen, wie Ihre Mitarbeiter funktionieren, wie sie handeln und warum sie so handeln, wie sie es tun. Und warum die Puzzleteile trotzdem nicht immer zusammenpassen.

Eine einfache Zusammenfassung all dessen, worüber wir in diesem Buch gesprochen haben

1. Was für ein Chef möchten Sie sein? Wie lautet Ihr Mission Statement? Wie könnten Sie Ihre Ziele formulieren? Denken Sie daran, dass Sie diese Ziele kennen müssen, um zu wissen, wie Sie Ihre Zeit am besten investieren sollen.

2. Einen wie großen Teil Ihres Arbeitstags sollten Sie für Führungsaufgaben investieren? Beginnen Sie Ihren Tag damit. In der restlichen Zeit können Sie dann nach Herzenslust Spezialist sein.

3. Beobachten Sie Mitarbeiter X eine Zeit lang. Achten Sie darauf, wie er sich verhält. Fahren Sie Ihre Antennen aus. Versuchen Sie, sein Farbprofil zu erkennen.

4. Denken Sie darüber nach, was ihn an diesen Arbeitsplatz gezogen hat. Warum war dieser spezielle Job für ihn so wichtig? Welche Triebfedern könnten hier zu erkennen sein? Und warum bleibt er an seinem Arbeitsplatz?

5. Beim Delegieren schauen Sie sich die Aufgabe, um die es geht, genau an und versuchen sich über die Entwicklungsstufe Ihres Mitarbeiters klar zu werden. Das könnten sogar mehrere Analysen sein, je nachdem, wie viele verschiedene Aufgaben er am jeweiligen Arbeitstag zu bewältigen hat. Je genauer Sie das alles aufschlüsseln, umso besser und präziser können Sie ihn führen und anleiten.

6. Alles, was Sie Ihrem Mitarbeiter nach dieser Analyse vermitteln müssen – Anweisungen, Feedback, Nachfassaktionen,

Brainstorming und so weiter –, können Sie an sein Farbprofil anpassen. Vielleicht sollten Sie auch für jeden Mitarbeiter eine echte Kommunikationsanalyse durchführen. Das kann durchaus eine gute Idee sein, denn dann wird die Kommunikation zwischen Ihnen reibungsloser ablaufen.

7. Erinnern Sie sich auch immer wieder daran, wer *Sie* sind. Denken Sie daran, dass Sie vielleicht andere Farben und Triebfedern haben als Ihre Mitarbeiter. Machen Sie nicht den Fehler, davon auszugehen, dass andere Farbtypen genauso funktionieren wie Sie. Wichtig ist, sich ein bisschen Zeit zum Nachdenken zu nehmen. Sie sollten sich nicht einfach nur auf Ihr Bauchgefühl verlassen und weitermachen wie gewohnt. Das können Sie natürlich auch tun, aber dann werden Sie auch immer wieder die gleichen Ergebnisse erzielen wie bisher. Wenn man etwas Neues erreichen will, muss man etwas Neues ausprobieren.

Ich weiß: Damit habe ich Ihnen eine ganze Menge Input gegeben: Theorie X und Theorie Y, der Balanceakt zwischen Spezialist und Führungskraft, verschiedene Kommunikationsstile, Triebfedern, die Kombination aus all dem, Entwicklungsstufen, Stressfaktoren und nicht zuletzt die Frage, warum Sie überhaupt die Verantwortung dafür übernommen haben, andere Menschen zu führen.

Um all das gut zu bewältigen, ist es am besten, bei sich selbst anzufangen. Analysieren Sie sich! Wenn Sie es schaffen, das Puzzle Ihrer eigenen Persönlichkeit zusammenzusetzen, haben Sie wahrscheinlich auch das Zeug dazu, die anderen Puzzles zu bewältigen. Aber tappen Sie nicht in die Falle, zu glauben, Sie könnten das alles über Nacht, im Flugzeug oder zwischen Mittagessen und Kaffeepause erledigen.

Ein guter Freund von mir hat einmal folgende Beschreibung gegeben: »Ich bin beim Skifahren und merke, dass meine Skier immer wieder nach hinten wegrutschen. Mir wird klar, dass ich anhalten und die Skier wachsen sollte, wenn ich es bis ins Ziel schaffen will. Aber ich kann nicht. Ich habe keine Zeit, sie zu wachsen, weil ich so sehr mit dem Skifahren beschäftigt bin.«

Danke, Janne, für diese schöne Analogie.

Es braucht Zeit, bis man etwas wirklich richtig gut kann. Diese Zeit müssen Sie in Ihrem Terminkalender einplanen. Handeln Sie nicht einfach nur wie ein Spezialist, sondern wie eine Führungskraft. Nehmen Sie diese Aufgabe ernst.

Manchmal ist es sehr kompliziert, seine Mitarbeiter zu verstehen. Und ja, manchmal würde man das alles am liebsten aufgeben, weil einem sowieso niemand zuhört.

Aber wer hat behauptet, dass Chefsein ein Kinderspiel ist?

Ich möchte, dass Sie diese Herausforderung mit offenen Augen annehmen und erkennen, dass Sie daran arbeiten müssen. Aber wenn Sie das tun, werden Sie ein viel brillanteres Ergebnis erzielen, als wenn Sie einfach so weitermachen wie bisher. Außerdem werden Sie dadurch den Respekt der Menschen in Ihrem Umfeld gewinnen. Dieses Gefühl ist keine schlechte Belohnung für gut gemachte Arbeit.

Und abgesehen von allen anderen offensichtlichen Vorteilen: Wenn Sie Ihren Mitarbeitern das geben, was sie brauchen, um ihre Arbeit gut zu machen, dann werden sie auch tatsächlich gute Arbeit leisten. Jeder Mitarbeiter muss seine eigene innere Motivation finden; aber als Chefs und Führungskräfte tragen wir die Verantwortung, ihnen den Weg zu ebnen, so gut wir können.

Und dann ist es, als hätten wir einen Zauberstab geschwungen: Plötzlich gibt es in unserem Team viel weniger Faulpelze als vorher.

Es ist tatsächlich fast schon wie Zauberei.

Denjenigen, die dieses Buch gelesen haben, weil sie ernsthafte Schwierigkeiten mit ihrem früheren oder jetzigen Vorgesetzten hatten oder haben, möchte ich sagen: Es kann durchaus sein, dass diese Chefs ihr Bestes tun. Aber Menschen zu führen ist nun mal eine komplizierte Aufgabe. Und dabei geht es nicht nur um Triebfedern, Entwicklungsstufen und DISG-Farbprofile. Es gibt auch noch andere Parameter zu berücksichtigen; aber die können Sie als Mitarbeiter vorläufig vergessen.

Was ich Ihnen vermitteln möchte, ist die Einsicht, dass es Gründe dafür geben könnte, warum es zwischen Ihnen und Ihrem Chef manchmal nicht gut läuft. Vielleicht ist Ihr Chef kein Vollidiot. Vielleicht hat er Sie einfach nur missverstanden. Oder Sie haben noch nie mit ihm darüber gesprochen, wie Sie kommunizieren.

Jetzt können Sie das tun.

Manchmal liegt tatsächlich genau da unser Problem: Wir reden nicht darüber, wie wir reden. Und wenn man irgendwann damit anfängt, kann man mit einem Schlag eine ganze Reihe von Problemen lösen.

Und vergessen Sie nicht, was ich zu Beginn dieses Buches gesagt habe: Auch Sie als Mitarbeiter sind dafür verantwortlich, dass die Kommunikation zwischen Ihnen und Ihrem Chef gut funktioniert. Sie haben schließlich nur eine einzige berufliche Laufbahn. Um die sollten Sie sich kümmern! Wenn Sie Rentner sind, ist es dafür zu spät.

Aber jetzt steht Ihnen eine ganze Reihe von Werkzeugen zur Verfügung, die Ihnen weiterhelfen können. Sie wissen mehr über sich selbst, über Ihr Farbprofil und Ihre Triebfedern. Mit diesem Hintergrundwissen sollten Sie gleichzeitig auch Ihren direkten Vorgesetzten besser »lesen« können; und dann werden Sie auch leichter einen Weg finden, ihn zu erreichen.

Außerdem wissen Sie inzwischen, dass es Gründe dafür gibt, warum Sie sich bei verschiedenen beruflichen Aufgaben oft unterschiedlich kompetent und motiviert fühlen. Also denken Sie öfter einmal darüber nach, auf welcher Entwicklungsstufe Sie sich befinden, wenn eine Aufgabe auf Ihrem Schreibtisch landet! Das wird Ihnen helfen, mit dieser Arbeit weiterzukommen, denn jetzt können Sie zu Ihrem Chef gehen und sagen: *Ich brauche …*

Wenn Sie das konsequent praktizieren, werden Sie in Ihrem Arbeitsleben wahre Wunder erleben.

Für diejenigen, die mein Buch zur Hand genommen haben, um eine unterhaltsame Abrechnung mit ihrem Chef zu lesen zu bekommen: Ich hoffe aufrichtig, dass Sie nun besser verstehen, welche Herausforderungen gute Führung mit sich bringt. Wenn Sie einen Chef haben, der sich wirklich wie ein Vollidiot aufführt, liegt das vielleicht daran, dass er es nicht besser weiß. Geben Sie ihm dieses Buch – dann werden Sie beide plötzlich etwas haben, worüber Sie miteinander reden können.

Oder ist die Situation völlig hoffnungslos? Dann wechseln Sie Ihren Chef!

Das soll kein Witz sein. Das Leben ist zu kurz, um sich mit negativen Einflüssen zu umgeben; und ein schlechter Vorgesetzter kann sich ausgesprochen negativ auf Sie auswirken. Lassen Sie nicht zu, dass ein nutzloser Chef Ihrer Entwicklung im Weg steht. Hier geht es um Ihre Zukunft. Um Ihr Leben. Und es spielt auch keine Rolle, wenn Sie in der Stadt, in der Sie gerade wohnen, keinen anderen Job bekommen. Man lebt nur einmal. Tun Sie etwas für sich und Ihre Karriere. Statistiken zeigen ganz klar: Mitarbeiter kündigen nicht in erster Linie, um ein Unternehmen zu verlassen, sondern um von ihrem Vorgesetzten wegzukommen. Wenn das der letzte und einzige Ausweg für Sie ist – wählen Sie ihn. Aber vorher versuchen Sie es erst noch mal mit Ihrem Chef. Okay?

Als Kommunikationsspezialist bin ich der Meinung: Wenn etwas ernsthaft schiefläuft, liegt das oft daran, dass wir nicht miteinander geredet haben. Jeder sitzt in seiner Ecke und wundert sich, was die anderen da bloß machen. *Was für Idioten! Warum kapieren die denn nichts?* Stattdessen sollten wir in die andere Ecke gehen und die verhärteten Fronten aufweichen, indem wir sagen: *Hey, zwischen uns läuft es gerade nicht besonders gut. Können wir darüber reden?*

Die Person, die die Initiative ergreift, ist in meinen Augen der wahre Held. Egal, ob das nun der Chef oder ein Mitarbeiter ist.

Zum Schluss noch eine Empfehlung

Unabhängig von Ihrem Leseverhalten habe ich nun einen Tipp für Sie: Lesen Sie dieses Buch noch einmal durch, und zwar mit einem Stift in der Hand. Unterstreichen Sie Dinge, die Sie interessant finden; kreisen Sie wichtige Schlüsselsätze ein, die Sie in Ihrem täglichen Leben anwenden könnten. Markieren Sie wichtige Seiten (ja, ich fordere Sie tatsächlich auf, Eselsohren in die Seiten zu machen!) oder verwenden Sie verschiedenfarbige Post-its.

Ich habe versucht, mich in diesem Buch so einfach und direkt wie möglich auszudrücken und den Inhalt nicht in viele schöne Worte zu verpacken. Aber vielleicht müssen Sie das Buch trotzdem mehrmals lesen, um sich darüber klar zu werden, welche Themenbereiche für *Sie persönlich* am wichtigsten sind.

Also, geben Sie sich eine Chance, über genau die Aspekte nachzudenken, die für Sie von besonderer Relevanz sind!

Und vergessen Sie nicht, dass Sie auch auf Ihre eigene Weise weiter an diesem Thema arbeiten können. Die Methoden, die ich in diesem Buch vorgestellt habe, sind vereinfachte Modelle von ziemlich komplizierten Prozessen und erklären keineswegs alles. Es gibt viele gute Bücher, mit deren Hilfe Sie sich noch weiter in diese Thematik vertiefen können, wenn Sie Interesse daran haben. Ich empfehle Ihnen, dazu einmal einen Blick auf meine Literaturliste am Ende des Buches zu werfen.

Und dann versuchen Sie einfach Ihr Glück! Wenn es beim ersten Mal nicht gleich klappt, heißt das noch lange nicht, dass es nie klappen wird. Wenn Sie als Chef wirklich versuchen, einem Mitarbeiter zu helfen, seine Sache besser zu machen – geben Sie nicht so schnell auf. Erinnern Sie sich daran, wie es war, als Ihre Kinder laufen lernten: Sie sind gestolpert, hingefallen, haben sich blaue Flecken geholt und geweint. Aber haben Sie ihnen dann etwa gesagt: Du kannst dieses Projekt, allein zu laufen, genauso gut aufgeben – ich kann dich ja auch für den Rest deines Lebens im Kinderwagen herumschieben?

Sie kennen die Antwort.

Und genau aus dieser Perspektive sollten Sie auch die Entwicklung Ihrer Mitarbeiter betrachten. Und Ihre eigene. Geben Sie ihnen Zeit – und geben Sie sich selbst Zeit.

Viel Glück!

Literaturempfehlungen

Blanchard, Ken und Spencer Johnson: *Der neue Minuten-Manager*: Vollständig überarbeitete Ausgabe für die Manager von heute. Reinbek: Rowohlt Taschenbuch, 2016

Blanchard, Ken, Donald Carew und Eunice Parisi-Carew: *Der Minuten-Manager schult Hochleistungs-Teams.* Reinbek: Rowohlt Taschenbuch, 2002

Blanchard, Ken und Margret McBride: *The One Minute Apology*: A Powerful Way to Make Things Better. New York: HarperCollins, 2003

Blanchard, Ken, William Oncken, Jr. und Hal Burrows: *Der Minuten-Manager und der Klammer-Affe*: *Wie man lernt, sich nicht zuviel aufzuhalsen.* Reinbek: Rowohlt Taschenbuch, 2002

Blanchard, Ken, Susan Fowler und Laurence Hawkins: *Self Leadership and the One Minute Manager.* New York: William Morrow, 2005

Blanchard, Ken, Patricia Zigarmi und Drea Zigarmi: *Der Minuten-Manager: Führungsstile*: *Situationsbezogenes Führen.* Reinbek: Rowohlt Taschenbuch, 2015

Carnegie, Dale: *Wie man Freunde gewinnt*: *Das einzige Buch, das Sie brauchen, um beliebt und einflussreich zu sein.* Frankfurt am Main: Fischer Taschenbuch, 2011

Collins, Jim: *Der Weg zu den Besten: Die sieben Management-Prinzipien für dauerhaften Unternehmenserfolg.* Frankfurt am Main: Campus Verlag, 2020

Covey, Stephen R.: *Die 7 Wege zur Effektivität: Prinzipien für persönlichen und beruflichen Erfolg.* Offenbach: Gabal Verlag, 2018

Dias, Dexter: *The Ten Types of Human.* London: Random House UK, 2018

Goleman, Daniel: *EQ. Emotionale Intelligenz.* München: dtv, 1997

Goleman, Daniel: *Soziale Intelligenz: Wer auf andere zugehen kann, hat mehr vom Leben.* München: Droemer TB, 2017

Sinek, Simon: *Frag immer erst: warum: Wie Topfirmen und Führungskräfte zum Erfolg inspirieren.* München: Redline Verlag, 2014

Sinek, Simon: *Gute Chefs essen zuletzt: Warum manche Teams funktionieren – und andere nicht.* München: Redline Verlag, 2017

Spranger, Eduard: *Lebensformen. Geisteswissenschaftliche Psychologie und Ethik der Persönlichkeit.* Tübingen: Max Niemeyer, 1950

TopNonprofits: *50 Example Non Profit Mission Statements.* Abrufbar unter: https://topnonprofits.com/mission-statements/

Register

M

N

P

R

S

T

U

V

W

Z

Über den Autor

Thomas Erikson ist ein schwedischer Verhaltensexperte, Referent und Bestsellerautor. Seit mehr als 15 Jahren reist er rund um die Welt, hält Vorträge und leitet Seminare für viele Unternehmen wie beispielsweise IKEA, Coca-Cola, Microsoft, Spotify und Volvo.

Sein Buch *Alles Idioten!?* ist in Schweden schon seit Langem ein absoluter Bestseller. Weltweit haben sich zweieinhalb Millionen Exemplare verkauft, davon allein fast eine Million in Schweden. Das Buch wurde in insgesamt 42 Sprachen übersetzt.